创新应用型数字交互规划教材
机械工程

U0188373

机械CAD/CAM

王岩松　张东民　主　编

范平清　褚　忠　副主编

上海科学技术出版社

国家一级出版社
全国百佳图书出版单位

内 容 提 要

机械 CAD/CAM 是制造工程技术与计算机技术相互结合、相互渗透而发展起来的一项综合性应用技术。本书从应用出发,理论联系实际,收集了近年来工程应用涉及的计算机辅助设计和辅助制造的最新资料,从集成化、智能化、工程应用的角度,全面详细地阐述了 CAD/CAM 多学科多功能的基础技术和关键应用技术。

全书共分 8 章,内容主要包括机械 CAD/CAM 的基本概念、工作过程和系统组成,计算机图形处理技术,CAD/CAM 建模技术,计算机辅助工程分析及应用,计算机辅助工艺规划,计算机辅助数控加工编程技术及应用,CAD/CAM 集成技术及相关新技术和工程应用实例。教材依托增强现实(AR)技术,将三维模型、视频等数字资源与纸质教材交互,为读者和用户带来更丰富有效的阅读体验。

本书作为校企合作编写教材,可供机械工程类、车辆工程类、材料成型与控制工程类专业本科及专科学生使用,也可供从事机械设计与制造的工程技术人员参考。

图书在版编目(CIP)数据

机械 CAD/CAM / 王岩松,张东民主编. —上海:上海
科学技术出版社,2018.1(2023.1重印)
创新应用型数字交互规划教材. 机械工程
ISBN 978 - 7 - 5478 - 3676 - 7

Ⅰ.①机… Ⅱ.①王…②张… Ⅲ.①机械设计—计算
机辅助设计—高等学校—教材②机械制造—计算机辅助制
造—高等学校—教材 Ⅳ.①TH122②TH164

中国版本图书馆 CIP 数据核字(2017)第 194294 号

机械 CAD/CAM
王岩松 张东民 主编

上海世纪出版(集团)有限公司
上 海 科 学 技 术 出 版 社   出版、发行
(上海市闵行区号景路 159 弄 A 座 9F-10F)
邮政编码 201101   www.sstp.cn
上海当纳利印刷有限公司印刷

开本 787×1092 1/16 印张 14
字数:330 千字
2018 年 1 月第 1 版 2023 年 1 月第 3 次印刷
ISBN 978 - 7 - 5478 - 3676 - 7/TH·71
定价:48.00 元

支持单位

德玛吉森精机公司

东华大学

ETA（Engineering Technology Associates，Inc.）中国分公司

华东理工大学

雷尼绍（上海）贸易有限公司

青岛海尔模具有限公司

瑞士奇石乐（中国）有限公司

上海大学

上海电气集团上海锅炉厂有限公司

上海电气集团上海机床厂有限公司

上海高罗输送装备有限公司技术中心

上海工程技术大学

上海理工大学

上海麦迅惯性航仪技术有限公司

上海麦迅机床工具技术有限公司

上海师范大学

上海新松机器人自动化有限公司

上海应用技术大学

上海紫江集团

上汽大众汽车有限公司

同济大学

西门子工业软件（上海）研发中心

浙江大学

中国航天科技集团公司上海航天设备制造总厂

丛 书 序

在"中国制造 2025"国家战略指引下,在"深化教育领域综合改革,加快现代职业教育体系建设,深化产教融合、校企合作,培养高素质劳动者和技能型人才"的形势下,我国高教人才培养领域也正在经历又一重大改革,制造强国建设对工程科技人才培养提出了新的要求,需要更多的高素质应用型人才,同时随着人才培养与互联网技术的深度融合,尽早推出适合创新应用型人才培养模式的出版项目势在必行。

教科书是人才培养过程中受教育者获得系统知识、进行学习的主要材料和载体,教材在提高人才培养质量中起着基础性作用。目前市场上专业知识领域的教材建设,普遍存在建设主体是高校,而缺乏企业参与编写的问题,致使专业教学教材内容陈旧,无法反映行业技术的新发展。本套教材的出版是深化教学改革,践行产教融合、校企合作的一次尝试,尤其是吸收了较多长期活跃在教学和企业技术一线的专业技术人员参与教材编写,有助于改善在传统机械工程向智能制造转变的过程中,"机械工程"这一专业传统教科书中内容陈旧、无法适应技术和行业发展需要的问题。

另外,传统教科书形式单一,一般形式为纸媒或者是纸媒配光盘的形式。互联网技术的发展,为教材的数字化资源建设提供了新手段。本丛书利用增强现实(AR)技术,将诸如智能制造虚拟场景、实验实训操作视频、机械工程材料性能及智能机器人技术演示动画、国内外名企案例展示等在传统媒体形态中无法或很少涉及的数字资源,与纸质产品交互,为读者带来更丰富有效的体验,不失为一种增强教学效果、提高人才培养的有效途径。

本套教材是在上海市机械专业教学指导委员会和上海市机械工程学会先进制造技术专业委员会的牵头、指导下,立足国内相关领域产学研发展的整体情况,来自上海交通大学、上海理工大学、同济大学、上海大学、上海应用技术大学、上海工程技术大学等近 10 所院校制造业学科的专家学者,以及来自江浙沪制造业名企及部分国际制造业名企的专家和工程师等一并参与的内容创作。本套创新教材的推出,是智能制造专业人才培养的融合出版创新探索,一方面体现和保持了人才培养的创新性,促使受教育者学会思考、与社会融为一体;另一方面也凸显了新闻出版、文化发展对于人才培养的价值和必要性。

中国工程院院士

丛书前言

进入 21 世纪以来，在全球新一轮科技革命和产业变革中，世界各国纷纷将发展制造业作为抢占未来竞争制高点的重要战略，把人才作为实施制造业发展战略的重要支撑，改革创新教育与培训体系。我国深入实施人才强国战略，并加快从教育大国向教育强国、从人力资源大国向人力资源强国迈进。

《中国制造 2025》是国务院于 2015 年部署的全面推进实施制造强国战略文件，实现"中国制造 2025"的宏伟目标是一个复杂的系统工程，但是最重要的是创新型人才培养。当前随着先进制造业的迅猛发展，迫切需要一大批具有坚实基础理论和专业技能的制造业高素质人才，这些都对现代工程教育提出了新的要求。经济发展方式转变、产业结构转型升级急需应用技术类创新型、复合型人才。借鉴国外尤其是德国等制造业发达国家人才培养模式，校企合作人才培养成为学校培养高素质高技能人才的一种有效途径，同时借助于互联网技术，尽早推出适合创新应用型人才培养模式的出版项目势在必行。

为此，在充分调研的基础上，根据机械工程的专业和行业特点，在上海市机械专业教学指导委员会和上海市机械工程学会先进制造技术专业委员会的牵头、指导下，上海科学技术出版社组织成立教材编审委员会和编写委员会，联络国内本科院校及一些国内外大型名企等支持单位，搭建校企交流平台，启动了"创新应用型数字交互规划教材丨机械工程"的组织编写工作。本套教材编写特色如下：

1. 创新模式、多维教学。教材依托增强现实（AR）技术，尽可能多地融入数字资源内容（如动画、视频、模型等），突破传统教材模式，创新内容和形式，帮助学生提高学习兴趣，突出教学交互效果，促进学习方式的变革，进行智能制造领域的融合出版创新探索。

2. 行业融合、校企合作。与传统教材主要由任课教师编写不同，本套教材突破性地引入企业参与编写，校企联合，突出应用实践特色，旨在推进高校与行业企业联合培养人才模式改革，创新教学模式，以期达到与应用型人才培养目标的高度契合。

3. 教师、专家共同参与。主要参与创作人员是活跃在教学和企业技术一线的人员，并充分吸取专家意见，突出专业特色和应用特色。在内容编写上实行主编负责下的民主集中制，按照应用型人才培养的具体要求确定教材内容和形式，促进教材与人才培养目标和质量的接轨。

4. 优化实践环节。本套教材以上海地区院校为主，并立足江浙沪地区产业发展的整体情况。参与企业整体发展情况在全国行业中处于技术水平比较领先的位置。增加、植入这些企业中当下的生产工艺、操作流程、技术方案等，可以确保教材在内容上具有技术先进、工艺领先、案例新颖的特色,将在同类教材中起到一定的引领作用。

5. 与国际工程教育认证接轨。增设与国际工程教育认证接轨的"学习成果达成要求",即本套教材在每章开始,明确说明本章教学内容对学生应达成的能力要求。

本套教材"创新、数字交互、应用、规划"的特色,对避免培养目标脱离实际的现象将起到较好作用。

丛书编委会先后于上海交通大学、上海理工大学召开 5 次研讨会,分别开展了选题论证、选题启动、大纲审定、统稿定稿、出版统筹等工作。目前确定先行出版 10 种专业基础课程教材,具体包括《机械工程测试技术基础》《机械装备结构设计》《机械制造技术基础》《互换性与技术测量》《机械 CAD/CAM》《工业机器人技术》《机械工程材料》《机械动力学》《液压与气动技术》《机电传动与控制》。教材编审委员会主要由参加编写的高校教学负责人、教学指导委员会专家和行业学会专家组成,亦吸收了多家国际名企如瑞士奇石乐(中国)有限公司和江浙沪地区大型企业的参与。

本丛书项目拟于 2017 年 12 月底前完成全部纸质教材与数字交互的融合出版。该套教材在内容和形式上进行了创新性的尝试,希望高校师生和广大读者不吝指正。

上海市机械专业教学指导委员会

前　言

机械 CAD/CAM 技术是计算机与工程设计紧密结合的综合应用技术,它涵盖了计算机技术、机械设计、优化设计、有限元、力学,以及机械制造工艺、数控编程等知识内容。教材既要求所讲的知识有广度和一定的理论深度,同时还要着重强调工程应用能力的培养,这就需要编者在机械 CAD/CAM 理论、软件应用与工程实践等方面具有丰富的经验。

本书主要编者拥有多年企业工作经历和多年工科类专业的教学经验,熟悉企业的工程技术需求和对人才工程应用能力的要求,同时还熟谙现有教材的内容特点。本书编写内容上深入浅出,结构上注重理论与实践相结合,使学生在掌握必要理论知识的同时,加强对主流应用软件的实践;同时介绍机械 CAD/CAM 新技术及其应用,扩大读者视野。全书以企业工程案例为载体,运用当前主流的工程软件,将实际的设计、分析、编程等工程问题融入其中,适应岗位能力的需求。

本书由上海工程技术大学王岩松教授、上海应用技术大学张东民教授担任主编,上海工程技术大学范平清副教授、上海应用技术大学褚忠副教授担任副主编。具体编写分工如下:第1~4章、第8章的机械零部件产品设计和建模案例由王岩松、范平清编写;第5~7章、第8章的 NX 标准件重用库建库、NX 数控编程加工工程实例由张东民、褚忠编写。上海应用技术大学冯淑敏、周琼老师参与了部分编写工作,硕士研究生陈剑、李嘉伟参与了书稿整理工作。

本书教学资源齐全,书中图片、表格、案例丰富,数字视频、三维模型等与纸质教材内容交互,同时配有电子课件。本书由上汽大众汽车有限公司高级工程师王洪俊、西门子工业软件(上海)研发中心工程师李大平、青岛海尔模具有限公司工程师张平担任主审。

本书编写过程中得到了许多高等院校和研究所的教授专家、老师以及企业技术人员的指导与帮助,也参阅了近年来研究计算机辅助设计与制造方面的一些文献和网络资源,在此表示衷心的感谢。由于编者水平所限,书中如有错误和不妥之处,欢迎读者批评指正。

编者

本书配套数字交互资源使用说明

针对本书配套数字资源的使用方式和资源分布,特做如下说明:

1. 用户(或读者)可持安卓移动设备(系统要求安卓4.0及以上),打开移动端扫码软件(本书仅限于手机二维码、手机qq),扫描教材封底二维码,下载安装本书配套APP,即可阅读识别、交互使用。

2. 小节等各层次标题后对应有加"📖"标识的,提供三维模型、视频等数字资源,进行识别、交互。具体扫描对象位置和数字资源对应关系参见下列附表。

扫描对象位置	数字资源类型	数字资源名称
4.5.1节标题	视频	后副车架的静力学分析案例
4.5.2节标题	视频	机油泵的动力学分析案例
6.1节标题	视频	CAD模型制作过程
6.4节标题	三维模型	花形凸模数控加工编程实例
8.1.1节标题	视频	壳体类零件建模实例
8.1.2节标题	视频	轴类零件建模实例
8.1.3节标题	视频	齿轮类零件建模实例
8.1.4节标题	视频	装配建模实例
8.1.5节标题	视频	工程图建立实例
8.3节标题	三维模型	头盔凸模加工编程实例
8.3.1节标题	视频	零件分析与工艺规划

目　录

第1章　绪论 … 1

1.1　CAD/CAM 技术的研究对象与应用 …… 1
1.2　CAD/CAM 技术的基本概念 …… 1
1.3　CAD/CAM 的主要功能和工作过程 …… 3
1.4　CAD/CAM 系统介绍 …… 5
1.5　本课程学习内容及其能够解决的问题 …… 10

第2章　计算机图形处理技术基础 … 11

2.1　图形处理技术概述 …… 11
2.2　图形几何变换与裁剪 …… 14
2.3　曲线与曲面的表示 …… 30
2.4　图形消隐技术 …… 35

第3章　CAD/CAM 建模技术基础 … 43

3.1　几何建模技术 …… 43
3.2　特征建模技术 …… 54
3.3　参数化建模技术 …… 59
3.4　装配建模技术 …… 61
3.5　基于 NX 的三维建模技术 …… 64

第4章　计算机辅助工程分析及应用 … 67

4.1　计算机辅助工程分析概述 …… 67
4.2　有限元分析法 …… 68
4.3　虚拟样机技术 …… 74
4.4　机械优化设计 …… 76

4.5　计算机辅助工程分析实例 ……………………………………………… 83

第 5 章　计算机辅助工艺规划 95

5.1　CAPP 零件信息的描述与输入 ……………………………………… 95
5.2　CAPP 系统的基本原理和方法 ……………………………………… 98
5.3　典型 CAPP 系统功能及应用 ………………………………………… 106
5.4　三维工艺 ………………………………………………………………… 111

第 6 章　计算机辅助数控加工编程技术及应用 117

6.1　数控加工及编程概述 …………………………………………………… 117
6.2　数控编程术语与标准 …………………………………………………… 122
6.3　数控加工过程仿真 ……………………………………………………… 131
6.4　NX 数控加工编程应用实例 …………………………………………… 133

第 7 章　CAD/CAM 集成技术及相关新技术 146

7.1　CAD/CAM 集成技术 …………………………………………………… 146
7.2　3D 打印 …………………………………………………………………… 151
7.3　PDM/PLM ………………………………………………………………… 156

第 8 章　工程应用实例 167

8.1　机械零部件建模实例 …………………………………………………… 167
8.2　NX 标准件重用库建库 ………………………………………………… 180
8.3　NX 头盔凸模加工编程实例 …………………………………………… 190

参考文献 ……………………………………………………………………… 211

第 1 章

绪　论

◎ **学习成果达成要求**

通过学习本章,学生应达成的能力要求包括:
1. 掌握 CAD/CAM 的基本概念以及主要功能。
2. 掌握 CAD/CAM 系统的体系结构和软件构成。
3. 了解 CAD/CAM 技术的发展历史。

»«»

CAD/CAM 是制造工程技术与计算机信息技术结合发展起来的一门先进技术,对于提高产品设计质量、缩短产品开发周期、降低产品生产成本具有重要意义。

1.1　CAD/CAM 技术的研究对象与应用

计算机辅助设计与制造(computer aided design and computer aided manufacturing,CAD/CAM)是指产品设计和制造技术人员在计算机软、硬件的支持下,根据产品设计和制造流程进行设计和制造的一项技术。

CAD/CAM 技术是产品开发技术的重要组成部分,它是以工程领域为对象,以计算机技术、信息技术、设计技术、制造技术、数控技术等为支撑的实用化技术。应用 CAD/CAM 技术的最终目标是缩短产品的开发周期、降低开发成本、提高产品质量,从而赢得市场竞争。

CAD/CAM 技术最早应用于航空航天、汽车、飞机等大型制造业,随着 CAD/CAM 技术硬件软件技术的日益成熟和应用领域的不断扩大,CAD/CAM 技术由大型企业和军工企业向中小型企业扩展延伸,应用领域涉及机械制造、轻工、服装、电子、建筑、地理等几乎所有行业。

1.2　CAD/CAM 技术的基本概念

CAD/CAM 技术是计算机与工程设计紧密结合的综合应用技术,它涵盖了计算机技术、机械设计、机制工艺、数控技术、优化设计、有限元、力学和虚拟样机技术等知识内容。在制造业的产品设计与制造过程中就出现如下分散系统:计算机辅助设计 CAD、计算机辅助工程分析 CAE、计算机辅助工艺设计 CAPP、计算机辅助制造 CAM、计算机辅助质量管理 CAQ、计算机辅助工装设计 CAFD、计算机辅助生产管理 CAPM 等。

1) CAD

计算机辅助设计(CAD)指工程技术人员以计算机为辅助工具来完成产品设计过程中的各项工作(包括方案构思、总体设计、工程分析、图形编辑和技术文档整理等),并达到提高产品设计质量、缩短产品开发周期、降低产品成本的目的。

CAD 是一个设计过程,即在"计算机环境下完成产品的创造、分析和修改,以达到预期设计目标"的过程。其功能可分为几何建模、工程分析、模拟仿真和自动分析四大类。CAD 的概念如图 1-1 所示。

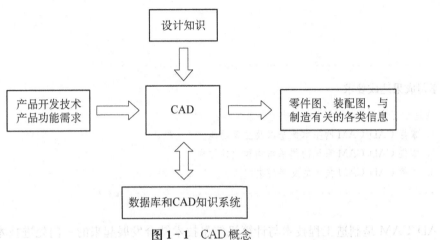

图 1-1 CAD 概念

2) CAE

计算机辅助工程(computer aided engineering,CAE)是指用计算机辅助求解复杂工程和产品的结构力学性能,以及优化结构性能等。CAE 技术主要内容包括有限元分析法、边界法、运动机构分析、流体力学分析和优化设计分析等。

3) CAM

计算机辅助制造(CAM)有广义和狭义两种定义。

广义定义是指借助计算机来完成从生产准备到产品制造出来过程中的各项活动,包括计算机辅助工艺过程设计(CAPP)、计算机辅助工装设计与制造、计算机辅助数控加工编程、生产作业计划、制造过程控制、质量检测和分析等。

狭义定义通常是指数控程序编制,包括刀具路径规划、刀位文件生成、刀具轨迹仿真及后置处理和数控代码产生等作业过程。通常 CAD/CAM 系统中的 CAM 指的是狭义的 CAM。

4) CAPP

计算机辅助工艺过程设计(computer aided process planning,CAPP)指工艺人员借助计算机,根据产品设计阶段给出的信息和产品制造工艺要求,交互或自动地确定产品加工方法和方案,如加工方法选择、工艺路线确定、工序设计等。

工艺设计是制造部门的主要工作之一,其设计效率的高低及设计质量的优劣,对生产组织、产品质量、生产率、产品成本、生产周期等均有极大影响。利用 CAPP 能迅速编制出完整、详尽、优化的工艺方案和各种工艺文件,可以极大提高工艺人员的工作效率,缩短工艺准备时间,加快产品投入市场的速度。此外,CAPP 还可以获得符合企业实际条件的优化的工艺方案、给出合理的工时定额和材料消耗,为企业科学管理提供可靠的数据。

5) CAQ

计算机辅助质量保证(computer aided quality assurance，CAQ)，它包括企业采用计算机支持的各种质量保证和管理活动。在实际应用中，CAQ 可以分为质量保证、质量控制和质量检验等几个方面。其中，质量保证贯穿了整个产品形成的过程，是企业质量管理中最为重要的部分。

1.3　CAD/CAM 的主要功能和工作过程

1) 主要功能

CAD/CAM 系统的主要任务是对产品整个设计和制造全过程的信息进行处理，包括产品的概念设计、详细设计、数值计算与分析、工艺设计、加工仿真、工程数据管理等各个方面，主要具有以下几个方面的功能。

(1) 几何建模功能。利用几何建模技术，构造各种产品的几何模型，描述基本几何实体及实体间的关系，进行零件的结构设计以及零部件的装配，解决三维几何建模中复杂的空间布局问题；同时还能进行消隐、彩色浓淡处理、剖切、干涉检查等；能够动态地显示几何模型，方便用户观察、修改模型，检验零部件装配的结果。几何建模技术是 CAD/CAM 系统的核心，为产品的设计、制造提供基本数据，同时也为其他模块提供原始信息。

(2) 计算分析功能。CAD/CAM 系统构造了产品形状模型之后，能够计算产品相应的体积、表面积、质量、重心位置、转动惯量等几何特性和物理特性，对产品结构如应力、温度、位移等进行计算，为系统进行工程分析和数值计算提供必要的基本参数。CAD/CAM 中的结构分析需进行应力、温度、位移等计算；图形处理中需进行变换矩阵的运算；体素之间要进行交、并、差运算等；在工艺规程设计中要进行工艺参数的计算。所以 CAD/CAM 系统要求各类计算分析的算法不仅正确、全面，而且还必须有较高的计算精度。

(3) 结构分析功能。CAD/CAM 系统中结构分析常用的方法是有限元法。这是一种数值近似解方法，用来进行结构形状比较复杂的零件的静态特性、动态特性、强度、振动、热变形、磁场强度、温度场强度、应力分布状态等的计算分析。分析计算之后，将计算结果以图形、文件的形式输出，例如应力分布图、位移变形曲线等，用户能方便、直观地看到分析结果。

(4) 工程绘图功能。CAD/CAM 系统不仅具备从三维图形直接向二维图形转换的功能，还具备处理二维图形的能力，包括基本图元的生成、尺寸标注、图形编辑以及显示控制、附加技术条件等功能，保证生成符合生产要求，也符合国家标准规定的机械图样。

(5) 优化设计功能。CAD/CAM 系统应具有优化求解的功能。也就是在某些条件的限制下，使产品或工程设计中的预定指标达到最优的功能。优化包括总体方案的优化、产品零件结构的优化、工艺参数的优化等。优化设计是现代设计方法学中的一个重要组成部分。

(6) 计算机辅助工艺过程设计(CAPP)功能。CAPP 为产品的加工制造提供指导性的文件，是 CAD 与 CAM 的中间环节。它根据建模后生成的产品信息及制造要求，自动决策确定加工该产品所采用的加工方法、加工步骤、加工设备及加工参数。其设计结果既能被生产实际所用，生成工艺卡片文件，又能直接输出一些信息，为 CAM 中的数控自动编程系统所吸收、识别，直接转换为刀位文件。

(7) 数控编程功能。在分析零件图和制订出零件的数控加工方案之后，CAD/CAM 系统自动生成数控加工程序。

(8) 模拟仿真功能。CAD/CAM 系统通过仿真软件，模拟真实系统的运行，预测产品的性能、产品的制造过程和产品的可制造性。通常有加工轨迹仿真、机构运动学模拟、机器人仿真、工件、刀具、机床的碰撞、干涉检验等。

(9) 工程数据管理功能。由于 CAD/CAM 系统数据量大、种类繁多，如几何图形数据、属性语义数据、产品定义数据、生产控制数据等，系统必须对其进行有效管理，支持工程设计与制造全过程的信息流动与交换。通常 CAD/CAM 系统采用工程数据库系统作为统一的数据环境，实现各种工程数据的管理。

2) 工作过程

在 CAD/CAM 系统的工作过程中，利用交互设计技术在完成某一阶段设计后，可以把中间结果以图形方式显示在图形终端的屏幕上，以供设计者直观地分析和判断。如果判断后认为某些方面需要改进，可以立即把要修改的参数输入计算机进行处理，再输出结果，通过判断，再修改，不断重复直至得到理想的结果为止，最后通过输出设备供制造过程应用。CAD/CAM 应用于设计与制造过程的流程如图 1-2 所示。

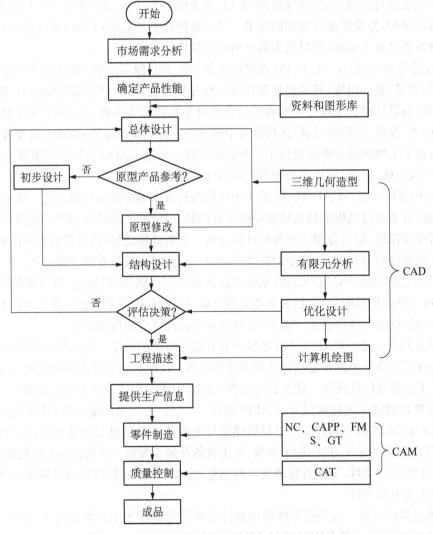

图 1-2 CAD/CAM 应用于设计与制造过程的流程

1.4 CAD/CAM 系统介绍

从计算机应用的角度分析，CAD/CAM 系统由硬件系统和软件系统组成，如图 1-3 所示。

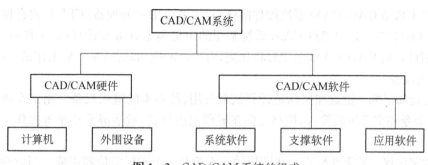

图 1-3 CAD/CAM 系统的组成

硬件系统是 CAD/CAM 系统运行的基础，主要包括计算机主机、计算机外部设备、网络通信设备和生产加工设备等具有有形物质的设备。软件系统是 CAD/CAM 系统的核心，包括系统软件、支撑软件和应用软件等，通常是指程序及其相关的文档。CAD/CAM 软件在系统中占据着极其重要的地位，软件配置的档次和水平决定了 CAD/CAM 系统性能的优劣，软件的成本已远远超过硬件设备。软件的发展要求更新更快的计算机系统，而计算机硬件的更新又为开发更好的 CAD/CAM 软件系统创造了物质条件。

1.4.1 系统分类

1) 按系统功能分类

根据 CAD/CAM 功能，一般可分为通用型 CAD/CAM 系统和专用型 CAD/CAM 系统。通用型 CAD/CAM 系统的功能适用范围广，其硬件、软件配置也比较丰富；而专用型 CAD/CAM 系统是为了实现某种特殊功能的系统，其硬件、软件相对简单，但要符合特殊功能的要求。

2) 按系统计算机配置分类

(1) 大型机 CAD/CAM 系统。该系统一般采用大容量存储器和极强计算功能的大型通用计算机为主机，一台计算机可以连接几十至几百个图形终端和字符终端及其他图形输入/输出设备。大型机 CAD/CAM 系统的主要优点：系统具有一个大型的数据库，可以对整个系统的数据库进行综合管理和维护；计算速度极快。缺点是：如果 CPU 失效，则整个用户都不能工作；由于计算机数据库处于中央位置，计算机数据容易被破坏；终端距离不能太远；随着计算机总负荷的增加，系统的响应速度降低，这种现象在三维造型和复杂有限元分析时尤为突出。

(2) 小型机和微型机系统。近年来，微型计算机在速度、精度、内/外存容量等方面已能满足 CAD/CAM 应用的要求，一些大型工程分析、复杂三维造型、数控编程、加工仿真等作业在微型计算机上运行不再有大的难度，微型计算机的价格也越来越便宜。以往一些对计算机硬件资源要求高、规模较大、在工程工作站上运行的 CAD/CAM 软件逐步移植到微型计算机上，从图形软件、工程分析软件到各种应用软件，满足了用户的大部分需求；现代网络技术能将许多微型计算机及公共外部设备连接成一个完整系统，做到系统内部资源共享。

(3) 工作站系统。工作站是具有强大的计算、图形交互处理功能的计算机系统，能够进行复杂的 CAD/CAM 作业和多任务进程。它的硬件和软件全部配套供应。一台工作站只能供一人使用，所以用户的工作效率很高。

1.4.2　硬件系统

CAD/CAM 系统中的硬件包括计算机主机、存储器、输入/输出设备、图形显示器及网络互联设备等。

1）计算机主机

计算机主机是 CAD/CAM 系统硬件的核心，主要由中央处理器（CPU）、内存储器以及输入/输出（I/O）接口组成。CAD/CAM 系统常用的主机类型有微型计算机、工作站、小型计算机等。微型计算机 CAD/CAM 系统性价比高，有丰富的应用软件，是我们工作最常用的。

2）输入设备

（1）键盘和鼠标。键盘和鼠标是计算机最常用、最基本的输入设备。用于完成用户设计所需参数、命令和字符串的输入，控制光标在屏幕上的位置，激活屏幕菜单等操作。鼠标操作简单，使用方便。

（2）数字化仪。数字化仪由一块图形输入平板和一个游标定位器组成。当游标定位器移动到数字化仪台面上某一位置时，平板上确定 x、y 坐标的位置信息就可以直接送入计算机系统以确定游标所在的准确位置。数字化仪输入图形很费时，也很难保证精度，目前已经逐步被图形扫描仪所取代。

（3）图形扫描仪。图形扫描仪是利用光电转换原理，将整张图样信息转化为数字信息输入到计算机的一种输入设备。扫描仪得到的图形信息是点阵图像文件，不能直接被一般 CAD/CAM 系统所读取，需要进行矢量化处理，即将点阵图像文件所表示的线条和符号识别出来，以直线、圆弧以及矢量字符等信息形式表示。经过矢量化处理的图形信息，可应用交互式图形系统软件在屏幕上进行编辑和修改。

（4）数码相机。采用光电装置将光学图像转换成可直接被计算机处理的数字图像。数码相机的性能主要是分辨率（用像素表示），像素越大则性能越好。

（5）其他输入设备。如触摸屏、声音交互输入仪等。

图 1-4　平板式扫描仪（左）和数码相机（右）

3）输出设备

（1）显示器。显示器是计算机应用中最主要的输出设备，用于图形、图像、文字等各种信息的显示。

（2）打印机。打印机是把计算机中的图形或文字信息输出到纸介质的一种设备，它可分为撞击式和非撞击式两种。在大幅面图纸输出时常采用自动绘图仪。

（3）绘图仪。绘图仪是 CAD/CAM 系统中的主要输出设备（图 1-5），是一种高速、高精度的图形输出装置，它可将 CAD/CAM 系统已完成的结构设计图形绘制到图纸上。目前市场上所提供的绘图仪通常有笔式绘图仪、喷墨绘图仪、热敏绘图仪、光电绘图仪等。

图 1 - 5 绘图仪

4）网络互联设备

网络互联设备是组成计算机网络的必要设备。目前企业 CAD/CAM 网络主要使用局域网。网络适配器安装在每台用户终端计算机上,通过传送介质与集线器相连,而集线器与服务器相连。另外,为保证在不同企业局域网之间远距离传送信息,组网时还应根据具体情况选用调制解调器、中继器、路由器、网关、网桥、交换机等网络互联设备。

5）外存储器

外存储器是 CAD/CAM 系统中独立于内存、用于存放各种数据和代码的外部存储设备,通常用于存储 CPU 暂时不用的程序和数据,CAD/CAM 系统的大量软件、图形库和数据库均存储于外存储器中。常见的外存储器有硬盘、U 盘和光盘等几种类型。

1.4.3 软件系统

1）系统软件

系统软件主要用于计算机的管理、维护、控制、运行以及对计算机程序的翻译和执行。系统软件具有两个特点:一是通用性,即不同领域的用户都可以使用它;二是基础性,即系统软件件是支撑软件和应用软件的基础。系统软件主要包括操作系统、编程语言系统、网络通信与管理软件三大部分。

（1）操作系统。操作系统是管理计算机系统全部硬件资源、软件资源及数据资源的软件,其主要内容涉及硬件资源管理、任务队列管理、定时分时系统、硬件驱动程序、基本数学计算、错误诊断与纠正、日常事务管理等。操作系统依赖于计算机系统的硬件,用户通过操作系统使用计算机,任何程序都要经过操作系统分配必要的资源才能执行。

（2）编程语言系统。编程语言系统主要完成源程序编辑、库函数管理、语法检查、代码编译、程序连接与执行等工作。按照程序设计方法的不同,可分为结构化编程语言和面向对象的编程语言;按照编程时对计算机硬件依赖程度的不同,可分为低级语言和高级语言。

（3）网络通信与管理软件。随着计算机网络技术的发展与广泛应用,大多数 CAD/CAM 系统都应用了网络通信技术,用户可以共享网内全部软硬件资源。网络通信与管理软件主要包括网络协议、网络资源管理、网络任务管理、网络安全管理、通信浏览工具等内容。目前这种层次型的网络协议已经标准化,国际标准的网络协议方案为"开放系统互联"(OSI)。目前 CAD/CAM 系统中流行的主要网络协议包括 TCP/IP、MAP、TOP 等。

2）支撑软件

支撑软件是 CAD/CAM 系统的通用软件，是各类应用软件的基础，由专门的软件公司开发，为用户提供工具或二次开发环境。从功能特征来分，支撑软件可概括为单一功能型和综合集成型两大类。单一功能型支撑软件只提供 CAD/CAM 系统中某些典型功能，如二维绘图、三维造型设计、工程分析计算、数据库系统等。综合集成型支撑软件提供了设计、分析、造型、数控编程和加工控制等多种模块，功能比较完备。

（1）单一功能型支撑软件。

① 交互式绘图软件。这类软件主要以人机交互方法完成二维工程图样的生成和绘制，或者进行零件三维造型、装配设计等，绘图功能强、操作方便、价格便宜。

② 数控编程系统。这类软件带有一定的建模能力，也可将三维 CAD 软件建立的模型通过通用接口传入，具有刀具的定义、工艺参数的设定、刀具轨迹的自动生成、后置处理和切削加工模拟等功能。

③ 工程分析软件。有限元分析是工程分析的软件的核心，具有很强的有限元前置和后置处理、线性和非线性有限元模型解算、零件优化、热场分析、系统动力学分析的功能。目前比较著名的商品化有限元分析软件有 ADINA、Altair Hyper Works、Nastran、ANSYS 等。动力学仿真软件的典型代表是美国 MDI（Mechanical Dynamic Inc.）公司的 ADAMS（Automatic Dynamic Analysis of Mechanical System）软件，该软件集建模、求解和可视化技术于一体，是世界上目前使用范围最广、最负盛名的机械系统仿真软件。

（2）综合集成型支撑软件。综合集成型支撑软件融合了设计计算、三维造型、工程分析、数控编程等多种功能，其综合功能强、系统集成性较好。如 UGS 公司的 UGNX、DASSULI 公司的 CATIA、PTC 公司的 Pro/E 等。

3）应用软件

应用软件是针对某一专门应用领域的需要而研发的软件。应用软件是在系统软件和支撑软件基础上进行二次开发而形成的。例如，在 AutoCAD 软件中利用 Vlisp、VBA、Object 等语言开发的各种软件，也可以直接在系统软件下利用 VC＋＋等高级语言直接开发。目前在模具设计软件、组合机床设计软件、电气设计软件、机械零件设计软件、汽车车身设计软件等领域都有相应的商品化的应用软件。应用软件和支撑软件之间并没有本质的区别，某一行业的应用软件逐步商品化形成通用软件，也可以称为一种支撑软件。

1.4.4 技术发展和应用

1）CAD/CAM 技术的发展历史

20 世纪 50 年代初中期，美国麻省理工学院（MIT）研制成功了世界上第一台数控铣床，并为数控机床的自动编程研究开发了 APT 计算机自动编程系统，从而使机械制造业步入柔性自动化时代，同时也标志着 CAM 技术的诞生。

20 世纪 60 年代初，美国 I.E. Sutherland 博士成功研制了世界上第一套计算机图形系统，该系统允许设计者坐在图形显示器前操作键盘和光笔，在荧光屏上显示图形，实现人机交互作业。虽然，这项研究在今天看来较为粗糙和不完善，但它标志着 CAD 技术的诞生。

CAM 是随着计算机技术和成组技术的发展而发展起来的。成组技术（GT，group technology）就是按照零件的几何相似、工艺相似的原理，组织加工生产的一种方法，它可以大大降低生产成本。世界上最早进行工艺设计自动化研究的国家是挪威，从 1966 年开始研制，在 1969 年正式发布 AutoPros 系统，该系统根据成组技术的原理，可利用零件的相似性准则去检索和修改零件的标准工艺来制定相应的零件工艺规程,这是最早开发的 CAPP 系统。

20 世纪 70 年代,交互式计算机图形科学及计算机绘图技术日趋成熟,并得到广泛应用。随着计算机硬件的发展,以小型计算机、超小型计算机为主机的通用 CAD 系统,以及针对某些特定问题的专用 CAD 系统开始进入市场。在此期间,三维几何造型软件也开始发展,出现一些面向中小企业的 CAD/CAM 商品化软件系统。在制造方面,美国辛辛那提公司研制出一个柔性制造系统(FMS),将 CAD/CAM 技术推向一个新的阶段。由于计算机硬件的限制,软件只是二维绘图系统及三维线框系统,所能解决的问题也只是一些比较简单的产品设计制造问题。

20 世纪 80 年代,随着计算机硬件技术和计算机外围设备(如彩色高分辨率的图形显示器、大型数字化仪、大型自动绘图机、彩色打印机等)的发展,CAD/CAM 技术及应用也得到迅速发展。计算机网络技术的发展,为 CAD/CAM 技术走向更高水平提供了必要的条件。此外,企业界已广泛地认识到 CAD/CAM 技术对企业的生产和发展具有的巨大促进作用。随着数据库、有限元分析优化及网络技术在 CAD/CAM 系统中的应用,CAD/CAM 不仅能够绘制工程图,而且能进行三维造型、自由曲面设计、有限元分析、机械构件的运动仿真、注塑模设计制造等各种工程应用。这些推动了与产品设计制造过程相关的计算机辅助技术,如计算机辅助工艺设计、计算机辅助质量控制等。到了 20 世纪 80 年代后期,在各种计算机辅助技术的基础上,为了解决"信息孤岛"问题,技术开始强调信息集成,出现了计算机集成制造系统,将 CAD/CAM 技术推向一个更高的层次。

20 世纪 90 年代,CAD/CAM 技术已走出了它的初级阶段,进一步向标准化、集成化、智能化及自动化方向发展。系统集成要求信息集成和资源共享,强调产品生产与组织管理的自动化,从而出现了数据标准和数据交换问题,出现了产品数据管理软件系统。在这个时期,国外许多 CAD/CAM 软件系统更趋于成熟,商品化程度大幅度提高,如美国洛克希德飞机公司研制的 CAD/CAM 系统、法国 Dassault Systems 公司研制开发的 CATIA 系统等。

进入 21 世后,CAD/CAM 技术朝着网络化、集成化、智能化、标准化的方向深入发展,强调 CAD/CAM 技术与管理系统的集成与协调,实现制造资源信息化。

2)我国 CAD/CAM 技术主要不足及发展趋势

计算机技术日新月异,硬件更新速度很快。在短短的几十年里,计算机分别经历了大型机、小型机、工作站、微机时代,每个新时代都出现了新的流行的 CAD/CAM 软件。由于国外在 Unix 工作站平台上开发 CAD/CAM 软件已有一定的时间和投入,我国软件在这方面比美国等发达国家落后许多。但是在微机平台上开发 CAD/CAM 软件是一个全新的领域,我国与国外起点差不多,都是使用 Visual C++、OpenGL 等工具进行软件开发,在这基础上开发出先进的、符合本国用户习惯的 CAD/CAM 软件还是有可能的。

针对 21 世纪机械制造行业的基本特征,CAD/CAM 技术的发展趋势也呈现出以下几个特征:标准化、集成化技术、智能化技术、网络技术的应用、多学科多功能综合产品设计技术等。当然,我们也要看到自己的优势,如了解本国市场,便于提供技术支持,相对价格便宜等。国际、国内的理论和实践给我们提供了很好的方法和理念,拓展了我们的发展空间。在这些前提下,我国 CAD/CAM 产业需要紧跟时代潮流,跟踪国际最新动态,遵守国际规范,形成自己独特的优势。

1.5 本课程学习内容及其能够解决的问题

本课程主要介绍了 CAD/CAM 的基础技术和关键技术，主要内容包括 CAD/CAM 技术概述、计算机图形处理技术基础、CAD/CAM 建模技术及应用、计算机辅助工程分析及应用、计算机辅助工艺规划、计算机辅助数控加工编程技术及应用、CAD/CAM 集成技术及相关新技术以及工程应用实例。

通过本课程的学习，掌握 CAD/CAM 技术的基本原理、基本方法，为应用主流 CAD/CAM 软件工具奠定基础，培养应用数字化设计制造手段从事产品（零部件）设计开发、数控编程加工和系统集成的综合能力，以满足市场对高素质、高技能的工程技术应用人才的需要。

思考与练习

1. 简述 CAD/CAM 的概念。

2. CAD/CAM 的基本功能有哪些？

3. CAD/CAM 系统的硬件主要有哪几种？

4. CAD/CAM 系统中的软件主要分为几类，分别起什么作用？

5. 试述 CAD/CAM 发展的新趋势。

6. 目前流行的商业化 CAD、CAE、CAM 软件有哪些？概述其主要功能和特点。

第 2 章

计算机图形处理技术基础

◎ **学习成果达成要求**

通过学习本章,学生应达成的能力要求包括:

1. 能够针对各种图形变换推导出变换矩阵,并理解三视图和轴测图的生成过程。

2. 理解 Bezier 曲线、B 样条曲线以及 Bezier 曲面和 B 样条曲面的构造方法,理解曲线模型和曲面模型建立的基础原理。

3. 掌握常见的消隐算法及其特点。

≪≪≪

图形是工程设计与制造过程中最重要、最基础的技术文件。作为计算机图形学的基础内容,计算机进行图形处理的方法和技术原理是深入了解 CAD/CAM 软件基本工作原理的基础。

2.1 图形处理技术概述

2.1.1 图形处理的数学基础

1) 矢量及其运算

设有两个矢量 $V_1(x_1, y_1, z_1)$ 和 $V_2(x_2, y_2, z_2)$,有关矢量的运算如下。

(1) 矢量之和:

$$V_1 + V_2 = (x_1 + x_2, y_1 + y_2, z_1 + z_2)$$

(2) 矢量之积:

$$V_1 \cdot V_2 = (x_1 \cdot x_2 + y_1 \cdot y_2 + z_1 \cdot z_2)$$

(3) 矢量的长度:

$$|V_1| = (V_1 \cdot V_2)^{\frac{1}{2}} = \sqrt{x_1^2 + y_1^2 + z_1^2}$$

(4) 两个矢量的叉积:

$$V_1 \times V_2 = \begin{bmatrix} i & j & k \\ x_1 & y_1 & z_1 \\ x_2 & y_2 & z_2 \end{bmatrix} = (y_1 z_2 - y_2 z_1, z_1 x_2 - z_2 x_1, x_1 y_2 - x_2 y_1)$$

2）矩阵及其运算

设有一个 m 行 n 列矩阵 $A = \begin{bmatrix} a_{11} & a_{12} & \cdots & a_{1n} \\ a_{21} & a_{22} & \cdots & a_{2n} \\ \vdots & \vdots & & \vdots \\ a_{m1} & a_{m2} & \cdots & a_{mn} \end{bmatrix}$

这个 m 行 n 列矩阵是由 $m \times n$ 个数按一定位置排列的一个整体，简称 $m \times n$ 矩阵。矩阵中所有元素都为零的矩阵称为零矩阵，m 行 n 列的零矩阵记为 $O_{m \times n}$。对于任意矩阵 $A_{m \times n}$ 恒有 $A_{m \times n} + O_{m \times n} = A_{m \times n}$。如果一个矩阵的主对角各元素 $a_{ii} = 1$，其余各元素均为零，则称这个矩阵为单位矩阵，记为 I。可表示为

$$I = \begin{bmatrix} 1 & \cdots & 0 \\ \vdots & & \vdots \\ 0 & \cdots & 1 \end{bmatrix}$$

m 阶单位矩阵记为 I_m。对于任意矩阵 $A_{m \times n}$，恒有 $A_{m \times n} \cdot I_n = A_{m \times n}$，$I_m \cdot A_{m \times n} = A_{m \times n}$。

（1）矩阵的加法运算。设两个矩阵 A 和 B 都是 m 行 n 列矩阵，把它们对应位置的元素相加而得到的矩阵称为 A、B 的和，记为 $A + B$，即

$$A + B = \begin{bmatrix} a_{11} + b_{11} & a_{12} + b_{12} & \cdots & a_{1n} + b_{1n} \\ a_{21} + b_{21} & a_{22} + b_{22} & \cdots & a_{2n} + b_{2n} \\ \vdots & \vdots & & \vdots \\ a_{m1} + b_{m1} & a_{m2} + b_{m2} & \cdots & a_{mn} + b_{mn} \end{bmatrix}$$

（2）数乘矩阵。用数 k 乘以矩阵 A 的每一个元素而得到的矩阵称之为 k 与 A 之积，记为 kA。

$$kA = \begin{bmatrix} ka_{11} & ka_{12} & \cdots & ka_{1n} \\ ka_{21} & ka_{22} & \cdots & ka_{2n} \\ \vdots & \vdots & & \vdots \\ ka_{m1} & ka_{m2} & \cdots & ka_{mn} \end{bmatrix}$$

（3）矩阵的乘法运算。设矩阵 $A = (a_{ij})_{2 \times 3}$，矩阵 $B = (b_{ij})_{3 \times 2}$，则这两个矩阵的乘积 $A \times B$ 可表示为

$$C = A \times B = \begin{bmatrix} a_{11} & a_{12} & a_{13} \\ a_{21} & a_{22} & a_{23} \end{bmatrix} \begin{bmatrix} b_{11} & b_{12} \\ b_{21} & b_{22} \\ b_{31} & b_{32} \end{bmatrix}$$

$$= \begin{bmatrix} a_{11}b_{11} + a_{12}b_{21} + a_{13}b_{31} & a_{11}b_{12} + a_{12}b_{22} + a_{13}b_{32} \\ a_{21}b_{11} + a_{22}b_{21} + a_{23}b_{31} & a_{21}b_{12} + a_{22}b_{22} + a_{23}b_{32} \end{bmatrix}$$

注意：任意两个矩阵只有在前一矩阵的列数等于后一矩阵的行数时才可以相乘，即

$$A_{m \times n} \cdot B_{n \times p} = C_{m \times p}$$

（4）逆矩阵。对于矩阵 A，若存在 $A \cdot A^{-1} = A^{-1} \cdot A = I$，则称 A^{-1} 为 A 的逆矩阵。设 A 是一个 n 阶矩阵，如果有 n 阶矩阵 B 存在，且使得 $A \cdot B = B \cdot A = I$，如果 A 是一个非奇异矩阵，

则称 B 是 A 的逆矩阵，否则 A 是一个奇异矩阵。由于 A、B 处于对称地位，故当 A 是非奇异矩阵时，其逆矩阵 B 也为非奇异矩阵，而且 A 也是 B 的逆矩阵，即 A、B 互为逆矩阵。

（5）转置矩阵。把矩阵 $A = (a_{ij})_{m \times n}$ 的行、列互换而得到的一个 $n \times m$ 的矩阵，称为 A 的转置矩阵，记为 A^T。即

$$A^T = \begin{bmatrix} a_{11} & a_{21} & \cdots & a_{m1} \\ a_{12} & a_{22} & \cdots & a_{m2} \\ \vdots & \vdots & & \vdots \\ a_{1n} & a_{2n} & \cdots & a_{mn} \end{bmatrix}$$

转置矩阵具有如下基本性质：

① $(A^T)^T = A$；② $(A + B)^T = A^T + B^T$；③ $(\alpha A)^T = \alpha A^T$；④ $(A \cdot B)^T = B^T \cdot A^T$；⑤ 当 A 是一个 n 阶矩阵且 $A = A^T$ 时，则 A 是一个对称矩阵。

（6）矩阵运算的基本性质。

① 矩阵加法适合交换律与结合律：$A + B = B + A$；$A + (B + C) = (A + B) + C$。

② 数乘矩阵适合分配律与结合律：$\alpha(A + B) = \alpha A + \alpha B$；$(\alpha + \beta)A = \alpha A + \beta A$；$\alpha(A \cdot B) = (\alpha A) \cdot B = A \cdot (\alpha B)$；$\alpha(\beta A) = (\alpha \beta)A$。

③ 矩阵的乘法适合结合律：$A(B \cdot C) = (A \cdot B)C$。

④ 矩阵的乘法对加法适合分配律：$(A + B)C = AC + BC$；$C(A + B) = CA + CB$。

⑤ 矩阵的乘法不适合交换律：一般情况下，$A \cdot B$ 不等于 $B \cdot A$，因为相乘时，如果 A、B 不为方阵且 $A \cdot B$ 成立，则 B 和 A 不可相乘。即使 A、B 均为方阵，在一般情况下，AB 和 BA 仍然不相等。如：

$$\begin{bmatrix} 2 & 5 \\ 3 & 1 \end{bmatrix}\begin{bmatrix} 7 & 8 \\ 3 & 2 \end{bmatrix} = \begin{bmatrix} -1 & 6 \\ 18 & 22 \end{bmatrix}, \text{但是} \begin{bmatrix} 7 & 8 \\ 3 & 2 \end{bmatrix}\begin{bmatrix} 2 & 5 \\ 3 & 1 \end{bmatrix} = \begin{bmatrix} -10 & 27 \\ 0 & 13 \end{bmatrix}$$

2.1.2　坐标系统

1）坐标系

（1）世界坐标系。世界坐标系（world coordinate system，WCS）又称用户坐标系，用于描述现实世界的整体布局，即何种类型的对象存在于我们所描述的世界之中及其如何定位。用来定义物体形状、大小和位置。

（2）建模坐标系。建模坐标系（modeling coordinate system，MCS）用于描述世界坐标系中每个具体物体的形状，每个物体均由其本身的建模坐标系定义。当物体的空间位置发生变化时，由建模坐标系定义的物体上的各点的坐标值不变。建模坐标系与世界坐标系是局部与整体的关系。

（3）设备坐标系。设备坐标系（device coordinate system，DCS）是指具体设备本身的坐标系，通常是一个二维的平面直角坐标系，个别的是三维坐标系。其坐标轴的基本量度单位是显示器的像素或绘图仪的步长，因此设备坐标系的定义域是整数域，而且由于绘图仪有图幅的输出范围，显示器也有分辨率的限制，故设备坐标系是有界的。对于相同的图形信息，由于坐标系的原点位置、x 和 y 坐标轴方向及图形显示窗口的不同，在不同显示设备上显示出的图形是不一样的。

（4）规格化设备坐标系。工程图样在最终通过图形输出设备时，会受到输出设备本身物

理参数的限制，所以为了避免由于设备坐标系与设备的相关性而影响应用程序的可移植性，在从世界坐标系到设备坐标系的转换中，应采用规格化设备坐标系（normalized device coordinate system，NDCS）。规格化设备坐标系一般是与设备无关的图形系统，通常取无量纲的单位长度作为规格化坐标系中的图形有效空间。

（5）观察坐标系。观察坐标系（viewing coordinate system，VCS)是一个定义在世界坐标系中任何方向，任何地点的左手三维直角辅助坐标系，其原点与视心重合。用户可以根据图形观察和显示的要求自由设定其位置和方向，以便获得所期望的观察视图。

2）坐标变换

在交互式计算机图形系统中，用户利用各种图形输入设备进行交互式绘图的基本步骤如下：在局部建模坐标系中建立形体的几何模型；将单个形体进行组装，形成世界坐标系中的全局模型；确定观察点的位置，建立观察坐标系；确定图形的显示范围，即选择形体对象的可见区域；确定图形显示设备上的观察区域，显示形体对象的可见部分。

在上述交互式绘图过程中主要涉及坐标系之间的转换，其变换过程如下：

首先，通过定义世界坐标系和建模坐标系之间相对移动和旋转的变换矩阵，将建模坐标系下的坐标值变换为世界坐标系下的坐标数据，该变换称为建模变换。其次，通过用世界坐标系和观察坐标系间的变换矩阵，将图形的世界坐标变换为观察坐标，该变换称为观察变换。然后通过投影变换将观察坐标变换为规格化设备坐标，即投影变换。最后，由设备驱动程序将规格化设备坐标转换成设备坐标，以将图形显示在特定的图形设备上。具体的坐标变换过程如图2-1所示。

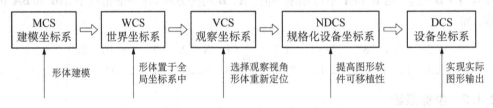

图2-1 坐标系之间的坐标变换过程

不同的坐标系之间通过变换矩阵建立联系。例如，每个建模坐标系的位置和方位可通过变换矩阵，由世界坐标系确定，同样，观察坐标系也可通过世界坐标系定义的一系列数据，由与世界坐标系相关的变换矩阵确定。

2.2 图形几何变换与裁剪

2.2.1 二维图形的几何变换

在二维平面中，构成图形的基本要素是点和线，任何一个图形都可以看成是点的集合，所以点是构成几何形体最基本的元素。而对一个图形进行几何变换，实际上就是对构成图形的一系列顶点进行变换。

二维平面中，点用其两个坐标(x, y)来表示，写成矩阵形式则为$[x, y]$或$\begin{bmatrix} x \\ y \end{bmatrix}$。这些矩阵通常被称为点的位置向量。一般的二维图形可以用点的集合来表示，而每个点对应一个向量。

如三角形的三个顶点坐标 $A(x_1, y_1)$，$B(x_2, y_2)$，$C(x_3, y_3)$，用矩阵表示为 $\begin{bmatrix} x_1 & y_1 \\ x_2 & y_2 \\ x_3 & y_3 \end{bmatrix}$。这样就建立了二维图形的数学模型。

把二维空间中的任意点 $A(x, y)$ 变换到一个新的位置 $A'(x', y')$，数学表达式为

$$\begin{cases} x' = ax + cy \\ y' = bx + dy \end{cases}$$

其矩阵表达式为

$$[x' \quad y'] = [x \quad y]\begin{bmatrix} a & b \\ c & d \end{bmatrix} = [ax + cy \quad bx + dy]$$

令 $\boldsymbol{T} = \begin{bmatrix} a & b \\ c & d \end{bmatrix}$，则称此矩阵为变换矩阵，即有 $A' = A \cdot \boldsymbol{T}$。通过这种用一个矩阵和一个变换矩阵施行乘法运算而得到新的矩阵的方法，可以实现二维图形的几何变换，变换矩阵的不同，对应的图形变换也不同。通常二维图形的变换方式有比例变换、对称变换、错切变换、旋转变换、平移变换以及组合变换。

1）比例变换

图形中的每个点以坐标原点为中心，按照相同的比例进行放大或者缩小的变换称为比例变换。设图形在 x、y 方向上放大或缩小的比例分别为 a、d，则变换前后各个点的坐标值满足以下关系：

$$\begin{cases} x' = ax \\ y' = dy \end{cases}$$

用矩阵表示为

$$[x' \quad y'] = [x \quad y]\begin{bmatrix} a & 0 \\ 0 & d \end{bmatrix} = [ax \quad dy]$$

因此，比例变换矩阵为

$$\boldsymbol{T}_s = \begin{bmatrix} a & 0 \\ 0 & d \end{bmatrix}(a \neq 0, d \neq 0)$$

如果 $a = d = 1$，则变换后点的坐标不变，此时变换称为恒等变换。

如果 $a = d \neq 1$，则图形将在 x、y 方向以相同的比例放大（$a = d > 1$）或缩小（$a = d < 1$），此时变换称为等比例变换。

如果 $a \neq d$，则变换后的图形会产生畸变。

2）对称变换

对称变换又称为镜像变换，即变换前后，点对于轴、某一条直线或某一个点。变换前后各点的坐标值满足以下关系：

$$\begin{cases} x' = ax + cy \\ y' = bx + dy \end{cases}$$

用矩阵表示为

$$[x' \quad y'] = [x \quad y]\begin{bmatrix} a & b \\ c & d \end{bmatrix} = [ax + cy \quad bx + dy]$$

因此,对称变换矩阵为

$$\boldsymbol{T}_m = \begin{bmatrix} a & b \\ c & d \end{bmatrix}$$

如果 $b = c = 0$,$a = 1$,$d = -1$,则 $[x' \quad y'] = [x \quad -y]$,形成关于 x 轴的对称变换,如图 2-2a 所示。

如果 $b = c = 0$,$a = -1$,$d = 1$,则 $[x' \quad y'] = [-x \quad y]$,形成关于 y 轴的对称变换,如图 2-2b 所示。

如果 $b = c = 0$,$a = d = -1$,则 $[x' \quad y'] = [-x \quad -y]$,形成关于原点的对称变换,如图 2-2c 所示。

如果 $b = c = 1$,$a = d = 0$,则 $[x' \quad y'] = [y \quad x]$,形成关于直线 $y = x$ 的对称变换,如图 2-2d 所示。

如果 $b = c = -1$,$a = d = 0$,则 $[x' \quad y'] = [-y \quad -x]$,形成关于直线 $y = -x$ 的对称变换,如图 2-2e 所示。

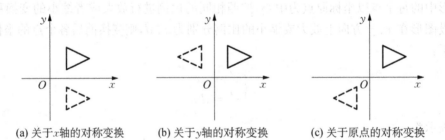

(a) 关于 x 轴的对称变换   (b) 关于 y 轴的对称变换   (c) 关于原点的对称变换

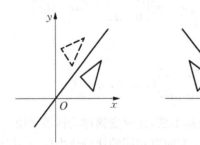

(d) 关于直线 $y=x$ 的对称变换   (e) 关于直线 $y=-x$ 的对称变换

图 2-2 对称变换

3) 错切变换

图形上的每一个点在某一个方向上的坐标保持不变,而在另一坐标方向上进行线性变换,或者在两个坐标方向上都进行线性变换,这种变换称为错切变换。错切变换前后各点的坐标值满足以下关系:

$$
\begin{cases} x' = x + cy \\ y' = bx + y \end{cases}
$$

用矩阵表示为

$$
\begin{bmatrix} x' & y' \end{bmatrix} = \begin{bmatrix} x & y \end{bmatrix} \begin{bmatrix} 1 & b \\ c & 1 \end{bmatrix} = \begin{bmatrix} x + cy & bx + y \end{bmatrix}
$$

因此,错切变换矩阵为

$$
\boldsymbol{T}_{sh} = \begin{bmatrix} 1 & b \\ c & 1 \end{bmatrix}
$$

如果 $b = 0$, $c \neq 0$,则有 $\begin{bmatrix} x' & y' \end{bmatrix} = \begin{bmatrix} x + cy & y \end{bmatrix}$,此时图形的 y 坐标不变。若 $c > 0$,图形沿 $+x$ 方向进行错切位移,如图 2-3a 所示;若 $c < 0$,图形沿 $-x$ 方向进行错切位移,如图 2-3b 所示。

如果 $c = 0$, $b \neq 0$,则有 $\begin{bmatrix} x' & y' \end{bmatrix} = \begin{bmatrix} x & bx + y \end{bmatrix}$,此时图形的 x 坐标不变。若 $b > 0$,图形沿着 $+y$ 方向进行错切位移,如图 2-3c 所示;若 $b < 0$,图形沿 $-y$ 方向进行错切位移,如图 2-3d 所示。

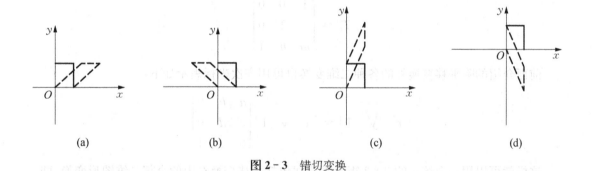

图 2-3　错切变换

4) 旋转变换

旋转变换指图形围绕坐标原点旋转 θ 角的变换,逆时针为正,顺时针为负。旋转变换前后各点的坐标值满足以下关系:

$$
\begin{cases} x' = x\cos\theta - y\sin\theta \\ y' = x\sin\theta + y\cos\theta \end{cases}
$$

用矩阵表示为

$$
\begin{bmatrix} x' & y' \end{bmatrix} = \begin{bmatrix} x & y \end{bmatrix} \begin{bmatrix} \cos\theta & \sin\theta \\ -\sin\theta & \cos\theta \end{bmatrix} = \begin{bmatrix} x\cos\theta - y\sin\theta & x\sin\theta + y\cos\theta \end{bmatrix}
$$

因此,旋转变换矩阵为

$$
\boldsymbol{T}_r = \begin{bmatrix} \cos\theta & \sin\theta \\ -\sin\theta & \cos\theta \end{bmatrix}
$$

5) 平移变换

图形的每一个点在给定的方向上移动相同距离的变换称为平移变换。对于一个点的变换,变换前后的坐标值满足以下关系:

$$\begin{cases} x' = x + m \\ y' = y + n \end{cases}$$

用矩阵表示为

$$[x' \quad y'] = [x \quad y] + [m \quad n] = [x \quad y] + \boldsymbol{T}_t$$

显然,在平移变换中,变换前后的原始坐标与变换矩阵是相加关系而不是相乘关系,也就是说,平移变换无法用上述通用变换矩阵相乘的形式来表示。为了将所有图形变换问题表示形式统一起来,以便计算机进行统一处理,这里采用图形的规格化齐次坐标。引入规格化齐次坐标以后,点的平移变换可用矩阵表示为

$$[x' \quad y' \quad 1] = [x \quad y \quad 1] \begin{bmatrix} 1 & 0 & 0 \\ 0 & 1 & 0 \\ m & n & 1 \end{bmatrix} = [x+m \quad y+n \quad 1]$$

其中,平移变换矩阵为

$$\boldsymbol{T}_t = \begin{bmatrix} 1 & 0 & 0 \\ 0 & 1 & 0 \\ m & n & 1 \end{bmatrix}$$

前面介绍的除平移变换外的各种二维变换也可用齐次坐标表示如下:

$$[x' \quad y' \quad 1] = [x \quad y \quad 1] \begin{bmatrix} a & b & 0 \\ c & d & 0 \\ 0 & 0 & 1 \end{bmatrix}$$

这样就可以用一个统一的 3×3 矩阵来描述包括平移变换在内的全部二维图形变换,即

$$\boldsymbol{T} = \begin{bmatrix} a & b & p \\ c & d & q \\ m & n & s \end{bmatrix}$$

其中,$\begin{bmatrix} a & b \\ c & d \end{bmatrix}$ 产生比例、对称、旋转和错切变换;$[m \quad n]$ 产生平移变换;$\begin{bmatrix} p \\ q \end{bmatrix}$ 产生投影变换,通常在不进行投影变换时取 $p = 0$,$q = 0$;$[s]$ 为全比例因子,使图形产生总体的比例变化,通常取 $s = 1$。

6) 二维图形的组合变换

上述图形变换都是相对于坐标轴或坐标原点的基本变换,而 CAD/CAE/CAM 系统所要完成的任务要复杂得多。工程应用中的图形变换通常是多种多样的,如要求图形绕任意点旋转、图形对任意直线进行对称变换等,需要经过多次基本变换才能完成。由两种及两种以上的基本变换组合而成的变换称为组合变换。将一个复杂的变换分解为几个基本变换,给出各个基本变换矩阵,然后将这些基本变换矩阵按照分解顺序相乘得到相应的变换矩阵,称为组合变换矩阵。

例 2-1 设平面三角形 ABC，三个顶点坐标分别为 $A(5，2)$，$B(5，4)$，$C(8，2)$。将 $\triangle ABC$ 绕点 $P(2，1)$ 逆时针旋转 $90°$，求解变换后各点的坐标及变换矩阵。

解： 此变换过程可分为三个基本变换的组合：

首先，将三角形连着旋转中心点 P 一起平移，使点 P 和与坐标原点重合，即将三角形沿 x 轴负方向平移 $m=2$，沿 y 轴负方向平移 $n=1$，其变换矩阵为：

$$\boldsymbol{T}_1 = \begin{bmatrix} 1 & 0 & 0 \\ 0 & 1 & 0 \\ -m & -n & 1 \end{bmatrix} = \begin{bmatrix} 1 & 0 & 0 \\ 0 & 1 & 0 \\ -2 & -1 & 1 \end{bmatrix}$$

其次，将三角形旋转 $90°$，变换矩阵为

$$\boldsymbol{T}_2 = \begin{bmatrix} \cos\theta & \sin\theta & 0 \\ -\sin\theta & \cos\theta & 0 \\ 0 & 0 & 1 \end{bmatrix}$$

最后，将旋转后的三角形连同旋转中心一起沿 x 轴正方向平移 $m=2$，沿 y 轴正方向平移 $n=1$，使点 A 回到初始位置，变换矩阵为

$$\boldsymbol{T}_3 = \begin{bmatrix} 1 & 0 & 0 \\ 0 & 1 & 0 \\ m & n & 1 \end{bmatrix} = \begin{bmatrix} 1 & 0 & 0 \\ 0 & 1 & 0 \\ 2 & 1 & 1 \end{bmatrix}$$

这三个基本变换组合就是使 $\triangle ABC$ 绕点 P 逆时针旋转 $\theta=90°$，组合变换矩阵为

$$\boldsymbol{T} = \boldsymbol{T}_1 \cdot \boldsymbol{T}_2 \cdot \boldsymbol{T}_3 = \begin{bmatrix} \cos\theta & \sin\theta & 0 \\ -\sin\theta & \cos\theta & 0 \\ -m\cos\theta+n\sin\theta & -m\sin\theta-n\cos\theta & 1 \end{bmatrix} = \begin{bmatrix} 0 & 1 & 0 \\ -1 & 0 & 0 \\ 1 & -2 & 1 \end{bmatrix}$$

$\triangle ABC$ 通过 $\boldsymbol{T}$ 的组合变换后的新三角形为

$$\begin{bmatrix} x'_A & y'_A & 1 \\ x'_B & y'_B & 1 \\ x'_C & y'_C & 1 \end{bmatrix} = \begin{bmatrix} x_A & y_A & 1 \\ x_B & y_B & 1 \\ x_C & y_C & 1 \end{bmatrix} \cdot \boldsymbol{T} = \begin{bmatrix} 5 & 2 & 1 \\ 5 & 4 & 1 \\ 8 & 2 & 1 \end{bmatrix} \begin{bmatrix} 0 & -1 & 0 \\ -1 & 0 & 0 \\ 1 & -2 & 0 \end{bmatrix} = \begin{bmatrix} -1 & -7 & 0 \\ -3 & -7 & 0 \\ -1 & -10 & 0 \end{bmatrix}$$

所以变换后的 $\triangle A'B'C'$ 各顶点坐标为

$$A(-1，-7)，B(-3，-7)，C(-1，-10)$$

2.2.2 三维图形的变换

三维图形的几何变换是二维图形几何变换的扩展。在进行二维图形的几何变换时，可以用二维空间点的三维齐次坐标及其相应的变换矩阵来表示。同样，在进行三维图形的几何变换时，可以用四维齐次坐标 $[x \quad y \quad z \quad 1]$ 来表示三维空间点 $[x \quad y \quad z]$，其变换矩阵为 4×4 阶方阵，通过变换得到新的齐次坐标点，即

$$[x' \quad y' \quad z' \quad 1] = [x \quad y \quad z \quad 1] \cdot \boldsymbol{T}$$

三维图形变换矩阵一般表示为

$$T = \begin{bmatrix} a & b & c & p \\ d & e & f & q \\ h & i & j & r \\ l & m & n & s \end{bmatrix}$$

其中，$\begin{bmatrix} a & b & c \\ d & e & f \\ h & i & j \end{bmatrix}$ 实现图形的比例、对称、错切、旋转等基本变换；$\begin{bmatrix} l & m & n \end{bmatrix}$ 实现图形的平移

变换；$\begin{bmatrix} p \\ q \\ r \end{bmatrix}$ 实现图形的投影变换，通常在不进行投影变换时取 $p = 0$，$q = 0$，$r = 0$；$\begin{bmatrix} s \end{bmatrix}$ 为全比

例因子，使图形产生总体的比例变化，通常取 $s = 1$。

1）比例变换

空间立体顶点的坐标按规定比例放大或缩小的变换称为三维比例变换。变换矩阵 T 主对角上的元素 a、e、j、s 使图形产生比例变换。

（1）令 T 中非主对角元素为 0，$s = 1$，则变换矩阵为

$$T_s = \begin{bmatrix} a & 0 & 0 & 0 \\ 0 & e & 0 & 0 \\ 0 & 0 & j & 0 \\ 0 & 0 & 0 & 1 \end{bmatrix}$$

变换后点的坐标为

$$\begin{bmatrix} x' & y' & z' & 1 \end{bmatrix} = \begin{bmatrix} x & y & z & 1 \end{bmatrix} \cdot T_s = \begin{bmatrix} ax & ey & jz & 1 \end{bmatrix}$$

其中，a、e、j 分别为沿 x、y、z 坐标方向的比例因子。当 $a = e = j > 1$ 时，图形等比例放大；当 $a = e = j < 1$ 时，图形等比例缩小。

（2）令 T 中主对角元素 $a = e = j = 1$，非主对角元素为 0，则变换矩阵为

$$T_s = \begin{bmatrix} 1 & 0 & 0 & 0 \\ 0 & 1 & 0 & 0 \\ 0 & 0 & 1 & 0 \\ 0 & 0 & 0 & s \end{bmatrix}$$

变换后点的坐标为

$$\begin{bmatrix} x' & y' & z' & 1 \end{bmatrix} = \begin{bmatrix} x & y & z & 1 \end{bmatrix} \cdot T_s = \begin{bmatrix} x & y & z & s \end{bmatrix} = \begin{bmatrix} \dfrac{x}{s} & \dfrac{y}{s} & \dfrac{z}{s} & 1 \end{bmatrix}$$

由此可见，元素 s 可使整个图形按照相同的比例放大或者缩小。当 $s > 1$ 时，图形等比例缩小；当 $0 < s < 1$ 时，图形等比例放大。

2）对称变换

标准三维空间对称变换是相对于坐标平面进行的。

（1）相对 xOy 坐标平面的对称变换，其变换矩阵为

$$T_{m,\,xOy} = \begin{bmatrix} 1 & 0 & 0 & 0 \\ 0 & 1 & 0 & 0 \\ 0 & 0 & -1 & 0 \\ 0 & 0 & 0 & 1 \end{bmatrix}$$

变换后点的坐标为

$$\begin{bmatrix} x' & y' & z' & 1 \end{bmatrix} = \begin{bmatrix} x & y & z & 1 \end{bmatrix} \cdot T = \begin{bmatrix} x & y & -z & 1 \end{bmatrix}$$

（2）相对 yOz 坐标平面的对称变换，其变换矩阵为

$$T_{m,\,yOz} = \begin{bmatrix} -1 & 0 & 0 & 0 \\ 0 & 1 & 0 & 0 \\ 0 & 0 & 1 & 0 \\ 0 & 0 & 0 & 1 \end{bmatrix}$$

变换后点的坐标为

$$\begin{bmatrix} x' & y' & z' & 1 \end{bmatrix} = \begin{bmatrix} x & y & z & 1 \end{bmatrix} \cdot T = \begin{bmatrix} -x & y & z & 1 \end{bmatrix}$$

（3）相对 xOz 坐标平面的对称变换，其变换矩阵为

$$T_{m,\,xOz} = \begin{bmatrix} 1 & 0 & 0 & 0 \\ 0 & -1 & 0 & 0 \\ 0 & 0 & 1 & 0 \\ 0 & 0 & 0 & 1 \end{bmatrix}$$

变换后点的坐标为

$$\begin{bmatrix} x' & y' & z' & 1 \end{bmatrix} = \begin{bmatrix} x & y & z & 1 \end{bmatrix} \cdot T = \begin{bmatrix} x & -y & z & 1 \end{bmatrix}$$

3）错切变换

三维错切变换是指空间立体沿 x、y、z 坐标方向都产生错切变形的变换。错切变换是画斜轴测图的基础，其变换矩阵为

$$T_{sh} = \begin{bmatrix} 1 & b & c & 0 \\ d & 1 & f & 0 \\ h & i & 1 & 0 \\ 0 & 0 & 0 & 1 \end{bmatrix}$$

变换后点的坐标为

$$\begin{bmatrix} x' & y' & z' & 1 \end{bmatrix} = \begin{bmatrix} x & y & z & 1 \end{bmatrix} \cdot T = \begin{bmatrix} x+dy+hz & bx+y+iz & cx+fy+z & 1 \end{bmatrix}$$

其中，d、h 为沿 x 方向的错切系数；b、i 为沿 y 方向的错切系数；c、f 为沿 z 方向的错切系数。由变换结果可以看出，任何一个坐标方向的变化，均受另外两个坐标方向变化的影响。

4）平移变换

平移变换是使空间立体在三维空间移动位置而形状保持不变的变换，其变换矩阵为

$$\boldsymbol{T}_t = \begin{bmatrix} 1 & 0 & 0 & 0 \\ 0 & 1 & 0 & 0 \\ 0 & 0 & 1 & 0 \\ l & m & n & 1 \end{bmatrix}$$

变换后点的坐标为

$$[x' \quad y' \quad z' \quad 1] = [x \quad y \quad z \quad 1] \cdot \boldsymbol{T} = [x+l \quad y+m \quad z+n \quad 1]$$

其中，l、m、n分别为沿 x、y、z 坐标方向上的平移量。

5）旋转变换

旋转变换是将空间立体绕坐标轴旋转角度 θ 的变换。θ 角的正负按右手定则确定：右手大拇指指向旋转轴的正向，其余四个手指的指向即为 θ 角的正向。

（1）绕 x 轴旋转：

$$\boldsymbol{T}_{rx} = \begin{bmatrix} 1 & 0 & 0 & 0 \\ 0 & \cos\theta & \sin\theta & 0 \\ 0 & -\sin\theta & \cos\theta & 0 \\ 0 & 0 & 0 & 1 \end{bmatrix}$$

变换后点的坐标为

$$[x' \quad y' \quad z' \quad 1] = [x \quad y \quad z \quad 1] \cdot \boldsymbol{T} = [x \quad y\cos\theta - z\sin\theta \quad y\sin\theta + z\cos\theta \quad 1]$$

（2）绕 y 轴旋转：

$$\boldsymbol{T}_{ry} = \begin{bmatrix} \cos\theta & 0 & -\sin\theta & 0 \\ 0 & 1 & 0 & 0 \\ \sin\theta & 0 & \cos\theta & 0 \\ 0 & 0 & 0 & 1 \end{bmatrix}$$

变换后点的坐标为

$$[x' \quad y' \quad z' \quad 1] = [x \quad y \quad z \quad 1] \cdot \boldsymbol{T} = [x\cos\theta + z\sin\theta \quad y \quad z\cos\theta - x\sin\theta \quad 1]$$

（3）绕 z 轴旋转：

$$\boldsymbol{T}_{rz} = \begin{bmatrix} \cos\theta & \sin\theta & 0 & 0 \\ -\sin\theta & \cos\theta & 0 & 0 \\ 0 & 0 & 1 & 0 \\ 0 & 0 & 0 & 1 \end{bmatrix}$$

变换后点的坐标为

$$[x' \quad y' \quad z' \quad 1] = [x \quad y \quad z \quad 1] \cdot \boldsymbol{T} = [x\cos\theta - y\sin\theta \quad x\sin\theta + y\cos\theta \quad z \quad 1]$$

2.2.3 三维图形的投影变换

把三维坐标表示的几何形体变成二维图形的过程称为投影变换。投影变换可以分为平行投影和透视投影，当投影中心和投影面之间的距离为无穷远时，投影线为一组平行线，这种投影称为平行投影，如图 2-4a 所示；当投影中心与投影面之间的距离为有限值时，投影线交于一点,这种投影称为透视投影,如图2-4b所示。平行投影又可分为正平行投影和斜投影,正平行投影可获得工程上的三视图和正等轴测图。

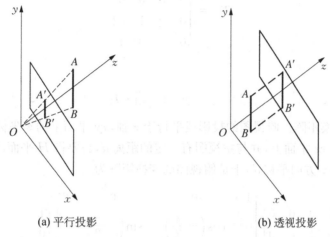

(a) 平行投影 (b) 透视投影

图2-4 投影变换示意图

1) 正平行投影变换

投影方向垂直投影平面的投影称为正平行投影。正视图、俯视图和侧视图均属于正平行投影,如图2-5所示。

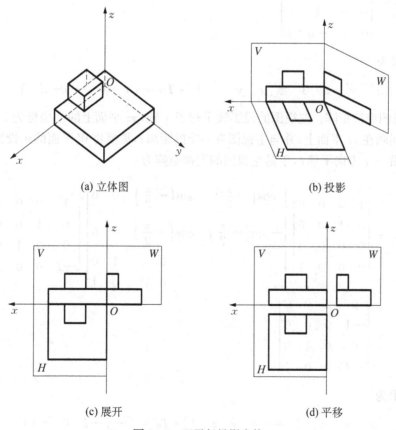

(a) 立体图 (b) 投影

(c) 展开 (d) 平移

图2-5 正平行投影变换

（1）主视图变换矩阵。主视图的投影线平行于 y 轴，xz 平面上的 y 坐标为 0，变换矩阵为

$$T_V = \begin{bmatrix} 1 & 0 & 0 & 0 \\ 0 & 0 & 0 & 0 \\ 0 & 0 & 1 & 0 \\ 0 & 0 & 0 & 1 \end{bmatrix}$$

变换结果为

$$[x' \quad y' \quad z' \quad 1] = [x \quad y \quad z \quad 1] \cdot T_V = [x \quad 0 \quad z \quad 1]$$

（2）俯视图变换矩阵。俯视图的投影线平行于 z 轴，xy 平面上的 z 坐标为 0。为了使俯视图和主视图同画在 xz 平面上，并与主视图有一定的距离 d，需要将 H 平面的正投影先绕 x 轴旋转 $-90°$，再沿 $-z$ 方向平移 d，于是俯视图的变换矩阵为

$$T_H = \begin{bmatrix} 1 & 0 & 0 & 0 \\ 0 & 1 & 0 & 0 \\ 0 & 0 & 0 & 0 \\ 0 & 0 & 0 & 1 \end{bmatrix} \begin{bmatrix} 1 & 0 & 0 & 0 \\ 0 & \cos\left(-\frac{\pi}{2}\right) & \sin\left(-\frac{\pi}{2}\right) & 0 \\ 0 & -\sin\left(-\frac{\pi}{2}\right) & \cos\left(-\frac{\pi}{2}\right) & 0 \\ 0 & 0 & 0 & 1 \end{bmatrix} \begin{bmatrix} 1 & 0 & 0 & 0 \\ 0 & 1 & 0 & 0 \\ 0 & 0 & 1 & 0 \\ 0 & 0 & -d & 1 \end{bmatrix}$$

$$= \begin{bmatrix} 1 & 0 & 0 & 0 \\ 0 & 0 & -1 & 0 \\ 0 & 0 & 1 & 0 \\ 0 & 0 & -d & 1 \end{bmatrix}$$

变换结果为

$$[x' \quad y' \quad z' \quad 1] = [x \quad y \quad z \quad 1] \cdot T_H = [x \quad 0 \quad -y-d \quad 1]$$

（3）左视图变换矩阵。左视图的投影线平行于 x 轴，yz 平面上的 x 坐标为 0。为了使左视图和主视图同画在 xz 平面上，并与主视图有一定的距离 l，需要将 W 平面的正投影先绕 z 轴旋转 $+90°$，再沿 $-x$ 方向平移 l，于是左视图的变换矩阵为

$$T_W = \begin{bmatrix} 1 & 0 & 0 & 0 \\ 0 & 1 & 0 & 0 \\ 0 & 0 & 0 & 0 \\ 0 & 0 & 0 & 1 \end{bmatrix} \begin{bmatrix} \cos\left(-\frac{\pi}{2}\right) & \sin\left(-\frac{\pi}{2}\right) & 0 & 0 \\ -\sin\left(-\frac{\pi}{2}\right) & \cos\left(-\frac{\pi}{2}\right) & 0 & 0 \\ 0 & 0 & 1 & 0 \\ 0 & 0 & 0 & 1 \end{bmatrix} \begin{bmatrix} 1 & 0 & 0 & 0 \\ 0 & 1 & 0 & 0 \\ 0 & 0 & 1 & 0 \\ -l & 0 & 0 & 1 \end{bmatrix}$$

$$= \begin{bmatrix} 0 & 0 & 0 & 0 \\ -1 & 0 & 0 & 0 \\ 0 & 0 & 1 & 0 \\ -l & 0 & 0 & 1 \end{bmatrix}$$

变换结果为

$$[x' \quad y' \quad z' \quad 1] = [x \quad y \quad z \quad 1] \cdot T_W = [-y-l \quad 0 \quad z \quad 1]$$

2）正轴测投影变换

正轴测投影，也称为正轴测图，它是一种立体图，能够直观地表达物体的三维形状。若将图 2 - 6a 所示的立方体直接向 V 面投影，就得到图 2 - 6b；如果将立方体绕五轴旋转 θ 角，再向 V 面投影，就得到图 2 - 6c 所示的图形；如果将立方体先绕 z 轴旋转 θ 角，再绕 x 轴旋转 $-\varphi$ 角（$\varphi > 0$），最后再向 V 面投影，就得到图 2 - 6d 所示的立方体的正轴测投影图。

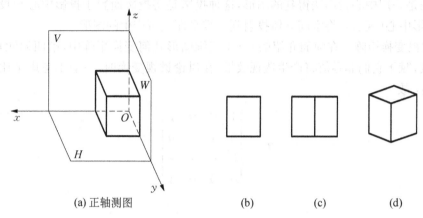

(a) 正轴测图　　　　　　(b)　　　(c)　　　(d)

图 2 - 6 正轴测投影图的生成过程

变换矩阵为

$$
\boldsymbol{T}_{\text{正轴测}} =
\begin{bmatrix}
\cos\theta & \sin\theta & 0 & 0 \\
-\sin\theta & \cos\theta & 0 & 0 \\
0 & 0 & 1 & 0 \\
0 & 0 & 0 & 1
\end{bmatrix}
\begin{bmatrix}
1 & 0 & 0 & 0 \\
0 & \cos\varphi & -\sin\varphi & 0 \\
0 & \sin\varphi & \cos\varphi & 0 \\
0 & 0 & 0 & 1
\end{bmatrix}
\begin{bmatrix}
1 & 0 & 0 & 0 \\
0 & 0 & 0 & 0 \\
0 & 0 & 1 & 0 \\
0 & 0 & 0 & 1
\end{bmatrix}
$$

$$
=
\begin{bmatrix}
\cos\theta & 0 & -\sin\theta\cos\varphi & 0 \\
-\sin\theta & 0 & -\cos\theta\sin\varphi & 0 \\
0 & 0 & \cos\varphi & 0 \\
0 & 0 & 0 & 1
\end{bmatrix}
$$

以上是一个正轴测投影变换的一般形式，在应用中，只要任意给定 θ、φ 的值，就可以得到不同的正轴测投影图。正轴测投影图主要分为正等轴测图和正二等轴测图。

（1）正等轴测投影。按国家标准规定，以 $\theta = 45°$、$\varphi = 35°16'$ 带入上式中，即可得到正等轴测投影变换矩阵

$$
\boldsymbol{T}_{\text{正等}} =
\begin{bmatrix}
0.707 & 0 & -0.408 & 0 \\
-0.707 & 0 & -0.408 & 0 \\
0 & 0 & 0.816 & 0 \\
0 & 0 & 0 & 1
\end{bmatrix}
$$

（2）正二等轴测投影图。按国家标准规定，以 $\theta = 20°42'$、$\varphi = 19°28'$ 带入上式中，即可得到正二等轴测投影变换矩阵

$$\boldsymbol{T}_{正等} = \begin{bmatrix} 0.935 & 0 & -0.118 & 0 \\ -0.354 & 0 & -0.312 & 0 \\ 0 & 0 & 0.943 & 0 \\ 0 & 0 & 0 & 1 \end{bmatrix}$$

3) 透视投影变换

透视图是采用中心投影法得到的图形,这种投影是将投影面置于投影中心与投影对象之间,通过投影中心(视点),将空间立体投射到二维平面上所产生的图形。

(1) 透视变换矩阵。在前面介绍的 4×4 三维图形几何变换矩阵中,第四列元素 p、q、r 为透视参数,赋予它们非零值将产生透视效果。在讨论透视变换时,一般不考虑全比例变换参数 s 的影响,故

$$\boldsymbol{T} = \begin{bmatrix} 1 & 0 & 0 & p \\ 0 & 1 & 0 & q \\ 0 & 0 & 1 & r \\ 0 & 0 & 0 & 1 \end{bmatrix}$$

变换结果为

$$\begin{bmatrix} x' & y' & z' & 1 \end{bmatrix} = \begin{bmatrix} x & y & z & 1 \end{bmatrix} \begin{bmatrix} 1 & 0 & 0 & p \\ 0 & 1 & 0 & q \\ 0 & 0 & 1 & r \\ 0 & 0 & 0 & 1 \end{bmatrix} = \begin{bmatrix} x & y & z & px + qy + rz + 1 \end{bmatrix}$$

$$= \begin{bmatrix} \dfrac{x}{px + qy + rz + 1} & \dfrac{y}{px + qy + rz + 1} & \dfrac{z}{px + qy + rz + 1} & 1 \end{bmatrix}$$

若 p、q、r 三个元素中有两个为零,则得到一点透视变换;若 p、q、r 三个元素中有一个为零,可得到两点透视变换;若 p、q、r 三个元素均不为零,则可得到三点透视变换。

(2) 一点透视变换。进行一点透视变换时,物体沿某一方向相互平行的一组棱线在透视图中不再平行,其延长线的交点称为灭点。一点透视只有一个灭点。透视变换矩阵中的元素 p、q、r 只有一个不为零,可获得一点透视效果。

y 轴上有灭点的一点透视变换的具体步骤为:

① 将物体平移到适当的位置,一般置于画面后。

② 对物体进行一点透视变换。

③ 将物体向 V 面投影。

因此,y 轴上有灭点的一点透视投影变换矩阵为

$$\boldsymbol{T} = \begin{bmatrix} 1 & 0 & 0 & 0 \\ 0 & 1 & 0 & 0 \\ 0 & 0 & 1 & 0 \\ l & m & n & 1 \end{bmatrix} \begin{bmatrix} 1 & 0 & 0 & 0 \\ 0 & 1 & 0 & q \\ 0 & 0 & 1 & 0 \\ 0 & 0 & 0 & 1 \end{bmatrix} \begin{bmatrix} 1 & 0 & 0 & 0 \\ 0 & 0 & 0 & 0 \\ 0 & 0 & 1 & 0 \\ 0 & 0 & 0 & 1 \end{bmatrix} = \begin{bmatrix} 1 & 0 & 0 & 0 \\ 0 & 0 & 0 & q \\ 0 & 0 & 1 & 0 \\ l & 0 & n & mq + 1 \end{bmatrix}$$

同理可推出 x、z 坐标轴上分别具有一个灭点的一点透视变换矩阵。

(3) 两点透视变换。如前面介绍,只要透视变换矩阵中的三个元素 p、q、r 中有一个为零,其余两个不为零,就可得到具有两个灭点的透视变换。设 $p \neq 0$、$q \neq 0$、$r = 0$,两点透视投

影图可用下面两种方法求得。

方法一：先将物体平移，以旋转合适的视点，然后进行两点透视变换，再将物体绕 z 轴旋转 θ 角 $[\theta = \arctan(p/q)]$，最后向 V 面投影。此时，两点透视变换矩阵为

$$
T = \begin{bmatrix} 1 & 0 & 0 & 0 \\ 0 & 1 & 0 & 0 \\ 0 & 0 & 1 & 0 \\ 1 & m & n & 1 \end{bmatrix} \begin{bmatrix} 1 & 0 & 0 & p \\ 0 & 1 & 0 & q \\ 0 & 0 & 1 & 0 \\ 0 & 0 & 0 & 1 \end{bmatrix} \begin{bmatrix} \cos\theta & \sin\theta & 0 & 0 \\ -\sin\theta & \cos\theta & 0 & 0 \\ 0 & 0 & 1 & 0 \\ 0 & 0 & 0 & 1 \end{bmatrix} \begin{bmatrix} 1 & 0 & 0 & 0 \\ 0 & 0 & 0 & 0 \\ 0 & 0 & 1 & 0 \\ 0 & 0 & 0 & 1 \end{bmatrix}
$$

$$
= \begin{bmatrix} \cos\theta & 0 & 0 & 0 \\ -\sin\theta & 0 & 0 & 0 \\ 0 & 0 & 1 & 0 \\ l\sin\theta - m\sin\theta & 0 & n & lp + mq + 1 \end{bmatrix}
$$

方法二：先将物体平移，然后使物体绕 z 轴旋转 θ 角（一般为 $30°$ 或 $60°$），以使物体的主要平面与画面成一定角度，再进行透视变换，最后向 V 平面投影。此时，两点透视变换矩阵为

$$
T = \begin{bmatrix} 1 & 0 & 0 & 0 \\ 0 & 1 & 0 & 0 \\ 0 & 0 & 1 & 0 \\ l & m & n & 1 \end{bmatrix} \begin{bmatrix} \cos\theta & \sin\theta & 0 & 0 \\ -\sin\theta & \cos\theta & 0 & 0 \\ 0 & 0 & 1 & 0 \\ 0 & 0 & 0 & 1 \end{bmatrix} \begin{bmatrix} 1 & 0 & 0 & 0 \\ 0 & 1 & 0 & q \\ 0 & 0 & 1 & 0 \\ 0 & 0 & 0 & 1 \end{bmatrix} \begin{bmatrix} 1 & 0 & 0 & 0 \\ 0 & 0 & 0 & 0 \\ 0 & 0 & 1 & 0 \\ 0 & 0 & 0 & 1 \end{bmatrix}
$$

$$
= \begin{bmatrix} \cos\theta & 0 & 0 & q\sin\theta \\ -\sin\theta & 0 & 0 & q\cos\theta \\ 0 & 0 & 1 & 0 \\ l\sin\theta - m\sin\theta & 0 & n & ql\sin\theta + am\cos\theta + 1 \end{bmatrix}
$$

（4）三点透视变换。三点透视即为具有三个灭点的透视，透视变换矩阵中的元素 p、q、r 均不为零。获得三点透视的方法也有两种。

方法一：将物体平移到合适位置，接着用透视变换矩阵对物体进行透视变换，然后使物体先绕 z 轴旋转 θ 角，再绕 x 轴旋转 $-\varphi$ 角（$\varphi > 0$），最后将旋转后的物体向 V 面投影，即可得到三点透视投影图。其透视投影变换矩阵为

$$
T = \begin{bmatrix} 1 & 0 & 0 & 0 \\ 0 & 1 & 0 & 0 \\ 0 & 0 & 1 & 0 \\ l & m & n & 1 \end{bmatrix} \begin{bmatrix} 1 & 0 & 0 & p \\ 0 & 1 & 0 & q \\ 0 & 0 & 1 & r \\ 0 & 0 & 0 & 1 \end{bmatrix} \begin{bmatrix} \cos\theta & \sin\theta & 0 & 0 \\ -\sin\theta & \cos\theta & 0 & 0 \\ 0 & 0 & 1 & 0 \\ 0 & 0 & 0 & 1 \end{bmatrix} \cdot
$$

$$
\begin{bmatrix} 1 & 0 & 0 & 0 \\ 0 & \cos\varphi & -\sin\varphi & 0 \\ 0 & \sin\varphi & \cos\varphi & 0 \\ 0 & 0 & 0 & 1 \end{bmatrix} \begin{bmatrix} 1 & 0 & 0 & 0 \\ 0 & 0 & 0 & 0 \\ 0 & 0 & 1 & 0 \\ 0 & 0 & 0 & 1 \end{bmatrix}
$$

$$
= \begin{bmatrix} \cos\theta & 0 & -\sin\theta\sin\varphi & 0 \\ -\sin\theta & 0 & -\cos\theta\cos\varphi & 0 \\ 0 & 0 & \cos\varphi & 0 \\ l\sin\theta - m\sin\theta & 0 & -\sin\varphi(l\sin\theta + m\cos\theta) + n\cos\varphi & lp + mq + nr + 1 \end{bmatrix}
$$

方法二：将物体平移到适当位置，接着将物体先绕 z 轴旋转 θ 角，再绕 x 轴旋转 $-\varphi$ 角（$\varphi >$ 0），然后进行一点透视，最后向 V 面投影即可得到三点透视投影图。其透视投影变换矩阵为

$$
T = \begin{bmatrix} 1 & 0 & 0 & 0 \\ 0 & 1 & 0 & 0 \\ 0 & 0 & 1 & 0 \\ l & m & n & 1 \end{bmatrix} \begin{bmatrix} \cos\theta & \sin\theta & 0 & 0 \\ -\sin\theta & \cos\theta & 0 & 0 \\ 0 & 0 & 1 & 0 \\ 0 & 0 & 0 & 1 \end{bmatrix} \begin{bmatrix} 1 & 0 & 0 & 0 \\ 0 & \cos\varphi & -\sin\varphi & 0 \\ 0 & \sin\varphi & \cos\varphi & 0 \\ 0 & 0 & 0 & 1 \end{bmatrix} \cdot
$$

$$
\begin{bmatrix} 1 & 0 & 0 & 0 \\ 0 & 1 & 0 & q \\ 0 & 0 & 1 & 0 \\ 0 & 0 & 0 & 1 \end{bmatrix} \begin{bmatrix} 1 & 0 & 0 & 0 \\ 0 & 0 & 0 & 0 \\ 0 & 0 & 1 & 0 \\ 0 & 0 & 0 & 1 \end{bmatrix}
$$

$$
= \begin{bmatrix} \cos\theta & 0 & -\sin\theta\sin\varphi & q\sin\theta\sin\varphi \\ -\sin\theta & 0 & -\cos\theta\cos\varphi & q\cos\theta\cos\varphi \\ 0 & 0 & \cos\varphi & q\sin\varphi \\ l\sin\theta - m\sin\theta & 0 & -\sin\varphi(l\sin\theta + m\cos\theta) + n\cos\varphi & lp + mq + nr + 1 \end{bmatrix}
$$

尽管上面这两种形式不同，但其本质是一样的。

2.2.4　图形的裁剪

裁剪是指以窗口为边界，将图形分为可见区域和不可见区域，仅保留窗口内的可见部分，去掉窗口外的不可见部分，并将可见部分在计算机显示器等图形输出设备上输出，把这种识别和选择可见图形信息的方法称为图形的裁剪。

利用裁剪技术可以将窗口内的图形信息和窗口外的图形信息区分开来，裁剪的边界可以是任意多边形，但常用的是矩形。被裁剪的对象可以是线段、字符、多边形等。

裁剪类型可以分为二维裁剪和三维裁剪两种基本类型，下面重点讨论二维图形中的点和线段的裁剪问题。

1）点的裁剪

由于任何图形都可以看作点的集合，因此点的裁剪是其他图形裁剪的基础。假设窗口 x 坐标的界限值为 $x_{\min}$ 和 $x_{\max}$，y 坐标的界限值为 $y_{\min}$ 和 $y_{\max}$，则当一点判定为可见时，必须同时满足下列两个不等式约束：

$$
\begin{cases} x_{\min} \leqslant x \leqslant x_{\max} \\ y_{\min} \leqslant y \leqslant y_{\max} \end{cases}
$$

若其中任一条件不满足，则该点为不可见点。

根据点的裁剪原理，二维图形的裁剪可以采用一种最简单的裁剪方法，即逐点比较法，也就是逐点比较图形上的各点是否满足上述条件，并将不可见点裁剪掉。从理论上来说，这是一种"万能"的裁剪方法，但是逐点比较法实际上没有使用价值。因为一方面，将图形离散成点需要大量的时间，算法的运行速度太慢；另一方面，这样裁剪得到的点不能保存原有图形的画线序列，给图形的输出造成困难，所以有必要研究高效的裁剪方法。

2）二维线段的裁剪

任何图形都可以看作是由直线段组成的，曲线、圆弧也可以用直线段来逼近，因此二维线段的裁剪是二维图形裁剪问题的基础。

线段裁剪的任务就是要确定其是完全可见的、部分可见的或者完全不可见的。进行线段裁剪，首先要确定它与窗口边界的相对位置。由于矩形窗口是一个凸多边形，一条直线段的可见部分最多为一段，因此可通过判断两个点的可见性来确定直线段的可见部分。如图 2-7 所示，一条直线段相对于窗口，其端点有以下几种情况：

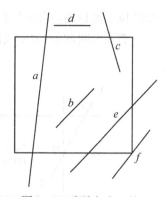

图 2-7　直线与窗口的相对位置

① 直线段的两个端点都在窗口内，如直线段 b。此时不需要裁剪，应全部显示。

② 直线段的两个端点都在窗口外，如直线段 a、d、e 和 f。其中对于直线段 a 和 e，它们均被窗口边界分成三段，中间一段落在窗口内，应予以显示；对于直线段 f，它与窗口边界只有一个交点，此时的可见部分已退化为一个点；而对于直线段 d，由于它与窗口的边界不相交，应当被裁剪掉。

③ 直线段的一个端点在窗口内，而另一个端点在窗口外，如直线段 c。需要求出直线段 c 与窗口边界的交点，并以此为边界将直线段分为两段，然后显示落在窗口内的那一段。

上述各种情况都要通过一定的规则来判别，最常用的方法是编码裁剪算法和中点分割裁剪算法。

1001	1000	1010
0001	窗口 0000	0010
0101	0100	0110

图 2-8　Cohen-Sutherland 编码

（1）编码裁剪算法。编码裁剪算法是 1974 年 Dan Cohen 和 Ivan Sutherland 提出的，所以称 Cohen-Sutherland 算法，其主要思想是用编码方法来实现裁剪。如图 2-8 所示，首先用窗口的边界直线将平面分成 9 个区域，每个区域用 4 位二进制码来表示，称为"区域码"，4 位编码自左向右的意义为

第 1 位：用 1 表示点在窗口之上，否则为 0；
第 2 位：用 1 表示点在窗口之下，否则为 0；
第 3 位：用 1 表示点在窗口之右，否则为 0；
第 4 位：用 1 表示点在窗口之左，否则为 0。

因此，通过比较线段端点的坐标 (x, y) 与裁剪窗口的边界，可以生成线段端点的 4 位二进制"区域码"。具体方法如下：

若满足 $y > y_{max}$，则区域码的第 1 位为 1，否则为 0；
若满足 $y < y_{min}$，则区域码的第 2 位为 1，否则为 0；
若满足 $x > x_{max}$，则区域码的第 3 位为 1，否则为 0；
若满足 $x < x_{min}$，则区域码的第 4 位为 1，否则为 0。

任何一条直线两个端点的编码都与它所在的区域相对应。根据上述编码可知，如果两个端点的编码都为"0000"，则线段全部位于窗口内；如果两个端点的编码"按位与"不为 0，则整条线段必位于窗口外。

如果线段不能由上述两种测试决定，则必须把线段再分割。简单的分割方法是计算出线段与窗口某一边界（或边界延长线）的交点，再用上述条件判别分割后的两条线段，从而舍去位于窗口外的一段。如图 2-9 所示，用编码裁剪算法对线段 AB 进行裁剪，可以在 C 点分割，分别对 AC、CB 进行判别，舍弃 AC；再分割 CB 于点 D，对 CD、DB 进行判别，舍弃 CD；而 DB

全部位于窗口内,算法结束。

需要说明的是,分割线段的过程是先从 C 点或 D 点开始是随机的,不影响算法结果。

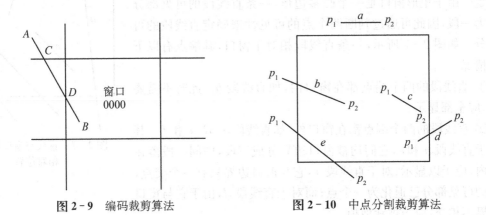

图 2 - 9　编码裁剪算法　　　　　　　　图 2 - 10　中点分割裁剪算法

(2) 中点分割裁剪算法。由于编码裁剪算法需要计算直线段与窗口边界的交点,因此不可避免地要进行大量的乘除运算,势必降低裁剪效率。而中点分割裁剪算法不用进行大量的乘除运算。

中点分割裁剪算法的基本思想是:分别寻找直线段两个端点各自对应的最远的可见点,两个可见点之间的连线就是要输出的可见段。如图 2 - 10 所示,以找出直线段 P_1P_2 上距离 P_1 最远的可见点为例,说明中点分割裁剪算法的步骤:

① 判断直线段 P_1P_2 是否全部在窗口外,如果是,则裁剪过程结束,无可见线段输出,如图 2 - 10 中的线段 a;否则,继续上述步骤。

② 判断 P_2 点是否可见,若可见,则 P_2 点即为距 P_1 点最远的可见点,如图 2 - 10 中的线段 b;否则,继续步骤③。

③ 将直线段 P_1P_2 对分,中点为 P_m,如果 P_mP_2 全部在窗口外(图 2 - 10 中的线段 d),用 P_1P_m 代替 P_1P_2;否则,用 P_mP_2 代替 P_1P_2(图 2 - 10 中的线段 e),然后对新的 P_1P_2 从头开始重新判断。

重复上述过程,直到 P_mP_2 小于给定的误差为止(即认为已于窗口的一个边界相交)。把线段两个端点对调一下,即可找出另一个端点 P_2 的最远的可见点。

由于中点分割裁剪算法只需要进行加法和除 2 运算,而除 2 运算在计算机中可以很简单地用右移一位来完成,因此,该算法特别适用于用硬件来实现。相对于编码裁剪算法来说,裁剪速度增快很多。

2.3 曲线与曲面的表示

从几何的观点来看,产品设计的对象大部分是由回转面及螺旋面等函数曲面构成的三维实体。在现代汽车、航空航天、船舶等产品的设计中都要用到各种复杂的曲线和曲面,以实现产品外形设计的美观化和使用性能的优化,因此各种曲线和曲面在产品设计中非常重要。本节主要讨论曲线曲面的表示方法。

2.3.1 曲线模型

工程中应用的拟合曲线一般分为两种类型:一是最终生成的曲线通过所有的给定型值

点,比如抛物样条曲线和三次参数样条曲线等,这类的曲线适用于插值放样;另一种曲线其最终结果并不一定通过给定的型值点,而只是比较接近这些点,这类曲线一般比较适合外形设计。此类曲线主要有 Bezier 曲线和 B 样条曲线。

1) Bezier 曲线

Bezier 曲线是通过一组折线集,或称为 Bezier 特征多边形进行定义的,曲线的起点和终点与该多边形的起点和终点重合,而且多边形的第一条边和最后一条边表示了曲线在起点和终点处的切向矢量方向。曲线的形状由特征多边形其余顶点控制,改变特征多边形顶点位置,可直观地看到曲线形状的变化。

(1) Bezier 曲线的定义。Bezier 构造曲线的基本思想是:由曲线的两个端点和若干个不在曲线的点来确定曲线唯一的形状。这两个端点和其他若干个点被称为 Bezier 特征多边形的顶点。

给定 $n+1$ 个控制顶点 $P_i(i = 0, 1, \cdots, n)$,可定义一条 n 次 Bezier 曲线:

$$P_t = \sum_{i=0}^{n} P_i B_{i, n}(t) \quad (0 \leqslant t \leqslant 1)$$

上式表示 $n+1$ 阶(n 次)Bezier 曲线。其中,P_i 为控制多边形的顶点;$B_{i, n}(t)$ 为伯恩斯坦(Bernstein)基函数,其定义为

$$B_{i, n}(t) = \frac{n!}{i!(n-i)!} t^i (1-t)^{n-i} = C_n^i t^i (1-t)^{n-i}$$

由于低阶 Bezier 曲线存在拼接连接性问题,而高阶 Bezier 曲线存在曲线摆动问题,所以工程上常用的是三次 Bezier 曲线。

三次 Bezier 曲线的基本形式为

$$P_t = \sum_{i=0}^{3} P_i B_{i, 3}(t) = (1-t)^3 p_0 + 3t(1-t)^2 p_1 + 3t^2(1-t) p_2 + t^3 p_3$$

其矩阵表示为

$$\boldsymbol{p}(t) = \begin{bmatrix} t^3 & t^2 & t & 1 \end{bmatrix} \begin{bmatrix} -1 & 3 & -3 & 1 \\ 3 & -6 & 3 & 0 \\ -3 & 3 & 0 & 0 \\ 1 & 0 & 0 & 0 \end{bmatrix} \begin{bmatrix} p_0 \\ p_1 \\ p_2 \\ p_3 \end{bmatrix} \quad (0 \leqslant t \leqslant 1)$$

三次 Bezier 曲线实例如图 2-11 所示。

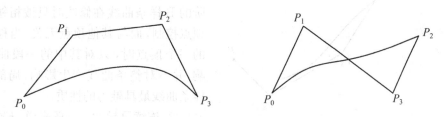

图 2-11　三次 Bezier 特征多边形及曲线

（2）Bezier 曲线的性质。

① 端点性质。Bezier 曲线的起点、终点与相应的特征多边形的起点、终点重合。Bezier 曲线的起点和终点处的切线方向和特征多边形的第一条边及最后一条边的走向一致。

② 对称性。假如保持 n 次 Bezier 曲线各顶点的位置不变，而把次序颠倒过来，此时曲线仍不变，只不过是曲线的走向相反而已。

③ 凸包性。Bezier 曲线的形状由特征多边形确定，它均落在特征多边形的各控制点形成的凸包内。

④ 几何不变性。Bezier 曲线的位置与形状仅与其特征多边形的位置有关，而与坐标系的选择无关。在几何变换中，只要直接对特征多边形的顶点变换即可，而无需对曲线上的每一点进行变换。

⑤ 全局控制性。当修改特征多边形中的任一顶点，均会对整体曲线产生影响，因此 Bezier 曲线缺乏局部修改能力。

2）B 样条曲线

Bezier 曲线有许多优越性，但有两点不足：一是控制多边形的顶点个数决定了 Bezier 曲线的阶次，并且在阶次较大时，控制多边形对曲线的控制将会减弱；二是 Bezier 曲线不能作局部修改，改变一个控制点的位置对整条曲线都有影响。

为了克服 Bezier 曲线存在的问题，1972 年，Gordon、Rie-feld 等人拓展了 Bezier 曲线。从外形设计的需求出发，希望新的曲线易进行局部修改，更逼近特征多边形，而且最好是低阶次曲线。于是，用 B 样条基函数代替了伯恩斯坦基函数，构造了 B 样条曲线的新型曲线。

（1）B 样条曲线的定义。已知 $n+1$ 个控制顶点 $P_i(i=0,1,\cdots,n)$，可定义 k 次 B 样条曲线的表达式为

$$P(t) = \sum_{i=0}^{n} p_i N_{i,k}(t)$$

其中，$N_{i,k}(t)$ 为 k 次 B 样条基函数，可由以下的递推公式得到：

$$N_{i,1}(t) = \begin{cases} 1 & t_i \leqslant t \leqslant t_{i+1} \\ 0 & \text{其他} \end{cases}$$

$$N_{i,k}(t) = \frac{t-t_i}{t_{i+k-1}-t_i} N_{i,k-1}(t) + \frac{t_{i+k}-t}{t_{i+k}-t_{i+1}} N_{i+1,k-1}(t)$$

B 样条曲线实例如图 2-12 所示。

（2）B 样条曲线的性质。

① 局部性。因为 $N_{i,k}(t)$ 只在区间 $[t_i, t_{i+1}]$ 中为正，在其他地方均取零值，使得 k 阶的 B 样条曲线在修改时只被相邻的 k 个顶点控制，而与其他顶点无关。当移动其中的一个顶点时，只对其中的一段曲线有影响，并不对整条曲线产生影响。局部性是 B 样条曲线最具魅力的性质。

② 连续可导性。一般来说，k 次 B 样条曲线具有 $k-1$ 阶连续性。

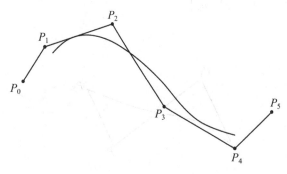

图 2-12　B 样条曲线及其控制多边形

③ 凸包性。B 样条曲线比 Bezier 曲线具有更强的凸包性，比 Bezier 曲线更贴近特征多边形。

④ 几何不变性。B 样条曲线的性质和位置与坐标系的选取无关。

⑤ 造型的灵活性。B 样条曲线是一种非常灵活的曲线，曲线的局部形状受相应顶点的控制很直观。

（3）工程常用的三次 B 样条曲线。B 样条曲线的阶次与控制点的数量无关，因此可任意增加控制点而不提高 B 样条曲线的阶次，这在工程应用中很重要。就阶次而言，曲线阶次的提高会使曲线更难控制和精准计算。因此，三次 B 样条曲线（即 $k=4$）已能满足大多场合的应用需要。

对于 $n+1$ 个特征多边形顶点 P_0，$P_1 \cdots P_n$，每四个顺序点一组，其线性组合可以构成 $n-2$ 段三次 B 样条曲线，即有 4 个控制点的三次 B 样条曲线。三次 B 样条曲线（$n=3$，$k=0$，1，2，3）的表达式为

$$p(t) = \frac{1}{6}\left[(-P_0 + 3P_1 - 3P_2 + P_3)t^3 + (3P_0 - 6P_1 + 3P_2)t^2 + \right.$$
$$\left. (-3P_0 + 3P_2)t + (P_0 + 4P_1 + P_2)\right]$$

$$= \frac{1}{6}\begin{bmatrix} t^3 & t^2 & t & 1 \end{bmatrix} \begin{bmatrix} -1 & 3 & -3 & 1 \\ 3 & -6 & 3 & 0 \\ -3 & 0 & 3 & 0 \\ 1 & 4 & 1 & 0 \end{bmatrix} \quad (0 \leqslant t \leqslant 1)$$

如图 2-13 所示，三次 B 样条曲线段有如下的几何特征：

① 端点位置矢量

$$P_5 = \frac{1}{6}(P_0 + 4P_1 + P_2) = \frac{1}{3}\left(\frac{P_0 + P_2}{2}\right) + \frac{2}{3}P_1$$

$$P_6 = \frac{1}{6}(P_1 + 4P_2 + P_3) = \frac{1}{3}\left(\frac{P_1 + P_3}{2}\right) + \frac{2}{3}P_2$$

三次 B 样条曲线段的起点与终点分别位于 $\triangle P_0 P_1 P_2$ 和 $\triangle P_1 P_2 P_3$ 中线的三分之一处。

② 端点切矢量

$$P_5' = \frac{1}{2}(P_2 - P_0) \quad P_6' = \frac{1}{2}(P_3 - P_1)$$

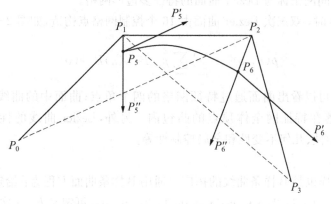

图 2-13　三次样条曲线几何特征

曲线段起点与终点切矢量分别平行于 P_0P_2、P_1P_3 边，其模长为该边长的一半。所以，对三次 B 样条曲线相邻两段曲线，前一段曲线的终点就是后一段曲线的起点，而且对应共同的三角形，故两段曲线在连接点处具有相同的一阶导数矢量。

③ 端点的二阶导数矢量

$$P_5'' = P_0 - 2P_1 + P_2 = (P_0 - P_1) + (P_2 - P_1)$$
$$P_6'' = P_1 - 2P_2 + P_3 = (P_1 - P_2) + (P_3 - P_2)$$

可见，曲线段起点和终点的二阶导数矢量等于特征多边形相邻两直线边所构成的平行四边形的对角线。由于三次 B 样条曲线上一段曲线终点处的平行四边形和下一段曲线在开始点处的平行四边形相同，所以三次 B 样条曲线在节点处有二阶连续导数。

2.3.2 曲面模型

曲面模型是计算机图形学的一项重要研究内容，主要研究在计算机图形系统环境下对曲面的表示、设计、显示和分析。工程设计中经常绘制各种曲面，曲面分为规则曲面与不规则曲面。规则曲面常见的有柱面、锥面、球面、环面、双曲面、抛物面等，这些曲面都可用函数或参数方程表示；而常见的不规则曲面有 Bezier 曲面、B 样条曲面、孔斯曲面等，这些曲面采取分片的参数方程来表示。

不规则曲面的基本生成原理是：先确定曲面上特定的离散点（型值点）的坐标位置，通过拟合使曲面通过或逼近给定的型值点，得到相应的曲面。一般情况下，曲面的参数方程不同，就可以得到不同类型及特性的曲面。

1) Bezier 曲面

Bezier 曲面是 Bezier 曲线的拓广。用一个参数 t 描述的向量函数可以表示一条空间曲线，而用两个参数 u、v 描述的向量函数就能表示一个曲面。

设有控制点 $P_{ij}(i = 0, 1, 2, \cdots, m; j = 0, 1, 2, \cdots, n)$ 为 $(m+1) \times (n+1)$ 个空间点列，则可定义一个 $m \times n$ 次 Bezier 曲面

$$p(u, v) = \sum_{i=0}^{m} \sum_{j=0}^{n} p_{i, j} B_{i, m}(u) B_{j, n}(v) \quad (0 \leqslant u \leqslant 1, 0 \leqslant v \leqslant 1)$$

其中　　　　　　　$B_{i, m}(u) = C_m^i u^i (1-u)^{m-i}, \ B_{j, n}(u) = C_n^j v^j (1-v)^{n-j}$

为伯恩斯坦基函数。依次用线段连接点列 $P_{ij}(i = 0, 1, 2, \cdots, m; j = 0, 1, 2, \cdots, n)$ 中相邻两点所形成的空间网格称为 Bezier 曲面的特征多边形网格。

当 $m = n = 3$ 时，双三次 Bezier 曲面由 16 个控制网格点构造，如图 2-14 所示。

$$p(u, v) = \sum_{i=0}^{3} \sum_{j=0}^{3} p_{i, j} B_{i, 3}(u) B_{j, 3}(v)$$

从图 2-14 中可以看出曲面通过特征网格的四个角点；曲面中的曲线 u 和曲线 v 均为 Bezier 曲线；曲面落在特征网全体顶点的凸包内。另外，Bezier 曲线的性质都可以推广到 Bezier 曲面，如对称性、几何不变性和全局控制性等。

2) B 样条曲面

B 样条曲面同样也是 B 样条曲线的拓广。通用 B 样条曲面方程为：给定 $(m+1) \times (n+1)$ 个控制点 $P_{ij}(i = 0, 1, 2, \cdots, m; j = 0, 1, 2, \cdots, n)$，可定义 $k \times l$ 次 B 样条曲面

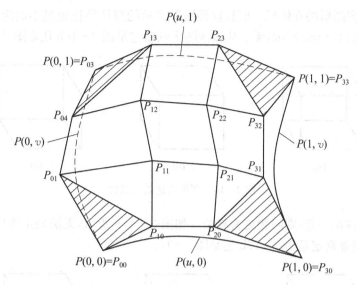

图 2 - 14　双三次 Bezier 曲面片及边界信息

$$p(u,\ v) = \sum_{i=0}^{m} \sum_{j=0}^{n} p_{i,\ j} N_{i,\ k}(u) N_{j,\ l}(v)$$

式中，$N_{i,\ k}(u)$ 和 $N_{j,\ l}(v)$ 分别为 k 次和 l 次 B 样条基函数，由控制点 P_{ij} 组成的空间网格称为 B 样条曲面的特征网格。

如图 2 - 15 所示，对于 $k = l = 3$，双三次 B 样条曲面方程为

$$p(u,\ v) = \sum_{i=0}^{3} \sum_{j=0}^{3} p_{i,\ j} N_{i,\ 3}(u) N_{j,\ 3}(v)$$

由图 2 - 15 可以看出，$k \times l$ 次 B 样条曲面片的四个角点不经过任何特征网格顶点，且仅与该角点对应的 $k \times l$ 个特征网格顶点有关；B 样条曲面的边界曲线仍为 B 样条曲线，该边界 B 样条曲线由对应的 k 条（或 l 条）边界特征网格顶点确定。而且 B 样条曲面也具有几何不变性、对称性和凸包性。B 样条曲面边界的跨界导数只与定义边界的顶点及相邻 $k - 1$ 排（或 $l - 1$ 排）顶点有关，具有 $(k-1) \times (l-1)$ 阶函数连续性。这是由三次

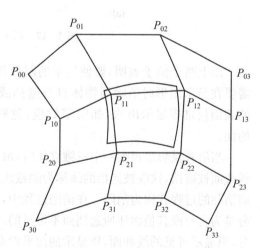

图 2 - 15　双三次 B 样条曲面片

B 样条基函数族的连续性保证的。所以，双三次 B 样条曲面的突出特点就在于相当轻松地解决了曲面片之间的连接问题。

2.4　图形消隐技术

2.4.1　图形消隐的基本概念

当选择不同的视点看物体时，由于物体表面之间的遮挡关系，所以不能看到物体上所有的线和面。三维立体的所有部分在计算机输出时均被投影到投影平面上并显示出来，若不对其

进行处理会影响到图形的立体感。而且这种图形表示的形体往往也是不确定的,即具有二义性或多义性。如图2-16a所示,无法从该线图来判断它是图2-16b还是图2-16c。

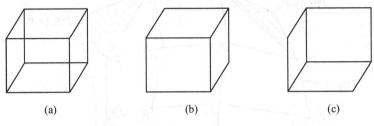

(a)　　　　　　　　(b)　　　　　　　　(c)

图2-16 图形表达的二义性

如果多个物体在一起,则问题更为复杂。如图2-17a所示,无法确定图中两个长方体的前后遮掩关系,很难判定是图2-17b还是图2-17c。

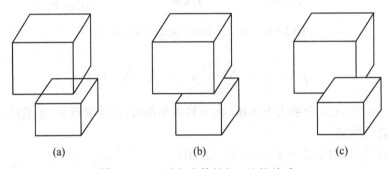

(a)　　　　　　　　(b)　　　　　　　　(c)

图2-17 两个长方体的相互遮掩关系

以上两个例子表明,要使显示的图形具有真实的立体感,避免因二义性而造成的错觉,需要在显示图形时消除因物体自身遮挡或物体间相互遮挡而无法看见的棱线。如果物体的表面信息要显示出来,如明暗效应、色彩等,则还需要在显示时消除被其他物体所遮挡的面。

当沿着投影线观察一个三维立体时,由于物体自身某些表面或其他物体的遮挡,造成某些线或面被遮挡,这些被遮挡的线称为隐藏线,被遮挡的面被称为隐藏面。将这些隐藏线或隐藏面消除的过程就称为消隐。在消隐过程中,首先要决定显示对象的哪些部分是可见的,哪些部分是为自身或其他物体所遮挡而不可见的,即找出消隐线和消隐面,然后再消除这些不可见部分,只显示可见的线和面,所显示的图形没有多义性。查找、确定并消除隐藏线和面的技术就称为消隐技术。

2.4.2 消隐算法中的基本测试方法

消除隐藏线、隐藏面的算法是将一个或多个三维物体模型转换成二维可见图形,并在屏幕上显示。对不同的显示对象和显示要求会有不同的消隐算法与之相适应。各种消隐算法的策略方法各有特点,但都是以一些基本的测试方法为基础的。一种算法中往往会包含一种甚至多种基本测试方法。下面介绍消隐算法中常用的几种基本测试方法。

1) 重叠测试

重叠测试是检查两个多边形是否重叠,若不重叠则说明两个多边形互不遮挡。这种测试也称为最大最小测试或边界盒测试,它提供了一种判断多边形是否重叠的快速方法。其基本原理：找到每个多边形的极值（最大和最小的 x、y 值），然后用一个矩形去外接每个多边形（图 2-18）。接着检查在 x 和 y 方向上任意两个矩形是否相交，若不相交，则相应的多边形不重叠（图 2-19a）。设两个多边形为 A 和 B，其顶点坐标满足下面四个不等式之一，则两个四边形不可能重叠。

$$\begin{cases} x_{A\max} \leqslant x_{B\min} \\ x_{A\min} \geqslant x_{B\max} \\ y_{A\max} \leqslant y_{B\min} \\ y_{A\min} \geqslant y_{B\max} \end{cases}$$

而如果上述四个不等式均不满足，则这两个多边形有可能重叠。图 2-19b 所示的两个多边形，尽管它们的外接矩形相互重叠，但它们自身并没有重叠。此时将一个多边形的每一条边与另一个多边形的每条边比较（图 2-19d），来测试它们是否相交，从而判别两个多边形是否重叠。若两个多边形确有重叠关系（图 2-19c），则通过两线段求交的算法来计算其交点。

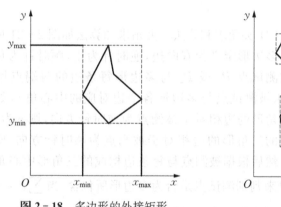

图 2-18　多边形的外接矩形

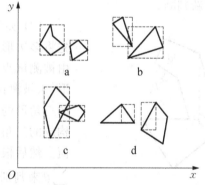

图 2-19　重叠测试

2）包含性测试

对于不满足重叠测试的两个多边形，除了因多边形边框相交而产生相互遮蔽外，还可能因为一个多边形包容在另一个多边形内部而产生相互遮蔽。检验一个多边形是否包含在另一个多边形内部，需要逐个检验多边形顶点是否包含在另一个多边形内部。包含性测试就是在检查一个给顶点是否位于给定的多边形或多面体内。

对于凸多边形，计算某点的包含性时只需将该点的 x 和 y 坐标带入多边形每一条边的直线方程，按计算结果判断：若该点在每条边的同一侧，则可判断该点是被凸多边形包围的。

对于非凸多边形，可以用两种方法来检验点与多边形的包含性关系，即射线交点数算法和夹角求和算法。

（1）射线交点数算法。检验时从待测试的点引出一条射线，该射线与多边形棱边相交。如果交点数是奇数，则该点在多边形内（如图 2-20a 中的 P_1 点）；如果交点个数为偶数，则该点在多边形外（如图 2-20a 中的 P_2 点）。如果多边形的一条边位于射线上或射线过多边形的顶点，则需要进行特殊处理，以保证结论的一致性。若引出的射线恰好通过多边形的一条边（P_3 点的情况），则记为相交两次（图 2-20b）；若两条边在射线的两侧（P_4 点的情况），则记为

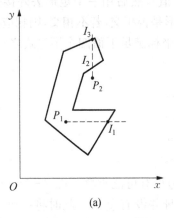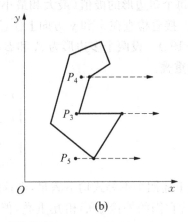

图 2 - 20 射线交点数算法

相交一次；若两条边在射线的同侧（P_5 点的情况），则记为相交两次或零次。因而，可以判断 P_3、P_4 在多边形内，而 P_5 在多边形外。当遇到这些特殊情况时，也可改变射线的方向，按上述方法重新判断。

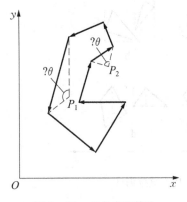

图 2 - 21 夹角求和算法

（2）夹角求和算法。夹角求和算法如图 2 - 21 所示。首先将多边形定义为有向边，逆时针为正，顺时针为负。然后由被测试点 P_1 或 P_2 与多边形每条边的两端点构成三角形，求被测试点与多边形各个边对应的中心角 θ，如果构成的三角形的边相对于被测点为逆时针方向，则 θ 为正值；若构成的三角形的边相对于被测点为顺时针方向，则 θ 为负值。然后根据被测点与每条边构成的三角形中心角的总和 $\sum \theta$ 来判别测试点是否为多边形所包含。当 $\sum \theta = \pm 2\pi$ 时，则被测试点在多边形的内部；当 $\sum \theta = 0$ 时，则被测试点在多边形的外部。

3）深度测试

深度测试是用来测定一个物体遮挡另外物体的基本方法。深度测试方法常用的是优先级测试法。

如图 2 - 22a 所示，设投影面为 xOy 平面，P_{12} 是空间矩形 F_1 和三角形 F_2 的正投影的重影点。将 P_{12} 的 x、y 坐标代入平面 F_1 和 F_2 的方程中，分别求出 z_1 和 z_2。若 $z_1 > z_2$，P_1 为可见点，矩形 F_1 比三角形 F_2 的优先级高；若 $z_1 < z_2$，P_2 为可见点，三角形 F_2 比矩形 F_1 的优先级高。

深度测试方法有时会出现异常情况。如图 2 - 22b 所示，当两个多边形循环遮挡时，仅从一点的比较不能判断两个面在整体上哪个更靠近观察者，需要将其中一个多边形分成两个多边形（如图 2 - 22b 中的虚线），再使用上述方法分别判别。

4）可见性测试

可见性测试主要用来判别物体自身各部分中哪些地方是没有被其自身的其他部分遮挡，即可见的；哪些部分是被其自身的其他部分遮挡，即不可见的。

如图 2 - 23 所示，无论物体的外表面是平面还是曲面，只要知道它的几何表述，便可求出

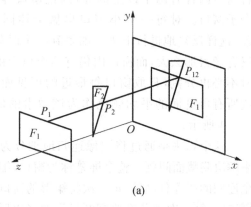

(a)　　　　　　　　　　　　　　　(b)

图 2 - 22　深度测试

其外法矢 **N**。对于凸多面体,物体表面外法矢指向观察者方向的面是可见的,否则是不可见的。定义由观察点 **C** 至物体方向的视线矢量为 **S**,则可以通过计算物体表面某点的外法矢 **N** 和视线矢量 **S** 的点积来判别该点是否可见:

$$\boldsymbol{N} \cdot \boldsymbol{S} = |\boldsymbol{N}| \cdot |\boldsymbol{S}| \cos\theta$$

外法矢 **N** 指向物体的外部。θ 为 **N** 和 **S** 的夹角,当 **N** 指向视点方向时其积为正,即为可见面。若物体是含有凹性表面的物体,则在满足法线检验的可见面之间还可能发生相互遮蔽,还需做进一步的消隐检验和判别。但是,进一步的消隐检验和判别只需对上述可见面进行。

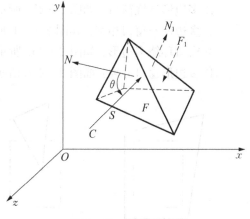

图 2 - 23　可见性测试

2.4.3　常用的消隐算法

经过上述测试方法,可以判别两个物体或物体自身各部分之间是否存在重叠或遮挡关系。如果不存在重叠或遮挡关系,则无须进行消隐处理,否则需要进行消隐处理,即在图形的显示过程中,判别哪个物体被遮挡而不显示,哪个物体不被遮挡而显示出来。

消隐算法可分为两大类:物空间算法和像空间算法。物空间算法是利用物体间的几何关系来判断物体的隐藏与可见部分。这种算法利用计算机硬件的浮点精度来完成几何计算,因而计算精度高,不受显示器分辨率的影响。但对于复杂图形的消隐,运算量大,运算效率低。像空间算法在显示图形的屏幕坐标系中实现,针对形体的图形,确定光栅显示器哪些像素可见。该算法是以显示器分辨率相适应的精度来进行的,尽管算法不够精确,但对于复杂图形的消隐,运算效率极高。通常,大多数隐藏面消除算法用像空间算法,而大多数隐藏线消除算法用物空间算法。下面介绍几种常用的消隐算法。

1) 区域子分割算法

区域子分割算法是一种循环细分算法,其基本思想是:把物体投影到全屏幕窗口上,然后递归分割窗口,直到窗口内目标足够简单,可以显示为止。首先,该算法把初始窗口作为屏幕坐标系的矩形,将场景中的多边形投影到窗口内。若窗口内没有物体,则按背景色显示;

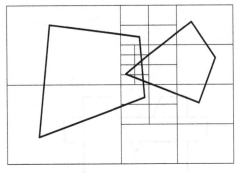

图 2 - 24 区域子分割过程

若窗口内含有两个以上的面,则把窗口等分成四个子窗口。对每一个小窗口再做上述同样的处理,这样反复地进行下去。如果到某个时刻,窗口仅有像素那么大,而窗口内仍有两个以上的面,这时不必再分割,只取窗口每最近的可见面的颜色或所有可见面的平均颜色作为该像素的值,如图 2 - 24 所示。

这个算法是通过将图像递归地细分为子图像来解决隐藏面问题。整个屏幕称为窗口,细分是一个递归的四等分过程,每一次将矩形的窗口等分为四个相等的小矩形,其中每个小矩形也称为窗口。每一次细分都要判断显示的多边形和窗口的关系,这种关系有以下几种类型。

① 多边形环绕窗口:如图 2 - 25a 所示,多边形完全环绕着窗口。

② 多边形与窗口相交:如图 2 - 25b 所示,多边形部分落在窗口内。

③ 窗口环绕多边形:如图 2 - 25c 所示,多边形完全落在窗口内。

④ 多边形窗口分离:如图 2 - 25d 所示,多边形与窗口在任何方向上均无重叠。

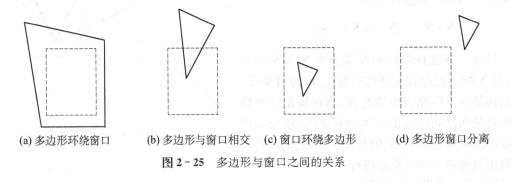

(a) 多边形环绕窗口　　(b) 多边形与窗口相交　(c) 窗口环绕多边形　　(d) 多边形窗口分离

图 2 - 25　多边形与窗口之间的关系

当窗口与每一个多边形的关系确定以后,在以下情况下,窗口足够简单,可以直接显示。

① 所有多边形都与窗口分离,这时只需将窗口内所有的像素填上背景色。

② 只有一个多边形和窗口相交,或这个多边形包含在窗口内,这时先对窗口内每一像素填上背景色,再对窗口内的多边形部分用扫描算法填充。

③ 存在一个或多个多边形,但其中离观察者最近的多边形包围了窗口,此时将整个窗口填上该多边形的颜色。

2) z 向缓冲区算法

z 向缓冲区算法也称为 z 向深度缓冲区算法或深度缓冲区算法,它是所有图像空间消隐算法中原理最简单的一种。这种算法中需要两个缓冲区,一个用来存储每一像素点亮度或色彩的帧缓冲区,还有一个用来存储每一像素点所显示对象深度的缓冲区,称为 z 向缓冲区或深度缓冲区。在 z 向缓冲区可以对每一个像素点的 z 值排序,并用最小的 z 值初始化 z 缓冲区;而在帧缓冲区中,用背景像素值进行初始化。帧缓冲区和 z 缓冲区用像素坐标 (x, y) 来进行索引。

z 向缓冲区算法过程如下:对场景中每个多边形,找到多边形投影到屏幕上时位于多边形内或边界上所有像素的坐标(x, y)。对每个像素,在其坐标(x, y)处计算多边形的深度z,并与z缓冲区相应单元的现行值比较,如果z大于z缓冲区的现行值,则该多边形比其他早已存于像素中的多边形更靠近观察者。在这种情况下,用z值更新z缓冲区的对应单元,同时将(x, y)处多边形的明暗值写入帧缓冲区对应的该屏幕像素的单元中。当所有的多边形被处理完后,帧缓冲区中保留的是已消隐的最终结果。

3) 扫描线算法

扫描线算法是图形消隐中经常使用的方法,它的特点是在图像空间中按扫描线从上到下的顺序来处理所显示的对象,通过每一行扫描线与各物体在屏幕上投影之间的关系来确定该行的有关显示信息。最常用的扫描线算法是z向缓冲器扫描线算法,如图 2 - 26 所示。

z向缓冲器扫描线算法是z向缓冲区算法的一个特例。z向缓冲器扫描线算法工作于高度只有一条扫描线的显示窗口中,故只有一行的深度缓冲区,而其宽度就是水平显示宽度,其深度缓冲区和帧缓冲区所需的存储量仅为$1 \times$水平显示分辨率$\times$深度位数,而深度缓冲区的深度位数取决于z的取值范围。

对于每一条扫描线,帧缓冲区取背景属性作为初始值,深度缓冲区的初始值置为足够小的z值。然后求出这条扫描线与画面中每一个多边形的二维投影之间的交点,这些交点是成对出现的,而且是多边形某两条边与扫描平面交点的投影。在逐个考察扫描线上一对交点之间的像素时,将每一像素处的深度与深度缓冲区中该位置上的原存储值进行比较。若当前像素深度大于原有值,则多边形在此位置的显示属性写入帧缓冲区,同时更新深度缓冲区的原存储深度值。这样逐步处理完所有多边形,帧存储器中的内容即为画面在此扫描线位置上的消隐结果。

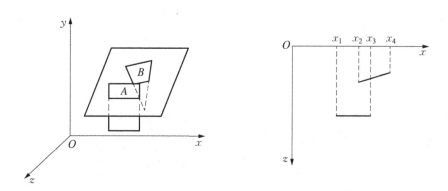

图 2 - 26 z向缓冲器扫描线算法

思考与练习

1. 简述在几何造型系统中,坐标系的种类及其关系。

2. 简述二维图形变换的基本原理和种类。

3. 简述三维几何变换的作用及其与二维几何变换的差异。

4. 将顶点分别为$(0, 0)$、$(0, 1)$、$(1, 1)$、$(1, 0)$的单位正方形变换成顶点分别为(a, b)、$(c, b+h)$、$(c, d+h)$、(a, d)的平行四边形(其中,$c > a, d > b$)。试推导其变换矩阵。

5. 投影中心为点$(0，0，1)$，求$\triangle ABC$的透视投影，已知$A(2，0，-1)$、$B(0，0，-1)$、$C(0，2，-1)$。

6. 用点$P_0(0，1)$、$P_1(1，1)$、$P_2(1，0)$作为特征多边形顶点，构造一条 Bezier 曲线，写出它的方程并作图。

7. 为什么要进行图形裁剪和消隐？

8. 常用的消隐算法有哪些，并简述其原理。

第 3 章

CAD/CAM 建模技术基础

◎ **学习成果达成要求**

通过学习本章，学生应达成的能力要求包括：

1. 熟练掌握线框建模、表面建模、实体建模和特征建模的基本原理和常用方法。

2. 在产品造型装配时，能根据具体情况熟练运用自上而下和自下而上的装配建模方法。

3. 能够使用三维建模软件 UG 建立机械产品实体模型。

在 CAD/CAM 中，建模技术是产品信息化的源头，是定义产品在计算机内部表示的数字模型、数字信息及图形信息的工具，是 CAD/CAM 系统中的关键技术。

3.1 几何建模技术

3.1.1 几何建模的基础知识

几何建模技术是将现实世界中的物体及其属性转化为计算机内部数字化表示、可分析、控制和输出几何形体的方法。CAD/CAM 系统中的几何模型就是把三维实体的几何形状及其属性用合适的数据结构进行描述和存储，供计算机进行信息转换和处理的数据模型。这种模型包含了三维形体的几何信息、拓扑信息以及其他的属性数据。而几何建模过程就是以数据计算机能够理解的方式，对几何实体进行确切的定义，赋予一定的数学意义，再以一定的数据结构形式对所定义的几何实体加以描述，从而在计算机内部构造一个实体的几何模型。通过这种方法定义的、描述的几何实体必须是完整的、唯一的，而且能够从计算机内部的模型上提取该实体生成过程中的全部信息，或者能够通过系统的计算分析自动生成某些信息。计算机集成制造系统的水平在很大程度上取决于三维几何建模系统的功能。因此，几何建模技术是 CAD/CAM 系统的关键技术。

几何建模的基础知识主要包括几何信息、拓扑信息、非几何信息、形体的表示、正则集合运算和欧拉检验公式等。

（1）几何信息。指构成三维形体的各几何元素在欧式空间中的位置和大小，它可以利用具体的数学表达式来进行描述。几何信息主要包括点、线、面和体的信息。

① 点：点是零维几何元素，是几何建模中最基本的元素。在计算机中对曲线、曲面形体的描述、存储、输入、输出，实质上都是针对点集及其连接关系进行处理。根据点在实际形体中存在的位置，可以将点分为端点、交点、切点等。对形体进行几何运算还可能形成孤立点，在对

形体定义时孤立点一般是不允许存在的。

② 边：边是一维几何元素。它是形体相邻面的交界，对于正则形体而言，边只能是两个面的交界，对于非正则形体而言，边可以是多个面的交界。

③ 环：环是由有序、有向边组成的封闭边界。环中的边不能相交，相邻两条边共享一个端点。环的概念是和面的概念密切相关的，环分为内环和外环，外环用于确定面的最大外边界，而内环是用于确定面内孔的边界。

④ 面：面是二维几何元素。它是形体上一个有限、非零的单连通区域。它分为平面和曲面。面由一个外环和若干内环包围而成，外环须有一个且只有一个，而内环可以没有也可以有许多个。

⑤ 体：体是三维几何元素。它是由若干个面包围而成的封闭空间，也就是说体的边界是有限个面的集合。几何造型的最终结果就是各种形式的体。

⑥ 体素：体素是指可由有限个参数描述的基本形体，或由定义的轮廓曲线沿指定的轨迹曲线扫描生成的形体。体素可分为基本形体体素（包括长方体、圆柱体、球体等）和由定义的轮廓曲线沿指定的轨迹曲线扫描生成的体素，称为轮廓扫描体素。

（2）拓扑信息。拓扑信息反映三维形体中各几何元素的数量及其相互之间的连接关系。任一形体都是由点、边、环、面、体等各种不同的几何元素构成的。这些几何元素间的连接关系是指一个形体由哪些面组成，每个面上有几个环，每个环由几条边组成，每条边由几个顶点定义等。各种几何元素相互间的关系构成了形体的拓扑信息。如果拓扑信息不同，即几何信息不同，最终构造的形体也可能完全不同。

在几何建模中最基本的几何元素是点(V)、边(E)、面(F)，这三种几何元素之间有如图 3-1 所示的九种连接关系。

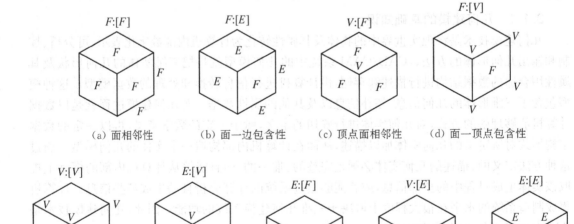

（a）面相邻性　　　（b）面—边包含性　　　（c）顶点面相邻性　　　（d）面—顶点包含性

（e）顶点相邻性　　　（f）边顶点包含性　　　（g）边面相邻性　　　（h）顶点—边相邻性　　　（i）边相邻性

图 3-1 点、边、面几何元素间的拓扑关系

（3）非几何信息。非几何信息是指产品除几何实体的几何信息、拓扑信息以外的信息，包括零件的物理属性和工艺属性等，如零件的质量、性能参数、尺寸公差、加工粗糙度各技术要求

等信息。为了满足 CAD/CAE/CAM 集成的要求,非几何信息的描述和表示显得越来越重要,是目前特征建模中特征分类的基础。

（4）形体的表示。形体在计算机内通常采用六层拓扑结构（图 3-2）进行定义,各层结构的定义如下：

① 体：体是由封闭表面围成的有效空间,其边界是有限面的集合。如图 3-3a 所示的立方体是由 $F_1 \sim F_6$ 六个平面围成的空间。具有良好边界的形体定义为正则形体,正则形体没有悬边、悬面或一条边有两个以上邻面的情况,反之为非正则形体,如图 3-3b 所示。

② 壳：壳是构成一个完整实体的封闭边界,是形成封闭的单一连通空间的一组面的结合。一个连通的物体由一个外壳和若干个内壳构成。

③ 面：面是由一个外环和若干个内环界定的有界、不连通的表面。面有方向性,一般采用外法矢方向作为该面的正方向。如图 3-3c 所示,F 面的外环由 e_1、e_2、e_3、e_4 四条边沿逆时针方向构成,内环由 e_5、e_6、e_7、e_8 构四条边沿顺时针方向构成。

④ 环：环是面的封闭边界,是有序、有向边的组合。环分为内环和外环,外环的边按逆时针走向,内环的边按顺时针走向,所以沿任一环的正向前进时左侧总是在面内,右侧总是在面外（图 3-3c）。

⑤ 边：边是实体两个邻面的交界,对正则形体而言,一条边有且只有两个相邻面,在正则多面体中不允许有悬空的边。一条边有两个顶点,分别称为起点和终点,边不能自交。

⑥ 顶点：顶点是边的端点,为两条或两条以上的交点。顶点不能孤立存在于实体内、实体外或面和边的内部。

(a) 正则形体	(b) 非正则形体	(c) 面

图 3-3 正则形体、非正则形体和实体的构造示意图

（5）正则集合运算。不管采用哪种方法表示物体,人们都希望能用一些简单形体经过某种组合形成新的复杂形体。而最常用的方法是通过形体布尔运算实现简单形体组合形成新的复杂形体。

经过集合运算生成的形体也应是具有边界良好的几何形体,并保持初始形状的维数。如图 3-4 所示,两个立方体经过布尔运算的结果分别是实体、平面、线、点和空集。

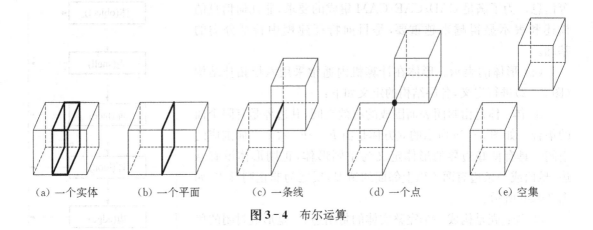

图 3-4 布尔运算

(a) 一个实体　　(b) 一个平面　　(c) 一条线　　(d) 一个点　　(e) 空集

有时两个三维形体经过相交运算后,产生了一个退化的结果,在形体中多了一个悬面。悬面是一个二维形体,实际的三维形体中是不可能存在悬面的,也就是说集合运算在数学上是正确的,但有时在几何上是不恰当的。为了解决这个问题,则需要采用正则集合运算来实现。

正则集合运算与普通集合运算的关系如下:

$$A \bigcap {}^* B = K_i(A \bigcap B)$$
$$A \bigcup {}^* B = K_i(A \bigcup B)$$
$$A - {}^* B = K_i(A - B)$$

式中,$\bigcap {}^*$、$\bigcup {}^*$、$- {}^*$ 分别为正则交、正则并和正则差的符号,K 表示封闭,i 表示内部。

(6) 欧拉检验公式。为了保证建模过程的每一步所产生的中间形体的拓扑关系都是正确,即检验物体描述的合法性和一致性,欧拉提出了描述形体的集合分量和拓扑关系的检验公式:

$$F + V - E = 2 + R - 2H$$

式中,F、V、E、R、H 分别为面数、顶点数、边数、空洞数和空穴数。欧拉检验公式是正确生成几何物体边界所表示的数据结构的有效工具,也是检验物体描述正确与否的重要依据。

3.1.2　几何建模的方法

几何建模方法是将对实体的描述和表达建立在对几何信息和拓扑信息处理的基础上。按照这两方面信息的描述和存储方法的不同,三维几何建模系统可划分为线框建模、表面建模和实体建模三种主要类型。本节主要介绍线框建模和表面建模。

1) 线框建模

(1) 线框模型的概念。用顶点和棱边表示物体的方法就是线框建模。线框模型是在计算机图形学和 CAD 领域中最早用来表示形体的模型,现在很多二维 CAD 方面的软件都是基于这种几何模型而开发出来的。这种模型以线段、圆、弧、文本和一些简单的曲线为描述对象,通常将这些称为图形元素。线框模型中引进了图元的概念,图元是由图形元素和属性元素组成的一个整体。自从有了图形元素,人们对图形的操作就产生了一个飞跃,人们不仅可以对具体的图形元素进行操作,甚至还可以把多个图形元素和符号或零件联系起来,组成块进行统一编辑操作,并且还可以进行交、并、差等布尔运算,使计算机辅助设计的领域进一步扩大。

线框模型的数据结构采用表结构。在计算机内部,存储的是该物体的顶点和棱线信息,将实体的几何信息和拓扑信息层次清楚地记录在顶点表及棱边表中,其中顶点表描述每个顶点的编号和坐标,棱边表记录每一棱边起点和终点的编号,它们构成了形体线框模型的全部信息。图 3-5 所示为一立方体的线框模型,表 3-1 和表 3-2 分别为立方体顶点表和边表。

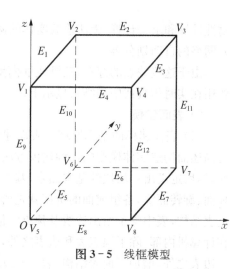

图 3-5　线框模型

表 3-1　顶点表

顶点	x	y	z	顶点	x	y	z
V_1	0	0	1	V_5	0	0	0
V_2	0	1	1	V_6	0	1	0
V_3	1	1	1	V_7	1	1	0
V_4	1	0	1	V_8	1	0	0

表 3-2　边表

棱边	顶点号		棱边	顶点号		棱边	顶点号	
E_1	V_1	V_2	E_5	V_5	V_6	E_9	V_1	V_5
E_2	V_2	V_3	E_6	V_6	V_7	E_{10}	V_2	V_6
E_3	V_3	V_4	E_7	V_7	V_8	E_{11}	V_3	V_7
E_4	V_1	V_4	E_8	V_8	V_5	E_{12}	V_4	V_8

（2）线框模型的特点。线框模型具有很好的交互作图功能,其特点是数据结构简单,信息量少,计算机内部容易表达和处理,对硬件要求不高、显示响应速度快等。利用线框模型,通过投影变换可以快速生成三视图,生成任意视点和方向的透视图和轴测图,并能保证各视图间正确的投影关系。因此,线框模型至今仍被普遍使用,它作为建模的基础,与表面模型和实体模型密切配合,成为 CAD 建模系统中不可缺少的组成部分。已建成的实体模型,可以用线框图快速进行显示和处理。

但是由于线框模型只有棱边和顶点的信息,缺少面与边、面与体等拓扑信息,所以形体信息的描述不完整,容易产生多义性,对形体占据的空间不能正确描述。如图 3-6 所示,该长方体的上表面既可以理解为凹面又可以理解为凸面。此外,由于没有面和体的信息,不能进行消隐,不能产生剖视图,不能进行

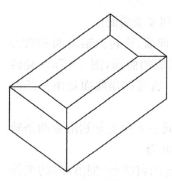

图 3-6　线框模型的多义性

物性计算和求交计算,无法检验实体的碰撞和干涉情况,无法生成数控加工的刀具轨迹和有限元网络的自动划分等。

由于这些缺点的存在,三维线框模型不适用于需要对物体进行完整性信息描述的场合,一般用在实时仿真或中间结果显示上。

2)表面建模

(1)表面建模的基本原理。表面建模也称曲面建模,是通过对实体的各个表面或曲面进行描述而构造实体模型的一种建模方法。建模时先将组成物体的复杂外表面分解为若干组成面,然后定义出一块块的基本面素,基本面素可以是平面或二次曲面,例如圆柱面、圆锥面、圆环面、旋转面等,各组成面的拼接就是所构造的模型。在计算机内部,曲面建模的数据结构仍是表结构,表中除了给出边线及顶点的信息外,还提供了构成三维立体各组成面素的信息,即在计算机内部,除了顶点表和边表之外,还提供了面表。图 3-6 所示的立方体,除了顶点表和棱边表之外,增加了面表结构(表 3-3)。面表包含有构成面边界的棱边序列、面方程系数以及表面可见性等信息。

表 3-3 面表

表面号	组成棱线	表面方程系数	可见性
1	E_1,E_2,E_3,E_4	a_1,b_1,c_1,d_1	Y(可见)
2	E_5,E_6,E_7,E_8	a_2,b_2,c_2,d_2	N(不可见)
3	E_1,E_{10},E_5,E_9	a_3,b_3,c_3,d_3	N(不可见)
4	E_2,E_{11},E_6,E_{10}	a_4,b_4,c_4,d_4	Y(可见)
5	E_3,E_{12},E_7,E_{11}	a_5,b_5,c_5,d_5	Y(可见)
6	E_4,E_9,E_8,E_{12}	a_6,b_6,c_6,d_6	N(不可见)

相对于线框建模来说,表面模型增加了面、边的拓扑关系,因而可以进行消隐处理、剖面图的生成、渲染、求交计算、数控刀具轨迹的生成、有限元网格划分等操作,但表面模型仍缺少体的信息以及体、面间的拓扑关系,无法区分面的哪一侧是体内或体外,仍不能进行物性计算和分析。

(2)表面建模的方法。根据形体表面不同,可将表面建模中的曲面分为几何图形曲面和自由型曲面。其中,几何图形曲面是指那些具有固定几何形状的曲面,如球面、圆锥面、牵引曲面和旋转曲面等。自由型曲面主要包括二维和三维扫描曲面、孔斯曲面、Bezier 曲面、B 样条曲面和 NURBS 曲面等。

根据表面建模方法的不同,曲面又可分为扫描曲面、直纹曲面和复杂曲面。

① 扫描曲面。根据扫描方法不同,扫描曲面又可分为线性拉伸面、旋转扫描面和轨迹扫描面。线性拉伸面是由一条曲线沿着某个直线方向移动而形成的曲面(图 3-7a);旋转扫描曲面是由一条曲线(母线)绕某一轴线旋转而成的(图 3-7b);轨迹扫描曲面是由一条曲线(母线)沿另一条驱动轨迹曲线运动形成的曲面(图 3-7c)。

② 直纹曲面。直纹曲面是以直线为母线,直线的两个端点在同一方向上分别沿着两条轨迹曲线移动所生成的曲面。圆柱面与圆锥面都是比较典型的直纹曲面。

③ 复杂曲面。复杂曲面的基本生成原理是先确定曲面上特定的离散点(型值点)的坐标位置,通过拟合使曲面通过或逼近给定的型值点,从而得到的曲面。常见的复杂曲面有:贝塞

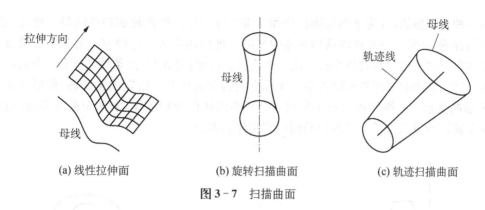

(a) 线性拉伸面　　　　　(b) 旋转扫描曲面　　　　　(c) 轨迹扫描曲面

图 3-7　扫描曲面

尔曲面（Bezier）、孔斯曲面、B 样条曲面等。

　　曲面建模在描述三维实体信息方面比线框建模严密、完整，能够构造出复杂的曲面；同时它也可以对实体表面进行消隐、着色显示、计算表面积以及进行有限元分析等。但是曲面建模中的不足是缺乏实体内部信息，所以有时会产生对实体二义性的理解。20 世纪 80 年代前后提出并逐步发展、完善了实体建模技术，目前实体建模技术已成为 CAD/CAM 中的主流建模方法。

3.1.3　实体建模

　　实体建模是用基本体素的组合并通过集合运算和基本变形操作来建立三维立体的过程。实体建模能够准确定义一个物体的几何形状，完整地描述物体的所有几何信息和拓扑信息，而且能够表示形体的色泽、体积、重心和转动惯量等物性，是进一步对设计对象进行工程分析的基础。通过实体模型可以进行应力、应变、稳定性和振动等分析，因此实体模型是现代 CAD/CAE/CAM 系统中设计对象的主要表达形式，也是目前 CAD/CAE/CAM 系统所普遍采用的几何建模方法。

　　实体建模是利用一些基本体素，如长方体、圆柱体、锥体、球体、圆环体和扫描体等，通过集合运算（布尔运算）建立三维实体的过程。因此实体建模主要包括两部分内容，即体素的定义及描述体素之间的布尔运算。下面介绍大多数实体建模系统都支持的几种建模方法。

　　1) 体素的定义及描述

　　体素是指由有限个参数描述的基本形体，或由定义的轮廓曲线沿指定的轨迹曲线扫描成的形体。

　　体素的定义及描述有以下两种方法：

　　一种是基本体素法，可通过少量参数进行描述，如长方体是通过长、宽、高进行定义的。除此之外，还应定义基本体素在空间的位置和方向。同时，基准点的定义也很重要。就长方体而论，它的基准点可以位于一个顶点也可位于一个平面的中心。不同的实体建模系统，可提供不同的基本体类型。图 3-8 所示是常见的基本体素。

图 3-8　常见的基本体素

另一种是扫描法,分为平面轮廓扫描和三维实体扫描。平面轮廓扫描法是一种与二维系统密切结合的、并常用在棱柱体或回转体生成的一种描述方法。这种方法的基本设想是一个二维轮廓在空间平移或旋转就会扫描出一个实体。由此扫描的前提条件是要有一个封闭的平面轮廓。这一封闭的平面轮廓沿着某一坐标方向移动或绕某一给定的轴旋转,便形成了如图 3-9 所示的体素。三维实体扫描法是用一个三维实体作为扫描体,沿某个曲线移动,也可以是绕某个轴转动或者绕某个点的摆动而得到实体的方法。

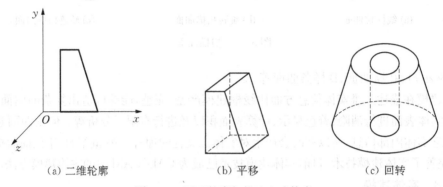

(a) 二维轮廓   (b) 平移   (c) 回转

图 3-9 平面轮廓扫描法生成体素

2) 布尔运算

在所需的体素通过以上方法生成后,经过集合论中的交、并、差等运算就可以得到新的实体模型,称为布尔模型,而这种运算就叫做布尔运算。例如 A、B 两个实体经布尔运算生成 C 实体,那么布尔模型表示为 $C = A < OP > B$,符号 $< OP >$ 是布尔算子,它可以是 $\cup$(并)、$\cap$(交) 和 $-$(差)等。布尔模型是一个过程模型,它通常可直接以二叉树结构来表示。图 3-10 所示分别为并、交、差运算的实例。

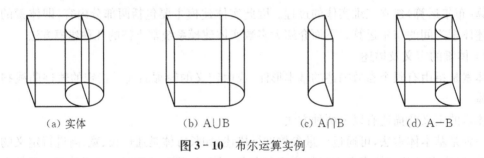

(a) 实体   (b) A∪B   (c) A∩B   (d) A-B

图 3-10 布尔运算实例

3) 三维实体建模的计算机内部表示方法

计算机内部表示三维实体模型的方法有很多,常用的主要有边界表示法、构造立体几何法、混合表示法(边界表示法和构造立体几何法结合)。

(1)边界表示法。边界表示法(boundary representation,B-rep 法),B-rep 法的基本思想是将物体定义成由封闭的边界表面围成的有限空间,实体的边界是面,由"面"或"片"的子集表示;表面的边界是边,可用"边"的子集来表示;边的边界是点,即由"顶点"的子集来表示(图 3-11)。因此边界表示法强调的是形体的外表细节,详细记录了形体的所有几何信息和拓扑信息,将面、边、顶点的信息分层记录,建立层与层之间的联系。其中,几何信息反映模型的大小和位置,拓扑信息反映的是图形内的相对位置关系。

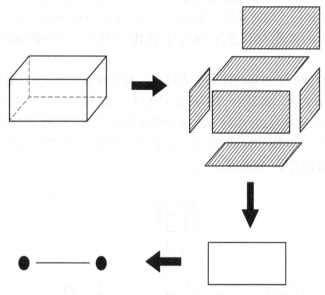

图 3 - 11　边界表示法示意图

图 3 - 12 所示的物体,将它按照面、边、点的方式存储,就得到一种网状的数据存储结构。B-rep 法详细记录了构成形体的面、边的方程及顶点坐标值等几何信息,同时描述了这些几何元素之间的连接关系,有利于生成模型的线框图、投影图和工程图,但缺点是信息量大、有冗余。

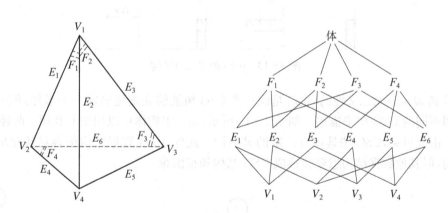

图 3 - 12　边界表示法数据结构

实体模型的边界表示法和表面模型的区别在于边界表示法的表面必须封闭、有向,各个表面之间具有严格的拓扑关系,从而构成一个整体;而表面模型的表面可以不封闭,不能通过面来判别物体的内部与外部;此外,表面模型也没有提供各个表面之间相互连接信息。早期的 B-rep 法只支持多面体模型。现在由于参数曲面和二次面均可统一用 NURBS 曲面表示,面可以是平面和曲面,边可以是曲线,使实体造型和曲面造型相统一,不仅丰富了造型能力,也使得边界表示可精确地描述形体边界,所以这种表示方法也称精确 B-rep 法。

在 CAD/CAM 环境下,采用边界表示法建立实体的三维模型,有利于生成和绘制框图、投影图,有利于与二维绘图功能衔接,生成工程图。但它也存在一些缺点。由于在大多数系统中,面的边线是按照逆时针方向存储的,因此边在计算机内部的存储次数都两次,这样边的数据存储会有冗余。此外，它没有记录实体是由哪些基本体素构成，无法记录基本体素的原始数据。

（2）构造几何立体法。构造几何立体法(constructive solid geometry，CSG)，它的基本思想是利用一些简单形的体素(如长方体、圆柱体、球体、锥体等)，经变换和布尔运算构成复杂形体的表示方法。

在计算机内部存储的主要是物体的生成过程。在这种表示模式中，采用二叉树结构来描述所构成的复杂形体关系。如图 3-13 所示，CSG 模型是有序的二叉树，树根表示定义的形体，树叶为体素或几何变换参数，中间节点表示变换方式或布尔运算的算子。体素进行变换，例如平移或旋转，使之产生刚体运动，将其定位到空间中的某一位置。布尔运算的算子可以是并、交、差等集合运算的算子(分别用 $\cup^*$、$\cap^*$、$-^*$ 表示)。

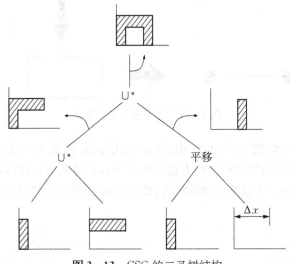

图 3-13 CSG 的二叉树结构

CSG 树表示是无二义性的，也就是说一棵 CSG 树能够完整地确定一个形体，但一个复杂形体可用不同的 CSG 树来描述。如图 3-14 所示，图 a 中物体可以用图 b 和图 c 两种 CSG 结构表示。由此可见，CSG 法具备有一定的灵活性。此外，CSG 数据结构很容易转化成其他的数据结构，但其他数据结构想要转换成 CSG 结构却很困难。

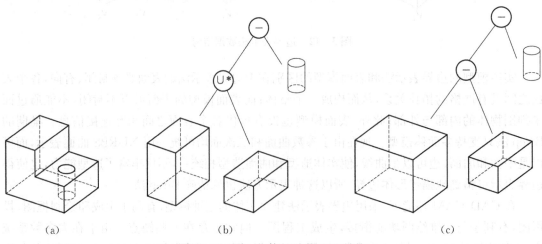

(a)　　　　　　　　　　(b)　　　　　　　　　　(c)

图 3-14 同一物体的两种 CSG 结构

采用CSG树表示形体直观简洁,其表示形体的有效性由基本体素的有效性和布尔运算的有效性来保证。通常CSG树只定义了它所表示形体的构造方式,但不存储表面、棱边、顶点等形体的有关边界信息,也未显示定义三维点集与所表示形体在空间的一一对应关系。所以CSG树表示又被称为形体的隐式模型。

采用CSG法的几何造型系统通常包括两部分内容:一部分是二叉树的数据结构,另一部分是描述体素位置和几何形状的数值参数。由于CSG树提供了足够的信息,因此支持对形体的一切物性计算。此外,通过CSG形式可以计算出形体的边界表示数据,实现CSG表示向边界表示的转化,以便获取形体的边界信息。

CSG数据结构比较简单,信息量小,易于管理;每个CSG都和一个实际的有效形体相对应;CSG表示可方便地转换成边界表示;CSG树记录了形体的生成过程,可修改形体生成的任意环节以改变形体的形状。但是CSG数据结构也有一些缺陷。对形体的修改操作不能深入到形体的局部,如面、边、点等。由于它记录的信息不是很详细,如果对实体操作中需要详细的信息,则需要大量的计算。例如两个体素的交线计算,当计算完成以后,由于没有存储结构,计算的结果不能保存,如果需要对屏幕上的图形进行刷新,这时又需要重新计算,显示形体的效率很低。此外,对于较复杂的物体,拼合起来还有一定的局限性。因此,纯CSG的系统很少使用,一般使用混合模型。

(3) CSG法和B-rep法混合表示。从以上两种构造方式看,B-rep法强调的是形体的外表细节,详细记录了形体的所有几何和拓扑信息,具有显示速度快等优点,缺点在于不能记录产生模型的过程。而CSG法具有记录产生实体的过程,便于交、并、差运算等优点,缺点在于对物体的记录不详细。从图3-15中可以看出,两种构造方法互补,如果将它们混合在一起,可发挥各自的优点,克服各自的缺点,这就是混合模型的思想。

在混合模型中,以CSG模型表示几何造型的过程及其设计参数,用B-rep模型维护详细的几何信息进行显示、查询等操作。基于CSG法的造型,可将形状特征、参数化设计引入造型过程中的体素定义、几何变换及最终的几何造型中,而B-rep信息则为这些操作提供了几何参

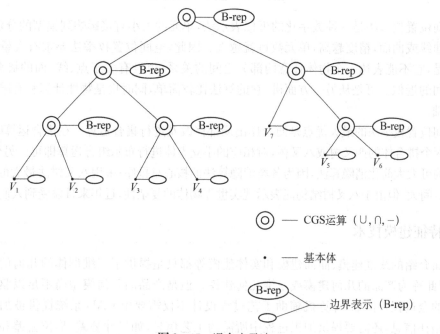

图3-15　混合表示法

考或基准。CSG 信息和 B-rep 信息相互补充,确保了几何模型的完整和正确。

(4) 空间位置枚举法。空间位置枚举法,也称空间单元表示法或分割法,是通过一系列由空间单元构成的图形来表示物体的一种表示方法,如图 3 - 16 所示。这些单元是有一定大小的空间立方体。在计算机内部通过定义各个单元的位置是否填充,来建立整个实体的数据结构。这种数据结构通常为四叉树或八叉树。四叉树一般用于描述二维物体,其基本思想是将平面划分为四个子平面,通过定义这些子平面的"有图形"和"无图形"来描述不同形状物体,而"部分有图形"的部分可以继续划分,直至达到子平面或为空,或为满为止。而对三维实体则需要采用八叉树,基本思路是先定义三维实体的外接立方体,并将其分割成八个子立方体,依次判断每个子立方体。若为空,则表示无实体填充;若为满,则表示有实体充满;若部分有实体填充,将该立方体继续分解,使所有的子立方体为空或为满,直到达到给定的精度为止。

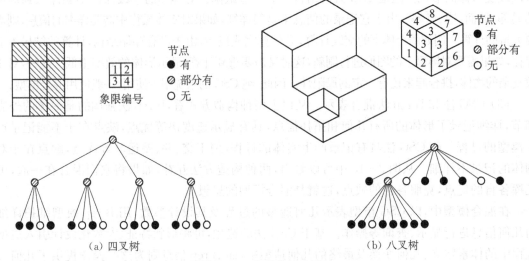

图 3 - 16 空间单元表示法

空间位置枚举法是一种数字化的近似表示法,单元的大小直接影响到模型的分辨率,特别是对于曲线或曲面,精度越高,单元数目就越大。因此,空间位置枚举法要求有大量的存储空间。但是,它不能表达一个物体任意两部分之间的关系,也没有关于点、线、面的概念,仅仅是一种空间的近似。可是从另一方面讲,它的算法比较简单,同时也是物性计算和有限元网格划分的基础。

空间位置枚举法的最大优点是便于作出局部修改及进行集合运算。在集合运算时,只要同时遍历两个拼合体的四叉树或八叉树,对相应的小立方体进行布尔组合运算即可。另外,八叉树数据结构可大大简化消隐算法,因为各类消隐算法的核心是排序;采用八叉树法最大的缺点是占用存储空间大,但由于八叉树结构能表示现实世界物体的复杂性,近年来日益受到人们的重视。

3.2　特征建模技术

前面介绍的线框建模、曲面建模和实体建模等都只是提供了三维形体的几何信息和拓扑信息,因此称为产品的几何建模或三维几何建模。但是产品的几何模型尚不足以驱动产品生命周期的全过程。例如,计算机辅助工艺过程设计不仅需要由 CAD 系统提供被加工对象的几何与拓扑信息,还需要提供加工过程中所需的工艺信息,如尺寸公差、形位公差和表面粗糙度等。为提高生产组织的集成化和自动化程度,实现 CAD/CAE/CAPP/CAM 的集成,就要求产品的几何模型向产品模型发展。特征建模是以几何模型为基础并包括零件设计、生产过程所需的各种信息的一种产品模型方案。

特征建模技术是几何建模技术的工程意义上的延伸,使得建模不再是将基本几何体作为拼合零件的对象,而是选用对设计制造有意义的特征形体作为基本单元拼合成零件,如槽、凹腔、凸台、孔等,它是从工程的角度,对实体的各个组成部分及其特征进行定义,使所描述的实体信息更具有工程意义。

3.2.1　特征的定义与分类

1) 特征的定义

因为特征造型技术是一个新兴的研究和应用领域,所以目前对 CAD 中特征的定义尚没有达到完全统一。一般认为特征是产品信息的集合,它不仅包含产品的几何定义信息,又应当包含与产品设计和制造有关的信息,其中既有形状信息,又有非形状信息。自从基于特征的造型系统问世以来,特征的概念越来越明朗和面向实际。在基于特征的造型系统中,特征是构成零件的基本元素,或者说零件是由特征组成的。所以可以将特征定义为:特征是由一定拓扑关系的一组实体元素构成的特定形状,它还包括附加在形状之上的工程信息,对应于零件上的一个或多个功能,能够用固定的方法加工成形。

2) 特征的分类

从不同的应用角度出发,形成了不同的特征定义,也产生了不同的特征分类标准。从产品整个生命周期的角度出发,特征可分为设计特征、分析特征、加工特征、公差及检测特征、装配特征等;从产品功能的角度出发,特征可分为形状特征、精度特征、技术特征、材料特征、装配特征;从复杂程度的角度出发,特征可分为基本特征、组合特征、复合特征。通常,考虑到工程应用的背景和实现上的方便性,可将特征分为以下几类。

(1) 形状特征。用于描述实体的几何形状信息,是产品信息模型中最主要的特征信息之一。主要包括几何信息和拓扑信息,如描述零件的几何形状与尺寸相关信息的集合。它是其他非几何信息如精度特征、材料特征等的载体。非几何信息作为属性或约束附加在形状特征的组成要素上。

(2) 装配特征。用于表达零件的装配关系及在装配过程中所需的信息,包括位置关系、公差配合、功能关系、动力学关系等。

(3) 精度特征。用于描述几何形状和尺寸的许可变动量或误差,如尺寸公差、几何公差、表面粗糙度等。精度特征又可细分为形状公差特征、位置公差特征、表面粗糙度。

(4) 材料特征。用于描述与零件材料有关的信息,包括材料的类型、性能、热处理方式以及硬度值等。

(5) 分析特征。用于表达零件在性能分析时所使用的信息,如有限元网格划分、梁特征和板特征等,有时也称技术特征。

(6) 管理特征。用于描述零件的管理信息,如描述零件设计的 GT 码、标题栏等。

一般把形状特征与装配特征称为造型特征,因为它们是实际构造出产品外形的特征。其他的特征称为面向过程的特征,因为它们并不实际参与产品几何形状的构造,而是属于那些与生产环境有关的特征。

3) 形状特征的分类

STEP 标准将形状特征分为体特征、过渡特征和分布特征三种类型。

体特征主要用于构造零件的主体形状的特征,如凸台、圆柱体、长方体等。

过渡特征是表达一个形体的各表面的分离或结合性质的特征,如倒角、圆角、键槽、中心孔、退刀槽、螺纹等。

分布特征是一组按一定规律在空间的不同位置上复制而成的形状特征,如周向均布孔、齿轮的轮廓等。

根据在构造零件中所起的作用不同,形状特征可分为主特征和辅特征两类,如图 3 - 17所示。

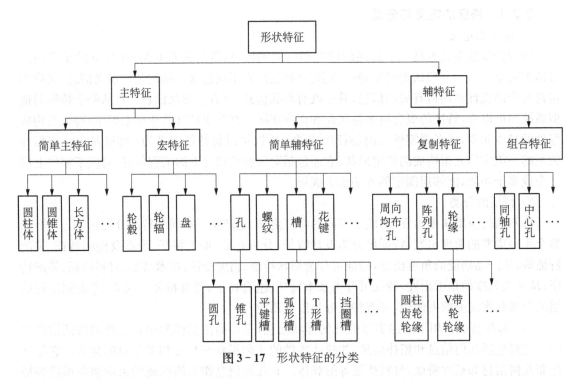

图 3 - 17 形状特征的分类

(1) 主特征。主特征用来构造零件的基本几何形体,包括零件的主要形状、体积(或质量),是最先建立的特征,也是后续特征的基础。根据其特征形状的复杂程度,又分为简单特征和宏特征两类。

简单特征主要指圆柱体、圆锥体、长方体、球体等基本几何形体;宏特征指具有相对固定的结构形状和加工方法的形状特征,其几何形状比较复杂,且不便于进一步细分为其他形状特征的组合。如盘类零件、轮类零件的轮辐和轮毂等,基本上都是由宏特征及附加在其上的辅特征(如孔、槽等)构成的。宏特征的定义可以简化建模过程,避免分别描述各个表面特征,并且能反映出零件的整体结构、设计功能和制造工艺。

(2) 辅特征。辅特征是依附于基本特征之上的几何形状特征,是对主特征的局部修饰,反映了零件几何形状的细微结构。辅特征既可以依附于主特征,也可依附于另一个辅特征。像螺纹、花键、V 形槽、T 形槽、U 形槽等单一的辅特征,它们既可以附加在主特征之上,也可以附加在辅特征之上,从而形成不同的几何形体。例如:将螺纹特征附加在外圆柱面上,则可形成外圆柱螺纹;将其附加在内圆柱面上,则可形成内圆柱螺纹。同理,花键也可形成外花键和内花键。因此,无须逐一描述内螺纹、外螺纹、内花键和外花键等形状特征,这样就避免了由特征的重复定义而造成特征库数据的冗余现象。

3.2.2　特征间的关联

为了方便描述特征之间的关系,提出了特征类、特征实例的概念。特征类是关于特征类型的描述,是具有相同信息性质或属性的特征概括。特征实例是对特征属性赋值后的一个特定特征,是特征类的成员。特征类之间、特征实例之间、特征类与特征实例之间有如下的关系。

(1) 继承关系。继承关系构成特征之间的层次联系,位于层次上级的叫超类特征,位于层次下级的叫亚类特征。亚类特征可继承超类特征的属性和方法,这种继承关系称为 AKO(a-kind-of)关系,如特征与形状特征之间的关系等。另一种继承关系是特征类与特征实例之间的关系,这种关系称为 INS(instance)关系,如某一具体的圆柱体是圆柱体特征类的一个实例,它们之间反映了 INS 关系。

(2) 邻接关系。反映形状特征之间的相互位置关系,用 CONT(connect-to)表示。构成邻接联系的形状特征之间的邻接状态可共享,例如一根阶梯轴,每相邻两个轴段之间的关系就是邻接关系,其中每个邻接面的状态可共享。

(3) 从属关系。描述形状特征之间的依从或附属关系,用 IST (is-sub-ordinate-to)表示。从属的形状特征依赖于被从属的形状特征而存在,如圆柱倒角附属于圆柱面存在等。

(4) 引用关系。描述形状特征之间作为关联属性而相互引用的联系,用 REF(reference)表示。引用联系主要存在于形状特征对精度特征、材料特征的引用中。

3.2.3　特征建模

1) 特征建模的方法及其实现

特征建模是一种建立在实体建模的基础上,利用特征的概念,面向整个产品设计和生产制造过程进行设计的建模方法。在几何造型环境下建立特征模型主要有两种方法:一种方法是特征识别,即首先建立一个几何模型,然后用程序处理这个几何模型,自动地发现并提取特征;另一种方法是基于特征的设计,即直接用特征来定义零件的几何结构,几何模型可以由特征生成。除了图 3-18 所示的两种方法外,近年来,又产生了一种混合特征建模方法,即特征设计与识别的集成建模方法。

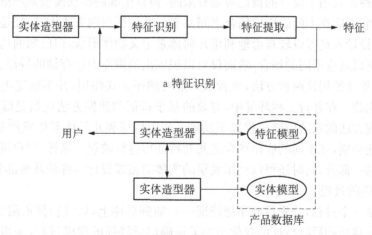

a 特征识别

b 基于特征的设计

图 3-18　特征识别和基于特征的设计

(1) 特征识别。特征识别也叫后定义特征,即在原几何造型系统中获得的几何模型上进行特征识别与提取,首先建立一个几何模型,然后用程序处理这个几何模型,直接从其数据库中获得这些输入信息。

特征识别常包含以下几个过程：

① 搜寻特征库，从中找出与之特征相匹配的拓扑或几何类型。

② 从数据库中选择并确定已识别的特征信息。

③ 确定特征的具体参数（如孔的直径、槽的深度等）。

④ 完成特征的几何模型。

⑤ 将简单的特征组合，以获得高层特征。

特征识别实现了实体建模中的特征信息与几何信息的统一，但是特征识别一般只对简单形状有效，对于复杂的零件有时甚至难以实现，且缺乏 CAPP 所需的公差、材料等属性。特征识别的缺点是不能伴随着实体的形成过程而实现特征体现，只能事后定义实体特征，再对已存在的实体建模进行特征识别和提取。

（2）基于特征的设计。在基于特征的设计方法中，特征模型的定义被预先放入一个库中，然后通过定义尺寸、位置参数和各种属性值建立特征实例。也就是说，设计者可以直接从特征库中提取特征的布尔运算，最后形成零件模型的设计与定义。下面讨论两种主要的基于特征的设计方法。

① 特征分割造型：这种方法是在一个基本毛坯模型上用特征去进行布尔减操作来建立零件模型。利用移去毛坯材料的操作，将毛坯模型转变为最终的零件模型，设计和加工规划可以同时生成。

② 特征合成法：系统允许设计人员通过加或减特征进行设计。首先通过一定的规划和过程预定义一般特征，建立一般特征库，然后将一般特征实例化，并对特征实例进行修改、拷贝、删除、生成实体模型、导出特定的参数值等操作，建立产品模型。

（3）特征设计与识别的集成建模方法。前面这两种方法的问题在于它们通常工作在一个顺序工程的环境中。利用基于特征的设计方法时，特征模型是在设计阶段创建的，这样设计人员所得到的信息就会立即包含在模型中。可是用户在面向一个特定的应用之前就需要对特征进行定义，将这种方式用于设计的特征集是有限的，而且生成的特征模型是严格地依赖于某一个应用场合的，它不能在不同的应用场合之间共享。在特征识别方法中，特征是从零件的几何模型中提取的，设计人员可以较自由地利用几何体素定义物体形状，但已知的功能信息就丢失了。几何描述可以适应不同的场合，然而仅可以识别出数据库中已存储的特征。

因此，如果单独使用这两种方法，或者以严格的顺序方式使用，并不能完美地支持产品零件特征模型的构建。在并行工程环境中，有效的基于特征的建模方法应当是以上两种方法的结合。基于集成方法的系统应该提供以下功能：利用特征和几何体素生成产品的特征模型，创建特定的特征类别，在不同的应用场合之间对特征集进行映射。这样，用户可以直接使用特征来设计零件的一部分，同时还可以使用底层的实体造型器设计零件的其他部分。

2）特征建模的过程

特征建模是一个过程，分先后顺序把特征一一加到形体上，后续特征依附于前面的特征。前面特征的变化将影响后续特征的变化。为了正确记录特征的建模过程，采用"特征树"的概念。特征建模的过程就好像一棵树的生长过程，从树根开始（基本特征）逐步长出树枝（附加特征）。零件结构复杂程度不同，特征树的复杂程度也不同。一个零件由许多特征构成，特征之间有复杂的依赖关系。现代 CAD/CAM 系统都提供了特征树管理的专门窗口，图 3－19 所示是在 UG 软件环境中某零件及特征树的示意图。

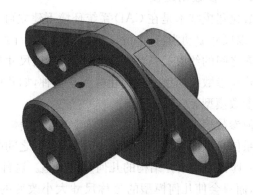

图 3-19　零件及其特征树

特征既可以集合到已存在的实体上,也可以从实体上把某特征删除掉。删除特征的同时会删除掉从属于该特征的后续特征。另外,还可以通过修改来构造好的特征,例如改变特征的形状、尺寸或位置,或改变特征的从属关系。

3.3　参数化建模技术

早期构造的几何模型只是点、线、面等几何图素的简单堆积,只给出了模型的几何形状而不包含几何图素间的约束关系,所以想要修改图面内容,只有删除原有的线条后重画。在一个机械产品设计过程中不可避免地要反复修改,进行零件形状和尺寸的综合协调、优化。而且往往在定型之后,还要根据用户提出的不同规格要求形成系列产品。这都需要产品的设计图形可以随着某些结构尺寸的修改或规格系列的变化而自动生成。参数化设计和变量化设计正是为了适应这种需要而出现的。

3.3.1　基本概念

1) 参数化设计概述

参数化建模是一种设计方法,采用尺寸驱动的方式改变几何约束构成的几何模型。所谓参数化就是将产品的设计要求、设计原则、设计方法和设计结果用灵活可变的参数来表示,并用约束来定义和修改产品的参数及模型。在产品的参数化模型中,零件的存储不是像传统方法一样用具体和确定的数值来表示,而是用相应的关系式或是用根据设计对象的工程原理而建立起来的用于求解设计参数的方程式来表示。

参数化设计系统的功能特点主要有以下两个:

(1) 可从参数化模型自动导出精确的几何模型。它不要求输入精确图形,只要输入一个草图,标注一些几何元素的约束,就可以通过改变约束条件来自动地导出精确的几何模型。

(2) 可通过修改局部参数来达到自动修改几何模型的目的。对于大致形状相似的一系列零件,只需修改一下参数,即可生成新的零件,这在成组技术中将是非常有益的手段。

2) 约束种类

参数化设计中的约束分为尺寸约束和几何约束。

(1) 尺寸约束,又称为显式约束,指规定线性尺寸和角度尺寸的约束。

(2) 几何约束,又称为隐式约束,指规定几何对象之间的相互位置关系的约束,有水平、铅垂、垂直、相切、同心、共线、平行、中心、重合、对称、固定、全等、融合、穿透等约束形式。

3.3.2 参数化建模

参数化建模技术是在 CAD 系统环境下建立可为参数化驱动的三维实体。它以约束造型为核心，以尺寸驱动为特征，设计者首先根据设计意图进行草图设计，勾画出设计轮廓，建立各设计元素之间的约束关系，然后通过输入精确尺寸来完成最终设计。在参数化建模过程中，必须首先建立参数化模型。参数化模型有多种，如几何参数模型、力学参数模型等。这里主要介绍几何参数模型。

几何参数模型描述的是具有几何特性的实体，因而适合用图形来表示。根据几何关系和拓扑关系信息的模型构造的先后次序（即它们之间的依存关系），几何参数模型可分为两类。

（1）具有固定拓扑结构的几何参数模型。这种模型是几何约束值的变化不会导致几何模型改变，而只会使几何模型的公称尺寸大小改变的拓扑结构。这类参数化造型系统以 B-rep 为其内部表达的主模型，必须首先确定清楚几何形体的拓扑结构，才能确定几何关系的约束模式。

（2）具有变化拓扑结构的几何参数模型。建立这种模型时要先说明模型的几何构成要素及其之间的约束关系和拓扑关系，而模型的拓扑结构是由约束关系决定的。这类系统以 CSG 表达形式为其内部的主模型，可以方便地改变实体模型的拓扑结构，并且便于以过程化的形式记录构造的整个过程。

通常情况下，不同型号的产品往往只是尺寸不同而结构相同，映射到几何模型中就是几何信息不同而拓扑信息相同。因此，参数化模型要体现零件的拓扑结构，以保证设计过程中拓扑关系的一致。实际上，用户输入的草图中就隐含了几何元素间的拓扑关系。

几何信息的修改需要根据用户输入的约束参数来确定，因此还需要在参数化模型中建立几何信息和参数的对应机制，该机制是通过尺寸标注线来实现的。尺寸标注线可以看成一个有向线段，上面标注的内容就是参数名，其方向反映了几何数据的变动趋势，长短反映了参数值，这样就建立了几何实体和参数间的联系。由用户输入的参数（或间接计算得到的参数）名找到对应的实体，进而根据参数值对该实体进行修改，实现参数化设计。产品零部件的参数化模型是带有参数名的草图，由用户输入。

如图 3-20a 所示，图形的参数化模型中所定义的各部分尺寸为参数变量名。现要改变图中 H 的值，若 c 值不随之变动，两圆就会偏离对称中心线。H 值发生变化，c 值也必须随之变化，且要满足条件 $c = H/2$，这个条件关系就称为约束。约束就是对几何元素的大小、位置和方向的限制。

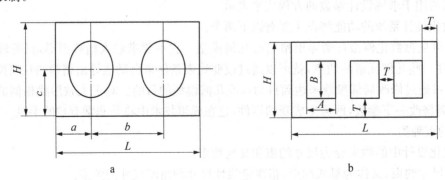

a   b

图 3-20　图形的参数化模型

对于拓扑关系改变的产品零部件,也可以用它的尺寸参数变量来建立参数化模型。如图 3-20b 所示,假设 N 为小矩形单元数,T 为边厚,A、B 为小矩形单元尺寸,L、H 为总的长和宽。单元数 N 的变化会引起尺寸的变化,但它们之间必须满足如下约束条件:

$$L = N \cdot A + (N+1) \cdot T, \; H = B + 2T$$

其中,将等号右边的参数 N、A、B、T 称为"驱动尺寸",而将等号左边的 L 和 H 称为"从动尺寸",CAD 系统可以自动检索出相应的约束关系,从而计算出其他两个"从动尺寸",最终驱动并确定图形的形状和尺寸。

3.4　装配建模技术

CAD/CAM 几何建模和特征建模技术实质上是面向零件的建模技术,在它们的信息模型中并不存在产品完整结构的信息。而在产品开发中有一个把零件装配成部件,再把部件装配成机器(或产品)的过程,需要处理零部件间的相互连接和装配关系的信息,这就要求现代 CAD/CAM 形体十分重视装配层次上的产品建模,而不仅是在零件层次上建模。装配建模(assembly modeling)或装配设计是指在计算机上将各种零部件组合在一起以形成一个完整装配体的过程。

3.4.1　装配约束技术

1) 装配约束

装配约束是指在装配建模过程中,通过零部件之间采用几何约束关系来实现对零部件的自由度进行限制的一种技术。

零件(刚体)在空间有六个自由度,即沿 x、y、z 三个方向的移动自由度和绕 x、y、z 三个坐标轴旋转的转动自由度。装配建模的过程就是对零件自由度进行限制的过程。限制零件自由度的主要手段是对零件施加各种约束。通过约束来确定两个或多个零件之间的相对位置关系、相对几何关系以及它们之间的运动关系。

2) 装配约束类型

在装配建模中常用的约束类型有贴合、对齐、平行、对中、相切和角度约束等。

(1) 贴合约束。贴合是一种最常用的配合约束,它可以对所有类型的物体进行定位安装。使用贴合约束可以使一个零件上的点、线、面与另一个零件上的点、线、面贴合在一起。使用此约束时要求两个项目同类,如对于平面对象,要求它们共面且法线方向相反,如图 3-21a 所示;对于圆锥面,则要求角度相等,并对齐其轴线,如图 3-21b 所示。

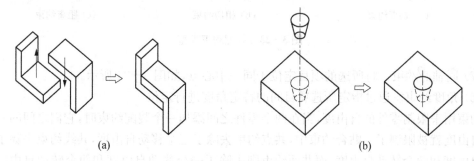

(a)　　　　　　　　　　　　　　　　　(b)

图 3-21　贴合约束

（2）对齐约束。使用对齐约束可以使所选项目产生共面或共线关系。当对齐平面时，应当使所选项目的表面共面，且法线方向相同，如图 3 - 22 所示。

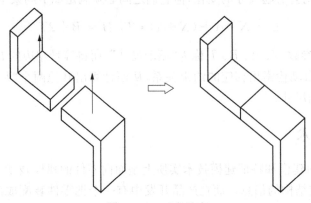

图 3 - 22　对齐约束

（3）平行约束。平行约束用来定位所选项目使其保持同相、等距。其主要包括面-面、面-线、线-线等配合约束。

（4）垂直约束。定位所选项目相互垂直，如图 3 - 23a 所示。

（5）相切约束。将所选项目放置到相切配合中（至少有一个选择项目必须是圆柱面、圆锥面或球面），图 3 - 23b 所示为平面与圆柱面相切配合约束。

（6）距离约束。将所选的项目以彼此间指定的距离 d 定位。当距离为零时，该约束与贴合约束相同，即距离约束可以转换为贴合约束。图 3 - 23c 所示为指定面-面之间特定距离的距离配合约束。

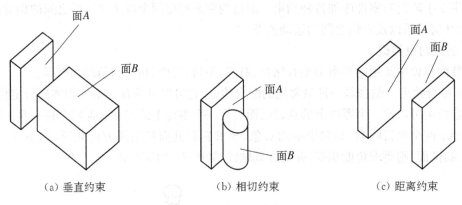

（a）垂直约束　　　　（b）相切约束　　　　（c）距离约束

图 3 - 23　装配约束类型

（7）同轴心约束。将所选的项目定位于同一中心点，如图 3 - 24 所示。

（8）角度约束。通过指定所选项目间的特定角度进行定位。

约束用来限制零件的自由度，当在两个零件之间添加一个装配约束时，它们之间的一个或多个自由度就被限制了。贴合约束中，共点约束去除了三个移动自由度，共线约束去除了两个移动自由度和两个转动自由度，而共面约束则去除了一个移动自由度和两个转动自由度。为了完全约束构件，必须采取不同的约束组合。

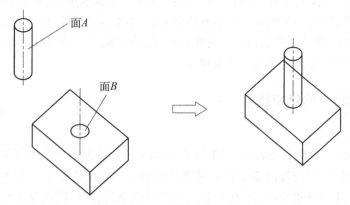

图 3 - 24 同轴心约束

3) 约束状态

根据零件自由度被限制的状态,可以把对零件的约束分为以下四种。

(1) 不完全约束。零件被限制的自由度少于六个时,称该零件的约束状态为不完全约束。

(2) 完全约束(固定)。零件的六个自由度都被限制时,称该零件的约束状态为完全约束。

(3) 过约束(过定义)。零件的一个或多个自由度同时被多次限制时,称该零件的约束状态为过约束。

(4) 欠约束(欠定义)。零件的自由度应该被限制而没有被限制时,称该零件的约束状态为欠约束。

在施加约束时,要避免出现过约束和欠约束状态,但是否要达到完全约束状态则要视具体情况而定。零件有时无论施加何种约束都不能进行装配,称这种状态为无解。

3.4.2 装配设计的两种方法

(1) 自下而上建模。自下而上建模是由最底层的零件开始展开装配,并逐级向上进行装配建模的方法。这是一种比较传统的方法。它是在整体方案确定后,设计人员利用 CAD/CAM 工具分别进行各个零件的详细结构设计,然后定义这些零件之间的装配关系,形成产品模型。

自下而上建模的一个优点是,因为零部件是独立设计的,它们的相互关系及重建行为更为简单,可以让设计人员专注于单个零件的设计工作。当不需要建立控制零件大小和尺寸的参考关系时(相对于其他零件),此方法较为适用。

(2) 自上而下建模。自上而下建模是模仿产品的开发过程.即先从总体设计开始,首先建立产品的功能表达,并分析这种表达是否满足产品要求,然后设计者利用 CAD/CAM 系统不断细化零件的几何结构,以保证零件的结构满足产品的功能要求,建立产品模型。

自上而下建模是从装配体中开始设计工作,可以使用一个零件的几何体来帮助定义另一个零件;可将布局草图作为设计的开端,定义固定的零件位置、基准面等,然后参考这些定义来设计零件。

两种装配建模方法各有所长,并各有其应用场合。在开展系列产品设计或进行产品的改型设计时,机器的零部件结构相对稳定或已有现存的结构,零件设计基础较好,大部分的零件模型已经具备,只需补充部分设计或修改部分零件模型,这时采用自下向上的装配建模方法就比较合理。而在创新设计过程中,事先对零件结构细节设计得不可能非常具体,设计时总是要从比较抽象、笼统的装配模型开始，逐步细化，逐步修改，逐步求精，这时就必须采取自上向下的建模方法。当然，这两种建模方法不是截然分开的，我们完全可以根据实际情况，综合应用这两种装配建模方法来开展产品设计。另外，产品的装配模型是建立在高层语义信息基础上的，因此产品的装配模型也应采用特征来建模。

3.5 基于 NX 的三维建模技术

1) NX 简介和特点

UG(Unigraphics NX)是 Siemens PLM Software 公司出品的一个功能强大的三维 CAD/CAM/CAE 软件系统，其内容涵盖了产品从概念设计、工业造型设计、三维模型设计、分析计算、动态模拟与仿真、工程图输出，到生产加工成产品的全过程，应用范围涉及汽车、机械、航天航空、造船、通用机械、数控加工、医疗、玩具和电子等诸多领域。

UG NX 为用户的产品设计及加工过程提供了数字化造型和验证手段。Unigraphics NX 针对用户的虚拟产品设计和工艺设计的需求，提供了经过实践验证的解决方案。这是一个交互式 CAD/CAM 系统，它功能强大，可以轻松实现各种复杂实体及造型的建构。UG NX 在诞生之初主要基于工作站，但随着 PC 硬件的发展和个人用户的迅速增长，它在 PC 上的应用也取得了迅猛的增长，已经成为模具行业三维设计的一个主流应用。

2) NX 功能模块

UG NX 软件被划分为具有同类功能的一系列应用模块，如图 3-25 所示，这些应用模块都是集成环境的一部分，既相互独立又相互联系。

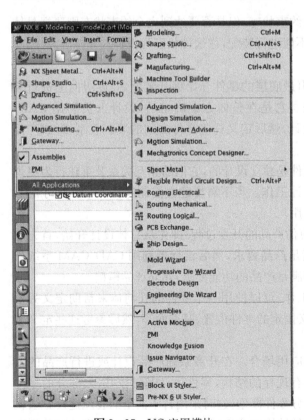

图 3-25 UG 应用模块

下面对一些常用的 UG 模块进行介绍。

(1) 集成环境入口。这是所有其他模块的基础平台模块，它用于打开已存在的部件文件、建立新的部件文件、保存部件文件、绘制工程图。读入和写出各种类型文件及实现其他通用功能。它也提供统一的视图显示操作功能。屏幕布局和层功能、工作坐标系操纵功能，并提供对象信息分析及存取在线帮助。当处于其他模块中时，可以通过"开始"基本环境菜单返回集成环境入口(gateway)。

(2) 建模。选择 Start→Modeling 菜单进入该模块。在该模块环境下可以进行产品零件的三维实体特征建模，该模块也是其他应用模块的工作基础。

(3) 制图。选择 Start→Drafting 菜单进入该模块。在该模块中可以完成建立平面工程图所需的所有功能。利用该模块可以从已建立的三维模型自动生成平面工程图,也可以利用曲线功能绘制平面工程图。

(4) 外观造型设计。选择 Start→Shape Studio 菜单进入该模块。该模块主要为工业设计师和汽车造型师提供概念设计阶段的创造和设计环境。

(5) 加工。选择 Start→Manufacturing 菜单进入数控加工模块。该模块用于数控加工模拟及自动编程,可以进行一般的二轴、二轴半铣削,也可以进行三轴到五轴的加工;可以完成数控加工的全过程,支持在线切割等加工操作;还可以依据加工机床控制器的不同来定制后处理程序,从而使生成的指令文件可直接应用于用户的特定数控机床,不需要修改指令即可加工。

(6) 结构分析。该模块是一个集成化的有限元建模和解算工具,能够对零件进行前、后处理,用于工程学仿真和性能评估。

(7) 运动分析。该模块是一个集成的、关联的运动分析模块,提供了机械运动系统的虚拟样机;能够对机械系统的大位移复杂运动进行建模、模拟和评估;还提供了对静态学、动力学、运动学模拟的支持;同时提供了包括图、动画、MPEG 影片、电子表格等输出的结果分析功能。

(8) 钣金。该模块提供了基于参数、特征方式的钣金零件建模功能,并提供了对模型的编辑和零件的制造过程的模拟功能,还可以用于对钣金模型进行展开和重叠的模拟操作。

(9) 管路。该模块中提供了对产品实体装配模型中各种管路和线路(包括水管、气管、油管、电气线路、各种气体或液体流道和滚道),以及连接各种管线和线路的标准连接件等的规划设计功能,还可以生成安装材料单。

(10) 注塑模向导。该模块用于用户的二次开发,可构造 UG 风格对话框 UIStyler 的用户设计界面,其中各工具的使用方法都可以在 UG 提供的帮助文件中找到。

3) NX 工作界面

UG NX 的工作界面窗口主要包括以下几个部分:标题栏、菜单栏、工具栏、工作区、提示栏、状态栏、工作坐标系和资源栏等,如图 3 - 26 所示。

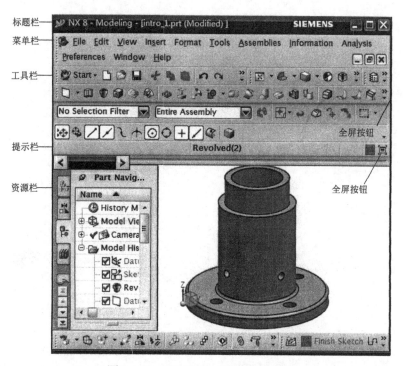

图 3 - 26 UG NX 8.0 工作界面窗口

思考与练习

1. 简述 CAD/CAE/CAM 系统几何建模的含义与作用。
2. 形体的拓扑信息和几何信息的含义是什么？
3. 三维几何建模系统有哪几种建模方式，各自的特点是什么？
4. 分析线框模型、表面模型与实体模型在表示形体上的不同点。
5. 简述实体建模中计算机内部表示方法及其数据结构的特点。
6. 实体建模技术中是否不含线框和曲面建模？
7. 什么是特征？特征是如何分类的？
8. 特征建模与实体建模相比有何特点？
9. 如何建立参数化模型？
10. 装配建模的方法有哪些？

第4章

计算机辅助工程分析及应用

◎ **学习成果达成要求**

通过学习本章,学生应达成的能力要求包括:

1. 针对机械设计中的问题,能够运用有限元分析法来实现机械零部件的优化设计以及分析结构损坏原因。

2. 能够针对具体的机械产品结构设计问题,运用合理的优化设计方法,并建立正确的优化设计的数学模型。

3. 能运用多体动力学软件 ADAMS 对复杂系统进行运动学和动力学分析。

4. 了解各种有限元分析软件并比较各软件的优缺点。

«««

工程分析是产品设计过程中的一个重要环节,计算机辅助工程(CAE)是人们将计算机技术引入工程分析领域与工程分析技术相结合的一门新兴技术。CAE 技术的应用使实物模型的实验次数和规模大大下降,不仅能够加快产品研究速度,而且能降低成本、提高产品的可靠性。

4.1 计算机辅助工程分析概述

在计算机引入工程分析领域之前,产品设计过程中的分析、计算工作由人工完成,即采用传统的分析方法和手工计算方式来完成工程分析。传统的分析方法一般比较粗略,只能用来定性比较不同方案的优劣。实际过程问题计算工作量大,手工计算往往无法完成,只能对产品的关键零件、部件进行计算分析,其余则依靠设计者的经验,采用类比法进行结构设计。由于分析不够精确,往往采用较大的安全系数来保证产品的安全可靠性,造成生产成本过高,达不到经济的目的,且人工效率低下,不利于现代化工业大生产。随着计算机的发展,人们将计算机技术引入到工程分析领域与工程分析技术相结合,形成了一门新兴技术——计算机辅助工程(即 CAE)。

CAE 是用计算机辅助求解复杂工程和产品结构强度、刚度、屈曲稳定性、动力响应、热传导、三维多体接触、弹塑性等力学性能的分析计算以及结构性能的优化设计等问题的一种近似数值分析方法。计算机辅助工程的概念很广,可以包括工程和制造业信息化的几乎所有方面。广义上来说,计算机辅助工程包括产品设计、工程分析、数据管理、试验、仿真和制造在内的计算机辅助设计、分析和生产的综合系统;而从狭义上来说,仅仅是指用计算机对工程和产品进行性能与安全可靠性分析,模拟其未来的工作状态和运动行为,及早发现设计缺损,验证工程产品功能和性能的可用性与可靠性等。计算机辅助工程技术在产品开发研制中显示出无与伦比的优越性,成为现代企业在日趋激烈的竞争中取胜的一个重要条件,因而越来越受到科技界和工程界的重视。

CAE 技术主要包括:仿真技术、实验模态分析技术、有限元分析技术、边界元分析技术、优化设计方法、可靠性设计等。本章主要介绍有限元法和优化设计方法。

4.2 有限元分析法

4.2.1 理论基础

有限元分析的方法起源于航空工程中的矩阵分析,随着计算机技术的普及和计算速度的提高,有限元分析在工程设计和分析中得到越来越广泛的应用。有限元分析方法主要用于结构仿真中的静力分析、动力分析、稳定性计算,特别是结构的线性、非线性分析、屈曲分析等。有限元分析法的功能主要有:可增强产品和工程的可靠性;有助于在产品的设计阶段发现潜在问题;经过分析计算,采用优化的设计方案,可降低原材料成本,缩短产品投向市场的时间;采用模拟试验的方案,可减少试验次数,从而减少试验经费。

有限元分析基于固体流动的变分原理,将一个原来连续的物体剖分成有限个数的单元体,各个单元体相互在有限个节点上连接,承受等效的节点载荷。它运用数学上平衡微分方程、几何上变形协调方程和物理上的本构方程作为基本的理论方程,结合圣维南原理和虚位移原理,通过求解离散单元在给定边界条件、载荷和材料特性下所形成的线性或非线性微分方程组,从而可得到结构连续体的位移、应力、应变和内力等计算结果。下面简单介绍这些理论基础。

1)常用物理量

(1)外力。作用于物体的外力可分为体力和表面力。体力是指分布在整个体积内的外力,如重力和惯性力,用符号 p_x、p_y、p_z 表示。表面力是指作用于物体表面上的力,用符号 q_x、q_y、q_z 表示。

(2)应力。描述物体的受力状态。从物体内取出一个边长分别为 d_x、d_y、d_z 的微分体。每个面上的应力可分为一个正应力和两个剪应力。正应力记为 σ_x、σ_y、σ_z,剪应力记为 τ_{xy}、τ_{yx}、τ_{xz}、τ_{zx}、τ_{yz}、τ_{zy}。前一个脚标表示 τ 的作用面所垂直的坐标轴,后一个脚标表示 τ 的作用方向。根据剪应力互等定律有 $\tau_{xy} = \tau_{yx}$、$\tau_{xz} = \tau_{zx}$、$\tau_{yz} = \tau_{zy}$。

(3)应变。描述物体变形的程度。线段每单位长度的伸缩称为正应变,记为 ε_x、ε_y、ε_z。线段之间夹角的改变量称为剪应变,记为 Y_{xy}、Y_{yz}、Y_{xz}。

(4)位移。描述物体变形后的位置。在载荷或温度变化等其他因素作用下,物体内各点之间的距离改变称为位移。它反映物体的变形大小,记为 u、v、w,分别为 X、Y、Z 三个方向的位移分量。

2)基本方程

(1)平衡方程如下:

$$\frac{\partial \sigma_{xx}}{\sigma_x} - \frac{\partial \sigma_{xy}}{\sigma_y} + \frac{\partial \sigma_{xz}}{\sigma_z} + b_x = 0$$

$$\frac{\partial \sigma_{yx}}{\sigma_x} - \frac{\partial \sigma_{yy}}{\sigma_y} + \frac{\partial \sigma_{yz}}{\sigma_z} + b_y = 0$$

$$\frac{\partial \sigma_{zx}}{\sigma_x} - \frac{\partial \sigma_{zy}}{\sigma_y} + \frac{\partial \sigma_{zz}}{\sigma_z} + b_z = 0$$

（2）应变和位移的关系。物体受力后变形，其内部任一点的应变和位移的关系如下：

$$\varepsilon_x = \frac{\partial u}{\partial x}, \; \varepsilon_y = \frac{\partial v}{\partial y}, \; \varepsilon_z = \frac{\partial w}{\partial z}$$

$$Y_{xy} = \frac{\partial u}{\partial y} + \frac{\partial v}{\partial x}, \; Y_{yz} = \frac{\partial v}{\partial z} + \frac{\partial w}{\partial y}, \; Y_{zxy} = \frac{\partial w}{\partial x} + \frac{\partial u}{\partial z}$$

（3）应力和应变的关系。用胡克定律表示为

$$\varepsilon_x = \frac{1}{E}[\sigma_x - \mu(\sigma_y + \sigma_z)], \; \varepsilon_y = \frac{1}{E}[\sigma_y - \mu(\sigma_x + \sigma_z)], \; \varepsilon_z = \frac{1}{E}[\sigma_z - \mu(\sigma_x + \sigma_y)]$$

$$Y_{xy} = \frac{2(1+\mu)}{E}\tau_{xy}, \; Y_{yz} = \frac{2(1+\mu)}{E}\tau_{yz}, \; Y_{zx} = \frac{2(1+\mu)}{E}\tau_{zx}$$

式中，E 为材料的弹性模量，μ 为材料的泊松比。

（4）边界条件。研究物体上的全部边界条件可以分为力边界条件和位移边界条件。

在力边界条件上，作用着表面力。由弹性力学理论，下式成立：

$$q_x = \sigma_{xx}l + \sigma_{xy}m + \sigma_{xz}n, \; q_y = \sigma_{yx}l + \sigma_{yy}m + \sigma_{yz}n, \; q_z = \sigma_{zx}l + \sigma_{zy}m + \sigma_{zz}n$$

式中，l、m、n 为弹性体边界外法线与三个坐标轴夹角的方向余弦。

在位移边界条件上，位移 $\bar{u}$、$\bar{v}$、$\bar{w}$ 已知，表示为

$$u = \bar{u}, \; v = \bar{v}, \; w = \bar{w}$$

对于平面问题，可通过 9 个未知函数满足 9 个基本方程来求解。它们分别是 2 个平面微分方程，3 个几何方程，4 个物理方程及位移边界条件与力的边界条件。

对于空间问题，可通过 15 个未知函数满足 15 个基本方程来求解。它们分别是 3 个平面微分方程，6 个几何方程，6 个物理方程及位移边界条件与力的边界条件。

（5）虚位移方程。虚位移原理是力学中应用范围很广的原理之一，该原理表达了弹性体平衡的普遍规律。基于虚位移原理可以推导有限元公式。

假设一个弹性体在虚位移发生之前处于平衡状态，当弹性体产生约束允许的微小位移并同时在弹性体内产生虚应变时，体力与面力在虚位移上所做的虚功等于整个弹性体内各点的应力在虚应变上所做的虚功的总和，即外力虚功等于内力虚功：

$$\delta W = \delta U$$

$$\delta U = \iiint_V (\sigma_x \delta\varepsilon_x + \sigma_y \delta\varepsilon_y + \sigma_z \delta\varepsilon_z + \tau_{yz}\delta\gamma_{yz} + \tau_{zx}\delta\gamma_{zx})\mathrm{d}x\mathrm{d}y\mathrm{d}z$$

$$\delta W = \iiint_V (p_x \delta u + p_y \delta v + p_z \delta w)\mathrm{d}x\mathrm{d}y\mathrm{d}z + \iint_A (q_x \delta u + q_y \delta v + q_z \delta w)\mathrm{d}A$$

式中，δu、δv、δw 分别为受力点的虚位移分量，$\delta\varepsilon_x$、$\delta\varepsilon_y$、$\delta\varepsilon_z$、δY_{xy}、δY_{yz}、δY_{zx} 分别表示虚应变分量，A 表示力作用的表面积。

4.2.2　基本原理和步骤

有限元法求解力学问题的基本思想是：将一个连续的求解域离散化，即分割成彼此用节点互相联系的有限个单元，一个连续弹性体被看做是有限个单元体的组合，根据一定的精度要求，用有限个参数来描述各单元体的力学特性，而整个连续体的力学特性就是构成其全部单元体的力学特性的总和。基于这一原理及各种物理量的平衡关系，建立起弹性体的刚度方程（即

一个线性代数方程组），求解该刚度方程，即可得出欲求的参量。有限元方法提供丰富的单元类型和节点几何状态的描述形式来模拟结构，因而能适应各种复杂的边界形状和边界条件。

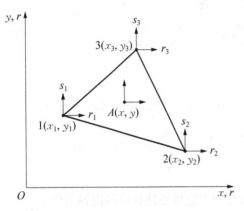

图 4-1　三角形单元的位移描述

有限元法的具体分析步骤为：①连续体的离散化；②选择单元位移函数；③建立单元刚度矩阵；④求解代数方程组，得到所有节点位移分量；⑤由节点位移求出内力或应力。下面就以三角形等参单元的求解过程为例，来介绍有限元分析计算方法，而对于其他的杆、梁、四边形、曲边四边形、四面体等空间的单元类型，可以用继承的方式加以实现。

1）选择位移函数

图 4-1 所示为由结构连续体离散化后的任一三角形单元，设单元三节点和单元内任一点 A 的坐标分别为 $(x_1，y_1)$、$(x_2，y_2)$、$(x_3，y_3)$、$(x，y)$，它们各自的小位移分别为 $(r_1，s_1)$、$(r_2，s_2)$、$(r_3，s_3)$、$(r，s)$。

现在三角形单元内选定一个线性函数，保证点 A 的坐标和小位移存在下列关系：

$$r = \alpha_1 + \alpha_2 x + \alpha_3 y, \quad s = \alpha_4 + \alpha_5 x + \alpha_6 y$$

或者表示为以下的矩阵形式：

$$\boldsymbol{\Psi} = \begin{bmatrix} r \\ s \end{bmatrix} = \begin{bmatrix} 1 & x & y & 0 & 0 & 0 \\ 0 & 0 & 0 & 1 & x & y \end{bmatrix} \begin{bmatrix} \alpha_1 \\ \alpha_2 \\ \alpha_3 \\ \alpha_4 \\ \alpha_5 \\ \alpha_6 \end{bmatrix} = \boldsymbol{M\alpha} \tag{4-1}$$

根据有限元法的基本假设，单元三节点处的坐标和小位移之间同样也存在着下列的线性关系：

$$r_1 = \alpha_1 + \alpha_2 x_1 + \alpha_3 y_1, \quad s_1 = \alpha_4 + \alpha_5 x_1 + \alpha_6 y_1$$
$$r_2 = \alpha_1 + \alpha_2 x_2 + \alpha_3 y_2, \quad s_2 = \alpha_4 + \alpha_5 x_2 + \alpha_6 y_2$$
$$r_3 = \alpha_1 + \alpha_2 x_3 + \alpha_3 y_3, \quad s_3 = \alpha_4 + \alpha_5 x_3 + \alpha_6 y_3$$

矩阵表示为：

$$\boldsymbol{d} = \begin{bmatrix} r_1 \\ s_1 \\ r_2 \\ s_2 \\ r_3 \\ s_3 \end{bmatrix} = \begin{bmatrix} 1 & x_1 & y_1 & 0 & 0 & 0 \\ 0 & 0 & 0 & 1 & x_1 & y_1 \\ 1 & x_2 & y_2 & 0 & 0 & 0 \\ 0 & 0 & 0 & 1 & x_2 & y_2 \\ 1 & x_3 & y_3 & 0 & 0 & 0 \\ 0 & 0 & 0 & 1 & x_3 & y_3 \end{bmatrix} \begin{bmatrix} \alpha_1 \\ \alpha_2 \\ \alpha_3 \\ \alpha_4 \\ \alpha_5 \\ \alpha_6 \end{bmatrix} = \boldsymbol{X\alpha} \tag{4-2}$$

对于一个给定的三角形单元，三节点的坐标和位移是已知的，则由上式可以求出

$$\boldsymbol{\alpha} = \boldsymbol{X}^{-1} \boldsymbol{d}$$

将 $\boldsymbol{\alpha}$ 代入式(4-1),并设 $\boldsymbol{N} = \boldsymbol{M}\boldsymbol{X}^{-1}$ 为形函数矩阵,得

$$\boldsymbol{\Psi} = \boldsymbol{M}\boldsymbol{X}^{-1}\boldsymbol{d} = \boldsymbol{N}\boldsymbol{d}$$

2) 应变与位移之间的关系

根据变形协调方程,有

$$\boldsymbol{\varepsilon} = \begin{bmatrix} \varepsilon_x \\ \varepsilon_y \\ \varepsilon_z \end{bmatrix} = \begin{bmatrix} \dfrac{\partial r}{\partial x} \\ \dfrac{\partial s}{\partial y} \\ \dfrac{\partial r}{\partial y} + \dfrac{\partial s}{\partial x} \end{bmatrix} = \begin{bmatrix} 0 & 1 & 0 & 0 & 0 & 0 \\ 0 & 0 & 0 & 0 & 0 & 1 \\ 0 & 0 & 1 & 0 & 1 & 0 \end{bmatrix} \begin{bmatrix} \alpha_1 \\ \alpha_2 \\ \alpha_3 \\ \alpha_4 \\ \alpha_5 \\ \alpha_6 \end{bmatrix} = \boldsymbol{M}'\boldsymbol{\alpha} \qquad (4-3)$$

将 $\boldsymbol{\alpha}$ 代入式 4-3 中,并设 $\boldsymbol{B} = \boldsymbol{M}'\boldsymbol{X}^{-1}$,则

$$\boldsymbol{\varepsilon} = \boldsymbol{M}'\boldsymbol{X}^{-1} = \boldsymbol{B}\boldsymbol{d}$$

3) 应力与应变间的关系

应力的计算公式为

$$\boldsymbol{\sigma} = \begin{bmatrix} \sigma_x \\ \sigma_y \\ \sigma_{xy} \end{bmatrix} = \boldsymbol{D}\boldsymbol{\varepsilon} = \boldsymbol{D}\boldsymbol{B}\boldsymbol{d}$$

式中,$\boldsymbol{D}$ 是弹性矩阵,有两种形式:

(1) 对平面应力而言,有

$$\boldsymbol{D} = \frac{E}{1-\mu^2} \begin{bmatrix} 1 & \mu & 0 \\ \mu & 1 & 0 \\ 0 & 0 & (1-\mu^2)/2 \end{bmatrix}$$

(2) 对平面应变而言,有

$$\boldsymbol{D} = \frac{E}{(1+\mu)(1-2\mu)} \begin{bmatrix} 1-\mu & \mu & 0 \\ \mu & 1-\mu & 0 \\ 0 & 0 & (1-2\mu)/2 \end{bmatrix}$$

4) 单元刚度矩阵的求解

利用最小势能原理,可以得出典型常应变三角形单元的刚度矩阵。单元总势能自然是三角形三节点位移 (r_1, s_1)、(r_2, s_2)、(r_3, s_3) 的函数,形式为

$$\pi_p = \pi_p(r_1, s_1, r_2, s_2, r_3, s_3) = U - d^T f = U + \varphi_b + \varphi_P + \varphi_S$$

式中,U 为应变能,φ_b 为体力势能,φ_P 为集中力 P 的势能,φ_S 为分布载荷 T_S 沿表面位移场 ψ_S 的势能,f 为作用在单元上的总的载荷,它们分别表示为:

$$U = \frac{1}{2} \iiint\limits_V \varepsilon^T \sigma \, \mathrm{d}V, \quad \varphi_b = -\iiint\limits_V \psi^T \, \mathrm{d}V$$

$$\varphi_P = -d^T P, \quad \varphi_S = -\iint\limits_S \boldsymbol{\Psi}_S^T T_S \mathrm{d}S$$

$$f = \iiint\limits_V N^T X \mathrm{d}V + P + \iint\limits_S \boldsymbol{\Psi}_S^T T_S \mathrm{d}S$$

则

$$\pi_P = \frac{1}{2}\iiint\limits_V \varepsilon^T \sigma \mathrm{d}V - \iiint\limits_V \psi^T \mathrm{d}V - d^T P - \iint\limits_S \boldsymbol{\Psi}_S^T T_S \mathrm{d}S$$

对 π_P 取一次微分，整理后得

$$\frac{\partial \pi_P}{\partial d} = (\iiint\limits_V B^T D B)\mathrm{d}V = kd$$

式中，k 表示单元的刚度矩阵，对于厚度 t 不变的常应力单元，k 又可表示为

$$k = t(\iint\limits_A B^T D B)\mathrm{d}x\mathrm{d}y = tAB^T D B$$

从上式可以看出，B 和单元面积 A 是单元节点坐标 x_1、y_1、x_2、y_2、x_3、y_3 的函数，故 k 又可扩展为

$$\mathbf{k} = \begin{bmatrix} k_{11} & k_{12} & k_{13} \\ k_{21} & k_{22} & k_{23} \\ k_{31} & k_{32} & k_{33} \end{bmatrix}$$

5）整体刚度矩阵的组装

设离散单元的数目为 N，则由所有的单元刚度矩阵 $\mathbf{k}^{(e)}$ 组装而成的整体刚度矩阵 $\boldsymbol{K}$ 为

$$\boldsymbol{K} = \sum_{e=1}^{N} \mathbf{k}^{(e)}$$

整体刚度矩阵是个稀疏矩阵，即是零元素占绝大多数的带状对称矩阵和奇异矩阵。

6）通过边界条件的求解

对满足胡克定律的线弹性物体来说，有

$$\boldsymbol{F}_{3N\times 1} = \sum_{e=1}^{N} f^{(e)} = \boldsymbol{K}_{3N\times 3N}\boldsymbol{\delta}_{3N\times 1} = \sum_{e=1}^{N} \boldsymbol{K}^{(e)}\boldsymbol{\delta}_{3N\times 1}$$

式中，F 代表整体载荷的系统向量，为所有节点在各个方向上的载荷结合，是完全已知的；δ 代表整体位移向量，为所有节点在各个方向的位移，它是部分已知、部分未知的，要求解的就是那些未知量，而已知的部分就是所谓的约束。

7）单元应力与应变的计算

通过以上的步骤已经求得了每个节点的位移，并代入应变与位移的关系公式和通过数值高斯积分就可以得出应变，再由应变与应力的关系算出应力。

4.2.3 有限元分析软件简介

1）ANSYS 软件简介

ANSYS 软件是美国 ANSYS 公司研制的大型通用有限元分析（FEA）软件，是世界范围内增长最快的计算机辅助工程（CAE）软件，能与多数计算机辅助设计软件接口，实现数据的共享和交换。ANSYS 软件是融结构力学分析、热力学分析、流体力学分析、电磁学分析、声学

分析于一体的大型通用有限元分析软件。在核工业、铁道、石油化工、航空航天、机械制造、能源、汽车交通、国防军工、电子、土木工程、造船、生物医学、轻工、地矿、水利、日用家电等领域有着广泛的应用。ANSYS 功能强大，操作简单方便，现在已成为国际最流行的有限元分析软件，在历年的 FEA 评比中都名列第一。目前，中国 100 多所理工院校采用 ANSYS 软件进行有限元分析或者将其作为标准教学软件。

ANSYS 有限元软件主要包括三个部分：前处理模块、分析计算模块和后处理模块。

前处理模块提供了一个强大的实体建模及网格划分工具，用户可以方便地构造三维几何模型和有限元模型。几何建模采用了两种可交叉使用的实体建模方法。网格划分提供了多种方法，可实现对网格密度及形态的精确控制。其中包括拉伸网格、智能自由网格划分、映射网格和自适应网格等。ANSYS 还提供了参数化设计分析语言，可以将几何模型及有限元模型参数化，进行产品的系列设计和分析。

分析计算模块包括结构分析（可进行线性分析、非线性分析和高度非线性分析）、流体动力学分析、电磁场分析、声场分析、压电分析以及多物理场的耦合分析，可模拟多种物理介质的相互作用，具有灵敏度分析及优化分析能力。

后处理模块可将计算结果以彩色等值线显示、梯度显示、矢量显示、粒子流迹显示、立体切片显示、透明及半透明显示（可看到结构内部）等图形方式显示出来，也可将计算结果以图表、曲线形式显示或输出。

2）Altair HyperWorks 软件简介

HyperMesh 是由 Altair 公司研发的 HyperWorks 软件的一个重要模块，主要用来建立几何模型或导入外部几何模型处理成有限元模型，还能导入结果文件进行后处理分析；和大多数建模软件接口良好，它导出的有限元信息也完整无缺，使用各种导出模板或用户定义的模板可以和有限元计算软件衔接得天衣无缝。

在 CAE 工程技术领域，HyperMesh 最著名的特点是它所具有的强大的有限元网格划分前处理功能功能。一般来说，CAE 分析工程师 80% 的时间都花费在了有限元模型的建立、修改和网格划分上，而真正的分析求解时间是消耗在计算机工作站上，所以采用一个功能强大，使用方便灵活，并能够与众多 CAD 系统和有限元求解器进行方便的数据交换的有限元前后处理工具，对于提高有限元分析工作的质量和效率具有十分重要的意义。

使用 HyperMesh 进行网格划分可以有效进行几何结构修补，拓扑关系连接处理，多种网格划分，如直接由节点建立单元、几何划分生成单元、曲线或面单元拉伸形成单元、实体网格直接产生等。网格划分时，HyperMesh 可以有效控制网格划分密度和质量；通过质量控制标准、边界、表面、重复单元等检查网格的连接和质量；有多种修改方法可用来修改单元，保证网格质量，提高计算精度；还可以根据有限元模型直接转化为几何模型，或者修改有限元模型后几何结构也会相应转变。HyperMesh 有很多单元类型和材料供选择，界面操作方便快捷；同时，它提供了界面操作的命令语言，可以采用命令流方式来代替界面操作，并支持建立宏命令以及进行界面的二次开发。另外，它还有一些高级功能，如多种焊接单元创建法、后处理可以通过多种方法对结果进行显示和分析，梁截面的定义方法和复合材料层参数的界面显示定义等。

3）ABAQUS 软件简介

ABAQUS 是一套功能强大的工程模拟有限元软件，其解决问题的范围从相对简单的线性分析到许多复杂的非线性问题。ABAQUS 包括一个丰富的、可模拟任意几何形状的单元库;并拥有各种类型的材料模型库,可以模拟典型工程材料的性能,其中包括金属、橡胶、高分子材料、复合材料、钢筋混凝土、可压缩超弹性泡沫材料以及土壤和岩石等地质材料等。作为通用的模拟工具,ABAQUS 除了能解决大量结构(应力/位移)问题,还可以模拟其他工程领域的许多问题,如热传导、质量扩散、热电耦合分析、声学分析、岩土力学分析(流体渗透/应力耦合分析)及压电介质分析。

ABAQUS 有两个主求解器模块——ABAQUS/Standard 和 ABAQUS/Explicit。ABAQUS 还包含一个全面支持求解器的图形用户界面,即人机交互前后处理模块——ABAQUS/CAE。ABAQUS 对某些特殊问题还提供了专用模块来解决。

ABAQUS 被广泛地认为是功能最强的有限元软件,可以分析复杂的固体力学结构力学系统,特别是能够驾驭非常庞大复杂的问题和模拟高度非线性问题。ABAQUS 不但可以做单一零件的力学和多物理场的分析,同时还可以做系统级的分析和研究。ABAQUS 的系统级分析的特点相对于其他的分析软件来说是独一无二的。由于 ABAQUS 优秀的分析能力和模拟复杂系统的可靠性使得 ABAQUS 被各国的工业和研究广泛采用。ABAQUS 产品在大量的高科技产品研究中都发挥着巨大的作用。

4.3 虚拟样机技术

4.3.1 基本概念

在各种 CAE 技术中,虚拟样机技术(virtual prototyping technology,VPT)是计算机辅助工程的一个重要分支,它是在产品概念设计阶段,通过学科理论和计算机语言,对设计阶段的产品进行虚拟性能测试,提前了解产品的各种性能,避免设计缺陷的存在,并提出改进意见。虚拟样机是相对于物理样机来说的,物理样机是对一个与物理原型具有功能相似性的系统或者子系统模型进行的基于计算机的仿真;而虚拟样机则是使用虚拟样机来代替物理样机,对备选设计方案的某一方面的特性进行仿真测试和评估的过程。

虚拟样机技术是一门综合多学科的技术,它的核心部分是多体系统运动学与动力学建模理论及其技术实现。CAD/FEA 技术的发展为虚拟样机技术的应用提供了技术环境和技术支撑。虚拟样机技术改变了传统的设计思想,将分散的零部件设计和分析技术集成于一体,提供了一个研发机械产品的全新的设计方法。

4.3.2 技术应用

虚拟样机技术在工程中的应用是通过界面友好、功能强大、性能稳定的商品化虚拟样机软件实现的。虚拟样机技术已经广泛地应用在汽车制造业、工程机械、航天航空业、国防工业及通用机械制造业等领域。以下是一些有代表性的实例。

(1)美国航空航天局(NASA)的喷气推进实验室(JPL)成功地实现了火星探测器"探路号"在火星上软着陆。JPL 的工程师利用虚拟样机技术模拟宇宙飞船在不同阶段(进入大气层、减速和着陆)的工作过程。在探测器发射以前,JPL 的工程师运用虚拟样机技术预测到由于制动火箭与火星风的相互作用,探测器很有可能在着陆时滚翻。工程师们针对这个问题修改了技术方案,将灵敏的科学仪器安全送抵火星表面,保证了火星登陆计划的成功。

(2)一家卡车制造公司在研制新型柴油机时,发现点火控制系统的链条在转速达到6 000 r/min时运动失稳并发生振动。常规的测量技术在这样的高温高速环境下失灵,工程师们不得不借助于虚拟样机技术。根据对虚拟样机的动力学及控制系统的分析结果,发现了不稳定因素,改进了控制系统,使系统的稳定范围达到 10 000 r/min 以上。

(3) 美国波音公司的波音 777 大型客机是世界上首架以无图纸方式研发及制造出来的飞机,其设计、装配、性能评价及分析就是采用了虚拟样机技术,这不但使研发周期大大缩短、研发成本大大降低,而且确保了最终产品一次性接装成功。对比以往的飞机,波音公司减少了 93% 的设计更改和 94% 的成本。

(4) 在著名的工程机械厂商 John Deere 公司,为了解决工程机械在高速行驶时的蛇行现象及在重载下的自激振动问题,工程师应用虚拟样机技术,不仅找到了问题产生的原因,而且提出了改进方案,并且在虚拟样机的基础上得到了验证,从而大大提高了产品的高速行驶性能与重载作业性能。

随着研究的不断深入和相关技术的进一步发展,虚拟样机技术将会得到更广泛的应用。在我国,虚拟样机技术正在引起重视通过深入研究虚拟样机的关键技术,进一步探讨虚拟样机的有效开发模式,尤其是开发工程中所涉及的各类活动的协调、管理和优化策略。这些必将促进这一先进制造技术的推广应用,增强我国企业产品开发能力,提高我国企业在世界制造业中的地位。

4.3.3　ADAMS 软件

1) ADAMS 软件简介

ADAMS 软件使用交互式图形环境和零件库、约束库、力库,创建完全参数化的机械系统几何模型,其求解器采用多刚体系统动力学理论中的拉格朗日方程方法,建立系统动力学方程,对虚拟机械系统进行静力学、运动学和动力学分析,输出位移、速度、加速度和反作用力曲线。ADAMS 软件的仿真可用于预测机械系统的性能、运动范围、碰撞检测、峰值载荷以及计算有限元的输入载荷等。

2) ADMAS 软件功能模块

(1) 前处理模块 ADAMS/View。ADAMS/View 模块是使用 ADAMS 软件建立机械系统功能化数字样机的可视化前处理环境,可以进行样机建模、样机模型数据的输入和编辑、与求解器和后处理等程序的自动连接、虚拟样机分析参数的设置、各种数据的输入和输出、同其他应用程序的接口。

(2) 求解器模块 ADAMS/Solver。ADAMS/Solver 模块包括稳定可靠的 Fortran 求解器和功能更强大丰富的 C++求解器。该模块既可以集成在前处理模块下使用,又可以从外部直接调用;既可以进行交互方式的结算过程,也可以进行批处理方式的结算过程。ADAMS/Solver 模块具有独特的调试功能,可以输出求解器结算过程中重要数据量的变化,方便用户理解、探索模型中深层次的关系。

(3) 后处理模块 ADAMS/PostProcessor。ADAMS/PostProcessor 模块是显示 ADAMS 软件仿真结果的可视化图形界面,后处理的结果既可以显示为动画,又可显示为数据曲线。

(4) 扩展模块 ADAMS/Linear(线形化分析模块)。ADAMS/Linear 模块可以在进行系统仿真时将系统非线性的运动学和动力学进行线性化处理。

(5) 专业模块。

① ADAMS/Aircraft:是专门用来构造飞机起落架模型和飞机模型的软件环境。

② ADAMS/Car(轿车模块):是 MDI 公司与 Audi、BMW、Volvo 等公司合作开发的整车

设计模块,能够快速建造高精度的整车虚拟样机。

③ ADAMS/Chassis(底盘模块)：可以建立标准的汽车子系统和部件或者管理大量的悬架或整车实验数据。

④ ADAMS/Driverline：用户可快速地建立、测试具有完整传动系统或传动部件的功能化虚拟样机。

⑤ ADAMS/Engine：可以快速创建配气机构、曲柄连杆、正时带以及其他驱动附件的虚拟模型。

⑥ ADAMS/Rail：专门用于研究铁路机车、车辆、列车和线路相互作用的模块。

(6) 接口模块。ADAMS/Controls：用户可以将基于几何外形的完整的系统模型,便捷地放到所使用的控制系统设计软件所定义的框图中。

ADAMS/Flex(柔性分析模块)：提供了 ADAMS 软件与其他有限元软件之间的双向数据接口。

3) ADAMS 的功能特点

(1) 利用交互式图形环境和零件、约束、力库建立机械系统三维参数化模型。

(2) 分析类型包括运动学、静力学和准静力学分析,以及线性和非线性动力学分析,包含刚体和柔性体分析。

(3) 具有先进的数值分析技术和强有力的求解器,使得求解快速、准确。

(4) 具有组装、分析和动态显示不同模型或同一个模型在某一个过程变化的能力,提供多种虚拟样机方案。

(5) 具有一个强大的函数库供用户自定义力和运动发生器。

(6) 具有开放式的结构,允许用户集成自己的子程序。

(7) 自动输出位移、速度、加速度和反作用力,仿真结果显示为动画和曲线图形。

(8) 可预测机械系统的性能、运动范围、碰撞、包装、峰值载荷和计算有限元的输入载荷。

(9) 支持同大多数 CAD、有限元分析和控制设计软件之间的双向通信。

4.4 机械优化设计

在工业生产中,优化设计是随 CAD 技术的应用而迅速发展起来的一门现代设计学科,是企业在进行新产品设计时,追求具有良好性能、满足生产工艺性要求、经济性能好等指标的有效方法。优化设计提供了一种逻辑方法,在所有可行的设计方案中进行最优的选择,在规定的条件下得到最佳设计效果。目前,优化设计方法已广泛应用于各个工程领域,如飞行器和宇航结构设计,在满足性能的要求下使得重量最轻,使空间运载工具的轨迹最优;机械加工工艺工程设计,在限定的设备条件下使生产率最高等。优化设计作为一种先进的现代化设计方法,已成为 CAD/CAM 技术的一个重要组成部分。

机械优化设计包括建立优化设计问题的数学模型和选择恰当的优化方法与程序两方面内容。由于机械优化设计是应用数学方法寻求机械设计的最优方案,所以首先要根据设计的机械设计问题建立相应的数学模型,即用数学形式来描述实际设计问题：在建立数学模型时需要应用专业知识确定设计的限制条件和所追求的目标,确立设计变量之间的相互关系等。机械优化设计问题的数学模型可以是解析式、试验数据或经验公式。虽然它们给出的形式不同,但都反映了设计变量之间的数量关系。数学模型一旦建立,机械优化设计问题就变成一个数学求解问题。应用数学规划方法的理论,根据数学模型的特点,选择适当的优化方法,进而采用计算机作为工具求得最佳设计参数。

4.4.1　数学模型

1) 设计变量

在产品设计中,一个设计方案可以用一组基本参数的数值来表示,这些基本参数可以是构件长度、截面尺寸、某些点的坐标值等几何量,也可以是质量、惯性矩、力或力矩等物理量,还可以是应力、变形、固有频率等代表工作性能的导出量。但是,对某个具体的优化设计问题,并不是要求对所有的基本参数都用优化方法进行修改调整。例如,对某个机械结构进行优化设计,一些工艺、结构布置等方面的参数,或者某些工作性能的参数,可以根据已有的经验预先取为定值。这样,对这个设计方案来说,它们就成为设计常数。而除此之外的基本参数,则需要在优化设计过程中不断进行修改、调整,一直处于变化的状态,这些基本参数称为设计变量,又称优化参数。

设计变量的全体实际上是一组变量,可用一个列向量表示:

$$\boldsymbol{x} = \begin{bmatrix} x_1 & x_2 & \cdots & x_n \end{bmatrix}$$

称作设计变量向量。向量中分量的次序完全是任意的,可以根据使用的方便任意选取。一旦规定了这样一种向量的组成,则其中任意一个特定的向量都可以是一个"设计"。以 n 个设计变量为坐标组成的实空间称作设计空间。一个"设计"可用设计空间中的一点表示,此点可看成设计变量向量的端点(始点取坐标原点),称作设计点。

2) 约束条件

设计空间是所有设计方案的集合,但这些设计方案有些是工程上所不能接受的(例如长度取负值等)。如果一个设计满足所有对它提出的要求,就称为可行(或可接受)设计,反之则称为不可行(或不可接受)设计。

一个可行设计必须满足某些设计限制条件,这些限制条件称作约束条件,简称约束。在工程问题中,根据约束的性质可以把它们分成性能约束和边界约束两大类。性能约束也称状态约束,反映设计对象的性能或状态要求。例如,选择某些结构必须满足受力的强度、刚度或稳定性等要求。边界约束是对设计变量的取值范围加以限制的约束。例如,允许选择的尺寸范围就属于边界约束。

约束又可按其数学表达形式分成等式约束和不等式约束两种类型,写成统一的格式为

$$\begin{cases} h(x) = 0 \\ g(x) \leqslant 0 \text{ 或 } g(x) \geqslant 0 \end{cases}$$

等式约束要求设计点在 n 维设计空间的约束曲面上,而不等式约束要求设计点在设计空间中约束曲面 $g(x) = 0$ 的一侧(包括曲面本身)。所以约束是对设计点在设计空间中的活动范围所加的限制。凡满足所有约束条件的设计点它在设计空间中的活动范围称作可行域,其余区域则为非可行域。可行域内的设计点称为可行设计点,否则称为非可行设计点。处于不等式约束边界上的设计点称为边界设计点,是该约束所允许的极限设计点。

3) 目标函数

在所有的可行设计中,有些设计比另一些要"好",如果确实是这样,则"较好"的设计比"较差"的设计必定具备某些更好的性质。倘若这种性质可以表示成设计变量的一个可计

算函数,则可以考虑优化这个函数,以得到"更好"的设计。这个用来使设计得以优化的函数称作目标函数。用它可以评价设计方案的好坏,所以它又被称作评价函数,记作 $f(x)$,用以强调它对设计变量的依赖性。目标函数可以是结构质量、体积、功耗、产量、成本或其他性能指标。

建立目标函数是整个优化设计过程中重要的问题。当对某一个性能有特定的要求,而这个要求又很难满足时,若针对这一性能进行优化将会取得满意的效果。但在某些设计问题中,可能存在两个或两个以上需要优化的指标,这将是多目标函数的问题。目标函数是 n 维变量的函数,它的函数图像只能在 $n+1$ 维空间中描述出来。为了在 n 维设计空间中反映目标函数的变化情况,常采用目标函数等值面的方法。目标函数的等值面,其数学表达式为

$$f(x) = c \quad (c \text{ 为一系列常数})$$

代表一族 n 维超曲面。如在二维设计空间中 $f(x_1, x_2) = c$,代表 $x_1 - x_2$ 设计平面上的一族曲线。

4) 优化问题的数学模型

优化问题的数学模型是实际优化设计问题的数学抽象。在明确设计变量、约束条件、目标函数之后,优化设计问题就可以表示成一般数学形式。

求设计变量向量 $\boldsymbol{x} = [x_1 \quad x_2 \quad \cdots \quad x_n]^T$ 使

$$f(x) \to \min$$

且满足约束条件

$$\begin{cases} h_k(x) = 0 & (k = 1, 2, \cdots, l) \\ g_j(x) \leqslant 0 & (j = 1, 2, \cdots, m) \end{cases}$$

利用可行域概念,可将数学模型的表达进一步简化。设同时满足

$$g_j(x) \leqslant 0 \quad (j = 1, 2, \cdots, m) \text{ 和 } h_k(x) = 0 \quad (k = 1, 2, \cdots, l)$$

的设计点集合为 R,即为优化问题的可行域,则优化问题的数学模型可简化成:

求 x,使得

$$\min_{x \in \mathbf{R}} f(x)$$

在实际优化问题中,对目标函数一般有两种要求形式:目标函数极小化 $f(x) \to \min$ 和目标函数极大化 $f(x) \to \max$。由于求 $f(x)$ 的极大化和求 $-f(x)$ 极小化等价,所以优化问题的数学表达式一般采用目标函数极小化形式。

4.4.2 问题的基本解法

求解优化问题可以用解析法或近似的数值法。解析法是把所研究的对象用数学方程(数学模型)描述出来,然后再用数学解析法求出优化解。但是,在实际情况中,优化设计问题的数学描述比较复杂,所以不便于甚至不可能用解析法求解出来;此外,有时对象本身的机理无法用数学方程描述,只能通过大量的试验数据用插值或拟合方法构造一个近似的函数表达式,再来求优化解,并通过试验来验证;也可以采用数值迭代法来求解:以数学原理为指导,用某个固定公式代入初值后反复进行计算,每次计算后,将计算结果代回公式,使其逐步逼近理论上

的精确解,当满足给定精度要求时,得出与理论解近似的计算结果。

用数值迭代法进行优化设计的基本思路是:在设计空间选定一个初始点 $x^{(0)}$,从这一点出发,按照某一优化方法所规定的原则,确定适当的方向 $s^{(0)}$ 与步长 $\alpha^{(0)}$ 进行搜索,获得一个使目标函数值有所优化的新设计点 $x^{(1)}$,然后再以 $x^{(1)}$ 点作为新的起点重复上述过程。这样依次迭代,可得到 $x^{(2)}$,$x^{(3)}\cdots x^{(k)}$,$x^{(k+1)}$ 等设计点,最后求出满足设计精度要求的、逼近理论最优点的近似最优点 x^*。

点列 $\{x^{(k)}\}$ 的迭代公式的一般格式为

$$x^{(k+1)} = x^{(k)} + s^{(k)}\alpha^{(k)}$$

式中,$x^{(k)}$ 为第 k 步迭代点,即优化过程中所得的第 k 次设计点;$s^{(k)}$ 为从第 k 次设计点出发的搜索方向;$\alpha^{(k)}$ 为从第 k 次设计点出发,沿 $s^{(k)}$ 方向进行搜索的步长;$x^{(k+1)}$ 为从第 k 次设计点出发,以 $\alpha^{(k)}$ 为搜索步长,沿 $s^{(k)}$ 方向进行搜索所得的第 $k+1$ 次设计点。

例 4-1　平面四连杆结构的优化设计。平面四连杆机构的设计主要是根据运动学的要求,确定其几何尺寸,以实现给定的运动规律。

图 4-2 是一个曲柄摇杆机构。图中 x_1、x_2、x_3、x_4 分别是曲柄 AB、连杆 BC、摇杆 CD 和机架 AD 的长度。ϕ 是曲柄输入角,ψ_0 是摇杆输出的起始位置角。这里规定 ϕ_0 为摇杆的右极限位置角为 ψ_0 时的曲柄起始位置角,它们可以通过 x_1、x_2、x_3、x_4 确定。通常规定曲柄长度 $x_1 = 1$,$x_4 = 5$。

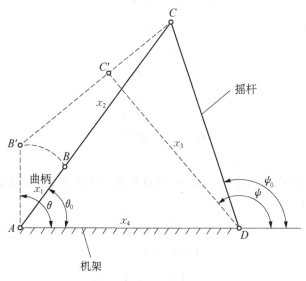

图 4-2　曲柄摇杆机构

设计时,可在给定最大和最小传动角的前提下,当曲柄从 ϕ_0 位置转到 $\phi_0 + 90°$ 时,要求摇杆的输出角最优地实现一个给定规律 $f_0(\phi)$。例如,要求

$$\psi = f_0(\phi) = \psi_0 + \frac{2}{3\pi}(\phi - \phi_0)^2$$

对于这样的设计问题,可以取机构的期望输出角 $\psi = f_0(\phi)$ 和实际输出角 $\psi_j = f_j(\phi)$ 的平方误差积分准则作为目标函数,使

$$f(x) = \int_{\phi_0}^{\phi_0 + \frac{\pi}{2}} [\psi - \psi_i]^2 \, \mathrm{d}\phi$$

最小。

当把输出角 ϕ 取 s 个点进行数值计算时，它可以简化为

$$f(x) = f(x_3, x_4) = \sum_{i=0}^{s} [\psi_j - \psi_{ji}]^2$$

最小。

相应的约束条件如下。

（1）曲柄与机架共线位置时的传动角：

最大传动角：$\gamma_{max} \leqslant 135°$；最小传动角：$\gamma_{min} \geqslant 45°$

对本题可以计算出

$$\gamma_{max} = \arccos\left[\frac{x_2^2 + x_3^2 - 36}{2x_2 x_3}\right]$$

$$\gamma_{min} = \arccos\left[\frac{x_2^2 + x_3^2 - 16}{2x_2 x_3}\right]$$

所以

$$x_2^2 + x_3^2 - 2x_2 x_3 \cos 135° - 36 \geqslant 0$$

$$x_2^2 + x_3^2 - 2x_2 x_3 \cos 45° - 16 \geqslant 0$$

（2）曲柄存在条件：

$$x_2 \geqslant x_1$$

$$x_3 \geqslant x_1$$

$$x_4 \geqslant x_1$$

$$x_2 + x_3 \geqslant x_1 + x_4$$

$$x_4 - x_1 \geqslant x_2 - x_1$$

（3）边界约束：

当 $x_1 = 1$ 时，若给定 x_4，则可求出 x_2 和 x_3 的边界值。例如，当 $x_4 = 0.5$ 时，则有曲柄存在条件和边界值限制条件如下：

$$x_2 + x_3 - 6 \geqslant 0$$

$$4 - x_2 + x_3 \geqslant 0$$

和

$$1 \leqslant x_2 \leqslant 7$$

$$1 \leqslant x_3 \leqslant 7$$

4.4.3 机械设计常用的优化方法

优化方法根据是否存在约束条件，可分为有约束优化和无约束优化；根据目标函数和约束条件的性质，可分为线性规划和非线性规划；根据优化目标的多少，可分为单目标优化和多目标优化等；根据求优方法的不同，可分为直接法和间接法等。图 4-3 为常用的优化设计方法。

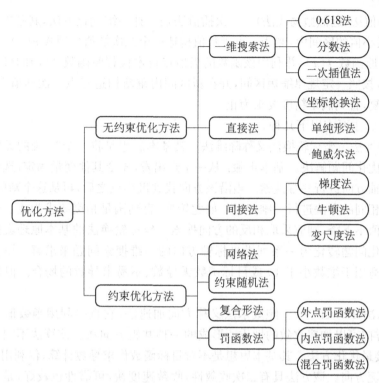

图 4-3　常用优化设计方法

1）无约束优化方法

（1）一维搜索法。一维搜索法是优化方法中最基本、最常用的方法。所谓搜索，就是一步一步地查寻，直至区数的近似极值点处。其基本原理是区间消去法原则，即把搜索区间 $[a,b]$ 分成 3 段或 2 段，通过判断去除非极小段，从而使区间逐步缩小，直至达到要求精度为止，取最后区间中的某点作为近似极小点。对于已知极小点搜索区间的实际问题，可直接调用黄金分割法（0.618 法）、分数法或二次插值法求解。其中，黄金分割法步骤简单，不用求导数，适用于低维优化或函数不可求导数或求导数有困难的情况，对连续或非连续函数均能获得较好效果，实际应用范围较广，但效率偏低。二次插值法易于计算极小点、搜索效率高，适用于高维优化或函数连续的求导数情况；但程序复杂，有时可靠性比黄金分割法稍差。

①　一维函数黄金分割法（0.618 法）。黄金分割法是通过不断缩短搜索区间长度来确定极小点的方法。这种方法将搜索区间按比率 $\beta = 0.618$ 缩小，直接计算目标函数 $f(x)$ 的值确定取舍空间。这种算法的基本思路是在搜索区间 $[a,b]$ 内取两点 x_1、x_2，令 $x_1 = a + (1-\beta)(b-a)$，$x_2 = a + (b-a)\beta$。比较函数值 $f(x_1)$、$f(x_2)$ 的大小：当 $f(x_1) \geqslant f(x_2)$ 时，去掉区间 $[a,x_1]$，搜索区间缩小为 $[x_1,b]$；当 $f(x_1) \leqslant f(x_2)$，去掉区间 $[x_2,b]$，搜索区间缩小为 $[a,x_2]$。这样反复计算比较、缩小区间，直至逐渐缩小的新区间 $[\alpha,\beta]$ 距离小于某一精度 ε，即 $\alpha - \beta \leqslant \varepsilon$，用同样的方法在新区间里选取两个点 x_1^*、x_2^*，令 $x^* = (x_1^* + x_2^*)/2$ 为近似的最优点。

黄金分割法的效率不是最高的，但它具有较好的稳定性以及容易理解和便于使用等优点，故应用非常广泛。

② 二次插值法(近似抛物线法)。二次插值法是一种一维优化方法,其基本思路是:在寻找函数 $f(x)$ 极小值的区间内,利用三点函数值构造一个二次插值多项式 $\varphi(x) = p_1 x^2 + p_2 x + p_3$ 来近似表达原函数 $f(x)$,并利用该函数的极值点技术代替原函数 $f(x)$ 的最优点。当不满足精度要求时,按照一定规律缩短区间,并在新区间内重新构造三点二次插值多项式,再求其极值。如此反复,直到满足精度要求为止。

(2) 直接法,主要有以下几种。

① 坐标轮换法。坐标轮换法又称降维法。其基本思想是将一个 “n 维” 的无约束问题转化为一系列一维优化问题解决。基本步骤:从一个点出发,先令其他变量固定,选择其中一个变量相应的坐标轴方向进行一维搜索。当沿该方向找到极小点之后,再从这个新的点出发,对第二个变量采用相同的办法进行一维搜索。如此轮换,直到满足精度要求为止。若首次迭代即出现目标函数值不下降,则应采取相反的方向搜索。坐标轮换法的基本原理就是将一个 n 维的无约束最优化问题转化为一系列沿坐标轴方向的一维搜索问题来求解。该方法不用求导数,编程简单,适用于维数小于 10 或目标函数无导数、不易求导数的场合。但此法搜索效率低,可靠性差。

② 鲍威尔法(Powell 法)。鲍威尔法又称方向加速法,它直接利用函数值来构造共轭方向,利用共轭方向可以加速收敛的性质所形成的一种共轭方向法。该算法不用对目标函数求导数,属于直接最优化方法。其基本思想是不对目标函数作求导数计算,仅利用迭代点的目标函数值构造共轭方向。该方法具有二次收敛性,收敛速度快,可靠性也较好,是直接法中最有效的算法之一。适用于维数较高的优化问题,但编程较复杂。

(3) 间接法,主要有以下几种。

① 梯度法。利用函数的性态通过微分或变分求优的方法称为间接法。梯度法又称一阶导数法,是一种无约束优化的间接搜索法。其基本思想是利用目标函数值下降最快的负梯度方向作为寻优方向求极小值。梯度法需计算一阶偏导数,方法简单,可靠性较好,能稳定地使函数值下降。但当迭代点接近最优点时,收敛速度很慢。适用于目标函数存在一阶偏导数,精度要求不高的场合。

② 牛顿法。牛顿法是梯度法的进一步发展。梯度法在确定搜索方向时,考虑了目标函数的一阶导数,在迭代点远离最优点时收敛速度快,但接近最优点时收敛速度极慢。而牛顿法进一步利用了二阶偏导数,从而大大加快了速度,且当迭代点接近最优点时收敛速度极快。其基本思想是把目标函数近似表示为泰勒展开式,并只取到二次项;然后,不断用二次函数的极值点近似逼近原函数的极值点,直到满足精度要求为止。该方法在一定条件下收敛速度快,尤其适用于目标函数为二次函数的情况,但计算量大,可靠性差。

③ 变尺度法(DRP)。变尺度法又称拟牛顿法,它在牛顿法的基础上又作了重要改进。变尺度法综合了梯度法和牛顿法的优点,使其迭代公式中的方向随着迭代点位置的变化而变化。在远离最优点时与梯度法的迭代方向相同,计算简单且收敛速度快。随着迭代过程的进行,不断修正迭代方向,来改善在最优点附近梯度法速度减慢的缺点。当迭代点逼近最优点时,利用牛顿法速度加快的点,迭代方向就趋于牛顿方向,因而具有更好的收敛性。这种方法是求解高维数(10~50)无约束问题的最有效方法。

2) 约束优化方法

(1) 复合形法。复合形法是一种在约束问题的可行域内寻求约束最优解的直接解法。其基本思想是：先在可行域内构造一个具有大于 $n+1$ 个顶点的初始复合形，然后对其各顶点函数值进行比较，判断目标函数值的下降方向，不断舍弃最差点而代之以既能使目标函数值有所下降，又能满足约束条件的新点，从而构成一个新的复合形。重复以上过程，新的复合形将不断向最优点移动和收缩直至达到一定收敛精度为止。该方法不需计算目标函数的梯度及二阶导数矩阵，计算量小，简明易行，工程设计中较为实用。但不适用于变量个数较多（大于 15 个）和有等式约束的问题。

（2）惩罚函数法（罚函数法）。罚函数法又称序列无约束极小化方法，适用于中、小型一般非线性约束优化问题。它是一种将约束问题转化为一系列无约束优化问题的间接解法。其基本思想是：将约束优化问题中的目标函数加上反映全部约束函数的对应项（惩罚项），构成一个无约束的新目标函数，即罚函数。根据新函数构造方法不同，又可分为：外点罚函数法、内点罚函数法和混合点罚函数法。

外点罚函数可以定义在可行域的外部，逐渐逼近原约束优化问题的最优解。该方法允许初始点不在可行域内，也可用于等式约束。但迭代过程中的点是非可行点，只有迭代过程完成后才收敛于最优解。

内点罚函数定义在可行域内，逐渐逼近原问题最优解。该方法要求初始点在可行域内，且迭代过程中任一解总是可行解，但不适用于等式约束。

混合点罚函数法是一种综合外点、内点罚函数法优点的方法。其基本思想是：不等式约束中满足约束条件的部分用内点罚函数，不满足约束条件的部分用外点罚函数，从而构造出混合罚函数。该方法可任选初始点，并可处理多个变量及多个函数，适用于具有等式和不等式约束的优化问题。但在一维搜索上耗时较多。

选择适用而有效的优化方法一般考虑以下因素：优化问题的规模；目标函数、约束函数的非线性程度、函数的连续性、等式约束和不等式约束以及函数值计算的复杂程度；优化方法的收敛速度、计算效率、稳定性、可靠性以及解的准确性等。

4.5　计算机辅助工程分析实例

4.5.1　后副车架的静力学分析

本例是针对某副车架转弯工况时的工作状态进行分析。首先，将建立的后副车架三维模型，导入到 HyperMesh 软件中，为有限元静力学分析提供数模。而后对后副车架进行模型处理和网格划分，得到车架的有限元模型，设置单元类型，施加后副车架的边界条件和承受载荷，设置求解参数，进行静力学的求解分析和后置处理。

基于 HyperMesh 的后副车架的分析流程如图 4-4 所示。

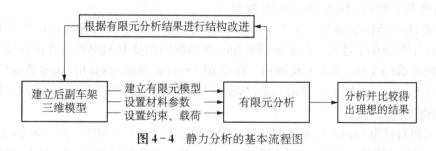

图 4-4　静力分析的基本流程图

1) 有限元模型的建立

首先通过 UG 建模得到副车架模型,将建好的 sub-frame model. prt 模型导出得到 sub-frame model. igs 模型,而后导入 HyperMesh 软件中,如图 4-5 所示,为下一步生成实体表面与划分网格做好准备。

图 4-5 导入 HyperMesh 的模型

由于 CAD 模型本身的不完善或者在转换过程中的数据丢失、失真等原因,导入到 HyperMesh 中的三维模型会丢失部分线面信息,因此在这种情况下几何模型出现间隙、重叠和缺损,妨碍高质量网格的自动划分。这就需要通过 HyperMesh 强大的几何清理功能对几何数据进行处理,修补破损的曲面、删除重叠面、释放被误约束的点和线等,通过对几何模型的处理,得到完整的线面信息,为高质量网格的自动划分提供基础,从而提高网格划分的总体速度和质量。此外,为了建立优质的有限元模型,需要对几何模型进行必要的简化。

划分网格是建立有限元模型的一个重要环节,它要求考虑的问题较多,需要的工作量较大,所划分的网格形式对计算结果和精度产生直接影响。

经过一系列步骤,对每部分抽取的中面网格划分,并不断调整,获得整个副车架有限元模型 sub-frame model. hm(图 4-6)。

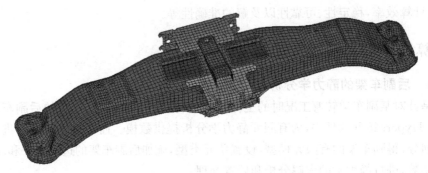

图 4-6 后副车架的有限元模型

2) 加载 RADIOSS(Bulk Data)用户面板

在启动 HyperMesh,弹出一个 User Profiles 对话框。如果没有弹出可以从工具栏中的 Preferences 下拉菜单中进入。在 User Profiles 对话框中选择 RADIOSS,并在右端的扩展列表中选择选择 Bulk Data,单击 OK 按钮。选择 file→open,弹出 open file 浏览器窗口,找到模型文件 sub-frame model. hm。单击 open 按钮,将模型文件载入到当前的 HyperMesh 中。

3) 创建材料

车架所用材料为 16Mn 钢,物理性能为:弹性模量 $E=21\,000$ MPa,$p=7\,800$ kg/m³ 泊松比 $a=0.3$;材料的机械性能为:最小屈服强度 340 MPa,最小抗拉强度 510 MPa,最大抗拉强度 610 MPa。各项同性材料是常用的材料,它在各个方向都具有同样的材料性质。工程结构中常用的结构钢就属于这种材料类型。

首先,单击 Material Collector 工具栏按钮 ，选择面板左边的子面板 create,单击 mat name,输入 steel,可以自主选择材料的颜色。而后,单击 type 选择 ISOTROPIC(各项同性材料),单击 card image 选择 MAT1,单击 create/edit,弹出 MAT1 卡片,如果材料卡片中某项没有值,则表示该项没有激活,单击想改变的选项将其激活,下面会出现文本框,然后输入数据。在[E]下面输入 2.1e+05,[NU]下面输入 0.3,[RHO]下面输入 7.9e-09,如图 4-7 所示。

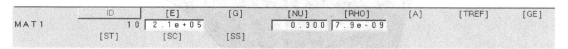

图 4-7　材料参数设置

4) 创建属性并更新组件

单击 Properties 工具栏按钮 。单击 prop name 输入 prop_1。单击 type=选择 2D。单击 card image=选择 PSHELL,单击 material=选择 steel。单击 create/edit,此时弹出 PSHELL 卡片;单击[T]输入厚度 1.8,如图 4-8 所示,这是对构件的壳单元属性的设置。

图 4-8　单元属性设置

而后,单击 return,进行焊点单元的设置。单击 prop name 输入 prop_1,单击 type=选择 3D,单击 card image=选择 PSOLID,单击 material=选择 steel。单击 create,单击 Component Collector 工具栏按钮 ，选择面板左边的子面板 update,单击 comps 在菜单中选择 MANIFOLD_SOLID_BREP_333~337.PRT。将 no property 切换成 property。单击 property=两次在菜单中选择 prop_1 属性。单击 update,如图 4-9 所示。

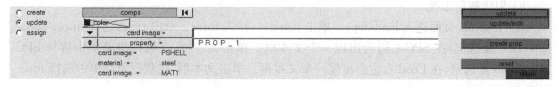

图 4-9　更新 components

单击 comps 在菜单中选择 hexa_comp。将 no property 切换成 property。单击 property=两次在菜单中选择 prop_2 属性。单击 update。

5) 创建约束载荷集

根据后副车架,对有限元模型施加载荷。单击 Load Collectors 工具栏按钮 ，选择面板左边的子面板 create,单击 loadcol name=输入 spc,可单击 color 选择颜色,设置边界约束集。单击 creation method 按钮选择 no card image,单击 create,单击 loadcol name=输入 force,可单击 color 选择颜色,单击 creation method 按钮选择 no card image,单击 create,设置载荷集。

6）创建约束

在左边窗口单击 LoadCollectors，右键单击 SPC 并单击 Make Current，即可将 SPC 设置为当前的工况。从 Analysis 页面单击 Constraints，进入定义约束的面板。从面板左侧的按钮中选择 create 子面板。在图形窗口中，通过单击方式将四个固定周围的节点都选中，如图 4-10 所示，约束 dof1、dof2、dof3、dof4、dof5 和 dof6，将它们的值设为 0.0，单击 create，这样就在选择的点上创建了约束。

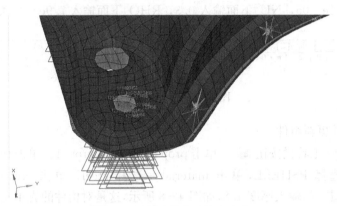

图 4-10　创建载荷选取自由度

Dofs 被选择后就被约束了，如果没被选中就是自由的。其中，dof1、dof2 和 dof3 分别表示 x、y 和 z 三个方向上的平动自由度。dof4、dof5 和 dof6 分别表示绕 x、y 和 z 三个轴的旋转自由度。

7）创建载荷

在左边窗口单击 LoadCollectors，右键单击 force 并单击 Make Current，即可将 force 设置为当前的工况。从 Analysis 页面单击 forces，进入定义载荷的面板。单击 nodes，选择孔的中心点。单击 magnitude=，输入 6e3。单击 magnitude= 下面的方向定义开关，并在弹出菜单中选择 y-axis。单击 create 按钮，在孔的中心点处的 y 轴方向施加 6 000 单位的集中力。

8）创建载荷工况

在 Analysis 页面进入 loadsteps。单击 name=，输入 force。单击 type，选择 linear static。选中 SPC 复选框，在 SPC 右边会出现一个文本框。单击文本框，在载荷集菜单中选择 SPC。选中 Load 复选框，在 Load 右边会出现一个文本框。单击文本框，在载荷集菜单中选择 force，如图 4-11 所示。

图 4-11　创建载荷工况

单击 create。单击 edit。选中 LABEL，在文本框中输入 force。选中 OUTPUT 和其子选项 Displacement、Stress，并将 Displacement 卡片中的 FORMAT 改为 PUNCH，进行输出结果设置。

9) 创建求解的控制卡片

在 Analysis 页面进入 control cards。单击 CTRL_UNSUPPORTED_CARDS,在弹出的文本中进行编辑,如图 4-12 所示。编辑完成后单击 OK。单击 next,单击 PARAM。选中 POST,选择 POST_V1 的值为 -1。单击 return 退出面板。

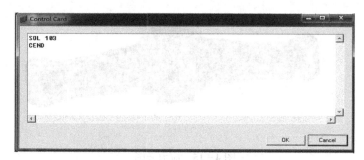

图 4-12　编辑指令

10) 提交计算

在 Analysis 页面进入 RADIOSS 面板。单击 save as 此时弹出一个扩展窗口,选择要保存的路径。在 File name 中输入要保存的文件名。单击 save。单击 export options 选择 all。单击 run options 选择 analysis。单击 memory options 选择 memory default。单击 RADIOSS,如图 4-13 所示。

图 4-13　提交求解

11) 查看计算结果

求解完成后,返回 HyperMesh,单击 HyperView。启动 HyperView,查看结果。单击 Contour 按钮 ■。单击 Result type,选择第一个下拉菜单中的 Displacement(v)。单击 Result type,选择第二个下拉菜单中的 Mag。单击 Apply。位移云图如图 4-14 所示。

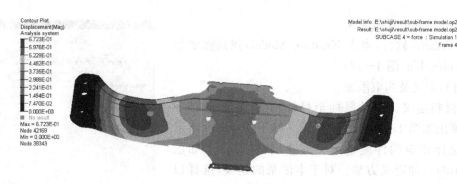

图 4-14　位移云图

在转弯工况下的变形如图 4 - 14 所示,可见最大位移发生在两侧弯曲处,大小 0.675 2 mm,整体变形比较平稳。

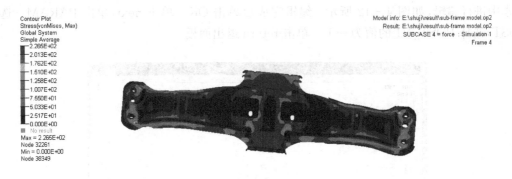

图 4 - 15 应力云图

由应力云图 4 - 15 可以看出,转弯工况下车身结构的高应力区位于车架纵梁和横梁交接处,其中最大应力为 226.5 MPa。

4.5.2 发动机机油泵的动力学分析

本例对发动机机油泵转速在 3 000 r/min 的工况下,进行多体动力学仿真分析。首先,根据所建立的油泵三维模型,通过相应的接口文件导入到 ADAMS 中,为机油泵的多体动力学仿真分析提供虚拟样机模型。而后,根据机油泵的基本工作原理,完成机油泵零部件之间的约束添加。确定机油泵工作的边界条件和输入载荷。所有参数设置好后,进行动力学仿真,获取油泵的载荷曲线。

基于 ADAMS 的机油泵多体动力学建模主要包括虚拟样机建模、约束定义、边界条件和载荷添加、模型验证四个部分,具体分析流程如图 4 - 16 所示。

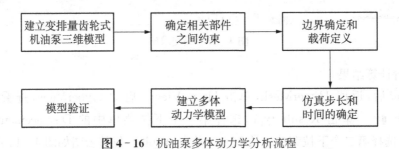

图 4 - 16 机油泵多体动力学分析流程

1) 机油泵虚拟样机建模

打开 Adams 软件,点击 Existing Model,找到需要导入的模型 clfx. bin(图 4 - 17)。

2) 材料定义及约束添加

(1) 材料定义。移动鼠标至目标构件,右键选择→Modify,弹出如图 4 - 18 所示对话框。基于图 4 - 18 所示对话框,选择相应构件质量定义方法,软件提供了如图 4 - 19所示的三种定义方法。对于本油泵的建模,选择以几何尺寸和材料类型定义的方法。确定了质量定义方法后,即可通过选择材料类型来对构件的物理属性进行定

图 4 - 17 油泵虚拟样机的模型导入

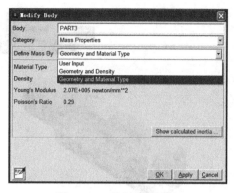

图 4 - 18　构件物理属性定义　　　　　图 4 - 19　构件材料定义

义。将机油泵所有构件的材料类型定义为钢 steel。

（2）约束添加。对油泵各个构件添加约束，首先要确定油泵的基本构成。案例中的机油泵包括油泵壳体、主动轴和从动轴。

油泵壳体各部分是相互锁死的，油泵整机是通过壳体安装的，即可确定壳体各个部件间的约束为锁止约束，整个壳体和大地坐标同样存在锁止约束。锁止约束添加过程如下：鼠标单击 connectors→选择 🔒，即可出现如图 4 - 20 所示对话框，依次选择存在锁止约束的两个构件，再单击选择锁止约束添加位置即可实现油泵壳体约束添加。

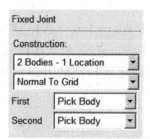

图 4 - 20　锁止约束定义

图 4 - 21　主动轴零件系统

主动轴部分的结构如图 4 - 21 所示。主动轴的各个部分是相对固定的，其整体相对于油泵壳体存在绕其轴向的旋转。

主动轴各部件间添加锁止约束，方法如图 4 - 20 所示。除此之外，主动轴和壳体之间还存在旋转约束。旋转约束的添加过程如下：鼠标单击 connectors→选择 🔧，各参数设置如图 4 - 22 所示（旋转副的方向选择"Pick Geometry Feature"）。依次选择主动轴齿轮、油泵壳体，然后单击选择主动轴齿轮的质心，通过鼠标移动确定旋转副的旋转轴为主动轴的轴线方向。

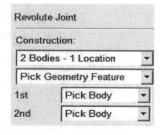

图 4 - 22　旋转约束定义

从动轴部分的结构如图 4 - 23 所示。在实际工作过程中，从动轴齿轮由主动轴齿轮带动绕从动轴旋转，油泵的可调节功能通过从动轴沿轴线的线性运动实现。在实际工作过程，从动轴一端由调节弹簧和油泵壳体相连，一端受到实时变化的油压作用，最终产生沿从动轴轴线的线性运动。从动轴的线性运动必然带动从动轴齿轮的线性运动，实现主从动齿轮啮合齿宽的变化，进而实现油泵

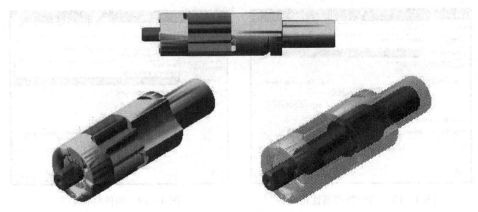

图 4-23　从动轴部分

泵油量的实时调整。

确定从动轴整体的工作状态，即可确定各个从动轴部件间的约束类型。

① 从动轴各构件之间添加锁止副，添加过程如上文所述。

② 从动轴添加沿轴线运动的移动副：鼠标单击 connectors→选择 ，各参数设置如图4-24 所示（移动副的方向选择"Pick Geometry Feature"）。依次选择从动轴、油泵壳体，再单击选择从动轴的质心，通过鼠标移动确定移动副运动方向轴为从动轴的轴线方向。

③ 从动齿轮与从动轴之间添加圆柱副：鼠标单击 connectors→选择 ，各参数设置如图 4-25 所示（圆柱副的方向选择"Pick Geometry Feature"）。依次选择从动轴齿轮、从动轴，再单击选择从动轴齿轮的质心，通过鼠标移动确定圆柱副的方向为从动轴的轴线方向。

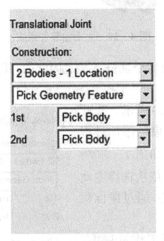

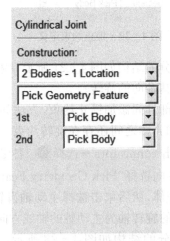

图 4-24　移动副定义　　　　　图 4-25　圆柱副定义

④ 因为在从动轴的带动下从动轴齿轮会产生轴向位移，以实现啮合齿宽的调整，所以需要在从动齿轮的两个端面与从动轴相接触构件间添加接触力。添加过程如下：鼠标

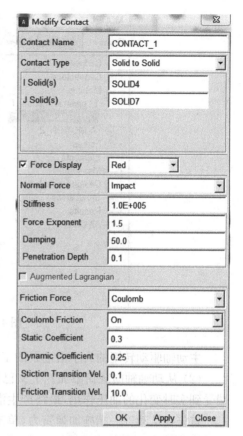

单击 Forces→选择 ，即可获得图 4 – 26 所示对话框。

依次选择添加接触力的两构件，确定接触力类型。在 ADAMS 中定义的有两类接触力：一类是基于 Impact 函数的接触力；另一类是基于 Restitution 函数的接触力。Impact 是用刚度系数和阻尼系数来计算碰撞力，而 Restitution 是用恢复系数来计算碰撞力。本次建模采用 Impact 函数来计算碰撞力，在啮合的齿轮间添加 Solid to Solid Contact，具体参数如图 4 – 26 所示。

（3）主从动轴齿轮啮合传动。主从动齿轮的啮合传动通过添加接触力实现，具体的添加过程及参数设置如上文所述。最终完成约束添加的油泵模型如图 4 – 27 所示。

3）边界条件和驱动载荷的添加

根据上文所述的机油泵的基本工作原理，其在运转过程中主要的动作包括主动轴带动从动轴转动泵油，从动轴轴向运动调整泵油量。即在进行多体动力学仿真过程中的驱动载荷来源有两个部分：主动轴驱动转矩和从动轴轴向载荷。

图 4 – 26 接触力定义

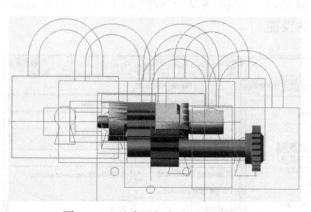

图 4 – 27 约束添加完成的油泵模型

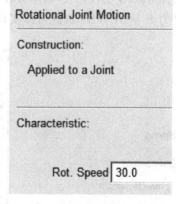

图 4 – 28 驱动转矩添加

（1）主动轴驱动转矩添加。鼠标点击 Motions→选择 ，弹出如图 4 – 28 所示对话框，选择主动轴上所添加的旋转副即可实现驱动转矩的添加。驱动转矩的大小可以通过鼠标单击 Browse 中的 Motions→选择要修改的驱动→右键选择 Modify 实现修改，具体流程如图 4 – 29 所示。

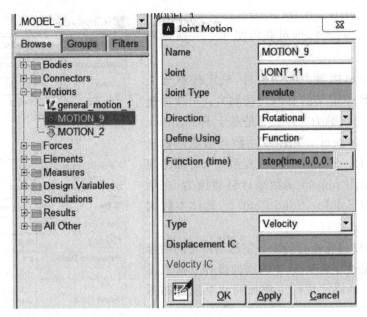

图 4-29　驱动转矩修改

主动轴驱动转矩的大小由油泵的工作转速确定,本例工作转速设置为 3 000 r/min。

(2) 从动轴轴向载荷添加。上文已经讲到从动轴的一端由调节弹簧和油泵壳体相连,一端受到实时变化的油压作用,最终产生沿从动轴轴线的线性运动。

首先在从动轴一端施加弹簧力,单击选择菜单栏的 Forces→选择 ![icon],弹出如图 4-30 所示弹簧设置对话框,依次选择从动轴一端和油泵壳体上沿从动轴轴线上分布的两个相应点,添加弹簧。弹簧的具体参数设置可以通过鼠标单击 Browse 中的 Forces→选择要修改的弹簧→右键选择 Modify 实现修改,具体参数如图 4-31 所示。本例中弹簧的弹性系数 $k = 0.530$ N/mm,预紧力 F = 31.8 N。据此可以实现弹簧力的设置。

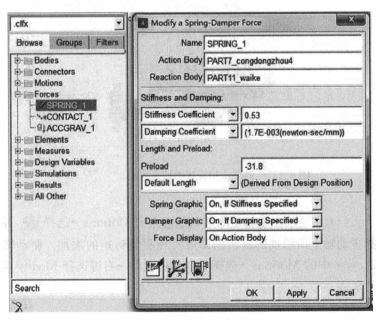

图 4-30　弹簧添加　　　　　　　　　　图 4-31　弹簧参数设置

从动轴的另外一端受到压力的作用,其与弹簧力的合力作用会使得从动轴产生轴向运动。由于无法准确获取油压的数值,因此在多体动力学的仿真过程中通过在从动轴的另一端添加轴向驱动来实现,其添加过程如下:移动鼠标至移动副约束,右键选择→Modify,弹出相应对话框,然后单击 Impose Motion(s)按钮,并设置轴向驱动参数,具体流程如图 4 - 32 所示。同理可设置圆柱副的轴向驱动参数。

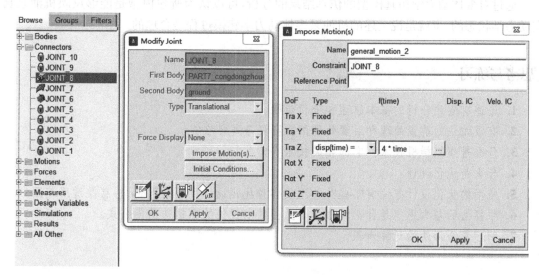

图 4 - 32 轴向驱动设置

4)求解分析

主动轴输入转速设置为 3 000 r/min(18 000 d/s),使用 STEP 函数使转速在 0.1 s 内由 0 增加到 18 000 d/s。仿真时间设置为 5 s,仿真步长为 0.001 s,仿真结果如图 4 - 33 所示。

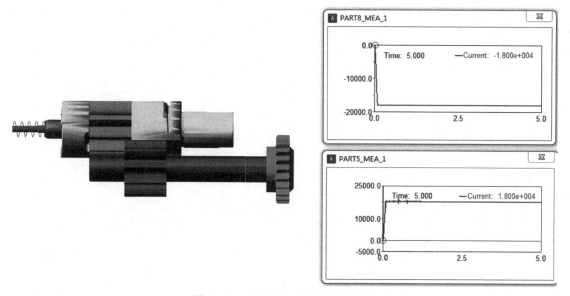

图 4 - 33 油泵多体动力学仿真结果

图 4-33 中所示的曲线分别是主动轴输出转速曲线和从动轴输出转速曲线。对于本例中的油泵,其主从动齿轮的传动比为 1:1。从曲线可以看出,在主动轴输入转速为 18 000 d/s 时,从动轴输出转速的大小以 18 000 d/s 为中心上下波动。而实际上由于齿轮啮合传动时接触碰撞,输出轴的转速也必然存在一定的波动。因此,多体动力学仿真的结果能够反映实际的油泵构件动力学状态。

通过对多体动力学仿真模型的仿真结果的分析,可以认为所建模型是能够反映机油泵真实动力学状态的,也就是说上述的机油泵多体动力学建模过程是合理的。

思考与练习

1. 论述有限元分析的基本原理和分析步骤。

2. 有限元法的前置处理和后置处理的主要任务是什么?

3. 什么是虚拟样机技术? 它的相关技术有哪些?

4. 什么是优化设计?

5. 常用的优化设计方法有哪些? 并比较各种优化设计方法的思想、特点及适用范围。

6. 牛顿法的基本思想是什么? 写出多元函数求极值的牛顿法迭代公式。

7. 简述复合形法的计算步骤。

第5章

计算机辅助工艺规划

◎ **学习成果达成要求**

　　CAPP 帮助企业实现产品工艺规划和工艺设计的数字化,是制造业信息化解决方案的重要组成部分,是实现企业产品从数字化设计到数字化制造的桥梁。

　　通过学习本章,学生应达成的能力要求包括:

　　1. 能够正确分析 CAPP 系统应具有的基本功能和组成模块。

　　2. 能够正确分析 CAPP 系统对零件信息描述需求及方法。

　　3. 能够了解派生式与创成式 CAPP 系统工作原理。

　　4. 能够应用一种典型 CAPP 软件设计典型零件工艺。

　　5. 能够了解三维工艺特征及设计方法。

　　随着以计算机技术为主导的现代科学技术的迅猛发展,计算机集成制造系统(computer integrated manufacturing systems, CIMS)成为机械制造业的主要发展趋势。而在 CIMS 中,计算机辅助工艺(CAPP)成为连接 CAD/CAM 集成的关键和纽带。由于企业生产管理和计划调度等部门也必须依赖 CAPP 系统的输出信息,所以 CAPP 成为企业各部门产品信息的交汇点,它的研究和发展在国内外也受到越来越多的关注。CAPP 是根据产品设计所给出的信息进行产品的加工方法和制造过程的设计。一般认为,CAPP 系统的功能包括毛坯设计、加工方法选择、工序设计、工艺路线制定和工时定额计算等。其中工序设计又可包含装夹设备选择或设计、加工余量分配、切削用量选择以及机床、刀具和夹具的选择、必要的工序图生成等。CAPP 之所以得到各方面的重视,一方面是随着科学技术的发展和社会进步,逐渐暴露出手工设计工艺规程的诸多缺点,而计算机由于本身具有的优越条件,成为克服这些缺点的有效手段;其次,它是随着计算机的出现和应用及科学技术和工程技术发生了革命性的变革的新形势下应运而生的产物,是改善多品种小批量生产状况的有效途径。

5.1　CAPP 零件信息的描述与输入

5.1.1　零件信息描述的要求和内容

1) 基本要求

　　零件信息描述与输入是 CAPP 系统工作的基础,且零件信息描述的准确性、科学性和完整性将直接影响工艺设计的质量、可靠性和效率。零件信息描述的关键是零件特征信息标识,即以数代形(代码化);零件信息输入的关键是设计友好的人机界面和数据存储结构,最好从 CAD 系统中直接提取零件信息,这也是 CAD/CAPP 集成的关键。因此,对零件信息描述提出以下基本要求:零件信息描述应准确、简明、完整,满足 CAPP 需要,并与生产实际要求一致;易被工程技术人员理解和掌握,便于输入操作;易被计算机系统识别、接受和处理;尽可能充分利用零件的相似性,减少信息输入量,冗余最小化;零件信息的数据结构要合理,易于工程技术人员编程,利于提高计算机处理效率,便于信息集成;零件信息要足以使 CAPP 系统生成合理的工艺规程;应与信息处理系统的工作方式相适应,满足后续处理要求,能方便地与其他系统如 CAD、CAM 连接;数据一致性好,满足 CAD/CAM/CAT 等信息共享需要,遵守统一的数据交换标准(STEP)和 PDM 等规定,使数据格式和数据管理统一起来。

2) 描述内容

进行计算机辅助工艺过程设计时,零件必须同时具备几何信息、工艺信息和管理信息,在理想的 CIMS 中,CAD 提供这三类信息,CAPP 可直接进行。但目前 CAD 只提供零件的几何信息,因此工艺信息和管理信息必须通过其他途径输入。几何信息是零件信息中最基本的信息,包括几何形状及其各组成元素类别与拓扑关系、几何定形尺寸和定位尺寸。工艺信息属非几何信息,包括尺寸精度、形状精度、位置精度、表面粗糙度、零件材料、热处理方法及技术要求、毛坯特征、配合或啮合关系等。管理信息又称表头信息,包括零件名称、图号、所属产品和部件、毛坯特征、生产批量、生产条件和设计者等。

5.1.2 图纸信息的描述与人机交互式输入

1) 分类编码描述法与输入

分类(GT)编码描述法是开发得最早,也是比较成熟的方法。其基本思路是:按照预先制定或选用的 GT 分类编码系统对零件图上的信息进行编码,并将 GT 码输入计算机。这种 GT 码所表达的信息是计算机能够识别的,它简单易行,用其开发一般的派生式 CAPP 系统较方便,现在仍有许多 CAPP 系统采用此法。但这种方法也存在一些弊端,如无法完整地描述零件信息。当码位太长时,编码效率很低,容易出错,不便于 CAPP 系统与 CAD 的直接连接(集成)等,故不适用于集成化的 CAPP 系统及要求生成工序图与数控程序的 CAPP 系统。

2) 语言描述与输入法

语言描述法是采用语言对零件各有关特征进行描述和识别,建立一套特定规则组成的语言描述系统。该方法的关键是开发一种计算机能识别的语言(类似于 C 语言等)来对零件信息进行描述,或者是建立一个语言描述表,用户采用这种语言规定的词汇、语句和语法对零件信息进行描述,然后由计算机编译系统对描述结果进行编译,形成计算机能够识别的零件信息代码。

采用语言文字对零件信息进行描述,与分类编码描述法类似,是一种间接的描述方法,对几何信息的描述只停留在特征层面上,同时需要工艺设计人员学习并掌握其语言,而且描述过程烦琐。

3) 知识表示描述法

在人工智能技术(artificial intelligence, AI)领域,零件信息实际上就是一种知识或对象,所以原则上讲,可用人工智能中的知识描述方法来描述零件信息甚至整个产品的信息。一些 CAPP 系统尝试了用框架表示法、产生式规则表示法和谓词逻辑表示法等来描述零件信息,这些方法为整个系统的智能化提供了良好的前提和基础。在实际应用中,这种方法常与特征技术相结合,而且知识的产生应是自动的或半自动的,即应能直接将 CAD 系统输出的基于特征的零件信息自动转化为知识的表达形式,这种知识表达方法才更有意义。

4) 基于形状特征或表面元素的描述与输入法

任何零件都由一个或若干个形状特征(或表面元素)组成,这些形状特征可以是圆柱面、圆锥面、螺纹面、孔、凸台、槽等。例如:光滑钻套由一个外圆柱面、一个内圆柱面、两个端面和四个倒角组成;一个箱体零件可以分解成若干个面,每一个面又由若干个尺寸与加工要求不同的内圆表面和辅助孔(如螺纹孔、螺栓孔、销孔等)及槽、凸台等组成。这种方法要求将组成零件的各个形状特征按一定顺序逐个输入到计算机中去,输入过程由计算机界面引导,并将这些信息按事先确定的数据结构进行组织,在计算机内部形成所谓的零件模型。这种方法的优点在于:

(1) 机械零件上的表面元素与其加工方法是相对应的,计算机可以以此为基础推出零件由哪些表面元素组成,这样就能很方便地从工艺知识库中搜索出与这些表面相对应的加工方法,从而可以以此为基础推出整个零件的加工方法。

(2) 这些表面为尺寸、公差、粗糙度乃至热处理的标注提供了方便,从而为工序设计、尺寸链计算及工艺路线的合理安排提供了必要的信息。因此,这种方法在很多 CAPP 系统中得到了应用。

以上几种方法尽管各有优点,但都存在一个共同的弊病:需要人对零件图样进行识别和分析,即需要人工对设计的零件图进行二次输入。因为输入过程费时费力,且容易出错,所以在生产中工艺人员不愿意使用这些方法。最理想的方法是直接从 CAD 系统中提取信息。

5.1.3　从 CAD 系统直接输入零件信息

1) 特征识别法

设计者在用 CAD 绘图系统画好产品或零件图之后,CAD 系统会用一定格式的文件记录设计结果,最常见的文件有 DWG 文件和 DXF 文件等。这些文件所包含的一般是点、线、面及它们之间的拓扑关系等底层的信息,这些信息能够满足 CAD 系统进行产品或零件图绘制的需求,但不能满足 CAPP 系统对零件信息的需求。CAPP 所关心的是零件由哪些几何表面或形状特征组成,以及这些特征的尺寸、公差、粗糙度等工艺信息。特征识别法就是要对 CAD 的输出结果进行分析,按一定的算法识别、抽取出 CAPP 系统能识别的基于特征的工艺信息。这显然是一种非常理想的方法,它无疑可以克服上述手工输入零件信息的种种弊端,实现零件信息向 CAPP、CAM 等系统的自动传输。但实践证明,这种方法有局限性,不通用,而且实现很困难。这主要是因为存在以下几个难点:①一般的 CAD 系统都是以解析几何作为绘图基础的,其绘图的基本单元是点、线、面等要素,输出的结果一般是点、线、面及它们之间的拓扑关系等信息,要从这些底层信息中抽取加工表面特征这样一些高层次的工艺信息非常困难;②在 CAD 的图形文件中,没有诸如公差、粗糙度、表面热处理等工艺信息,即使对这些信息进行了标注,也很难抽取出这些信息,更谈不上把它们和所依附的加工表面联系在一起;③目前 CAD 系统种类繁多,即使 CAPP 系统能接收一种 CAD 的系统输出的零件信息,也不一定能接收其他 CAD 系统输出的零件信息。

CAD 系统的输出格式不但与绘图方式有关,更重要的是与 CAD 系统内部对产品或零件的描述与表达方式,即所谓的数据结构有关。要想从根本上解决上述难点,必须探索新的方法来实现 CAD 与 CAPP,乃至 CAD/CAPP/CAM 的全面集成。

2) 基于特征拼装的计算机绘图与零件信息的描述和输入方法

这种方法一般是以某种 CAD 系统为基础的。这种 CAD 系统的绘图基本单元是参数化的几何形状特征(或表面要素),如圆柱面、圆锥面、倒角、键槽等,而不是通常所用的点、线、面等要素。设计者采用这种系统绘图时,不是一条线一条线地绘制,而是一个特征一个特征地绘制,类似于用积木拼装形状各异的物体,所以也称特征拼装。设计者在拼装各个特征的同时,即赋予了各个形状特征(或几何表面)的尺寸、公差、粗糙度等工艺信息,其输出的信息也是以这些形状特征为基础来组织的。这种方法的关键是要建立基于特征的、统一的 CAD/CAPP/CAM 零件信息模型,并对特征进行总结分类,建立便于客户扩充与维护的特征类库。此外就是要解决特征编辑与图形编辑之间的关系,以及消隐等技术问题。目前这种方法已用于许多实用化 CAPP 系统之中,被认为是一种比较有前景的方法。

3) 基于产品数据交换规范的产品建模与信息输入方法

要想从根本上实现 CAD/CAPP/CAM 的集成,最理想的方法是为产品建立一个完整的、语义一致的产品信息模型,以满足产品生命期各阶段(产品需求分析、工程设计、产品设计、加工、装配、测试、销售和售后服务)对产品信息的不同需求和保证对产品信息理解的一致性,使得各应用领域(如 CAD、CAPP、CAM、CNC、MIS 等领域)可以直接从该模型抽取所需信息。这个模型是用通用的数据结构规范来实现的。显然,只要各 CAD 系统对产品或零件的描述符合这个数据规范,其输出的信息既包含了点、线、面及它们之间的拓扑关系等底层的信息,又包含了几何形状特征及加工和管理等方面信息,那么 CAD 系统的输出结果就能被其下游工程,如 CAPP、CAM 等系统接收。近年来流行较广的是美国的 PDES 及国际标准化组织的 STEP 产品定义数据交换标准,另外还有法国的 SET、美国的 IGES、德国的 VDAFS、英国的 MEDV - SA 和日本的 TIPS 等,其中最有应用前景的当属 STEP。STEP 支持完整的产品模型数据,不仅包括曲线、曲面、实体、形状特征等内在的几何信息,还包括许多非几何信息,如公差、材料、表面粗糙度、热处理信息等,它包括产品整个生命周期所需要的全部信息。目前 STEP 还在不断发展与完善之中。关于 STEP 的相关介绍见第 7 章 7.1.2 节。

5.2 CAPP 系统的基本原理和方法

自 1965 年 Niebel 首次提出 CAPP 思想以来,CAPP 系统经历了检索式(searches)、派生式(variant)、创成式(generative)、综合式(hybird)、CAPP 专家系统、CAPP 工具系统等发展阶段。尽管世界各国推出了许多面向不同对象、面向不同应用、采用不同方式、基于不同制造环境的 CAPP 系统,但是综合比较与分析结果表明,其基本原理与构成相同(图 5-1),功能模块

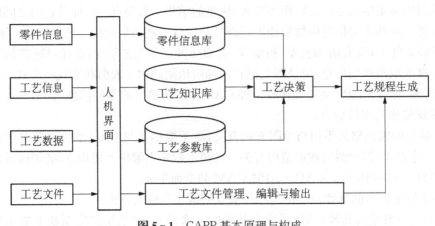

图 5-1 CAPP 基本原理与构成

包括零件信息的描述与输入、工艺设计数据库/知识库、工艺决策等。将零件的特征信息以代码或数据形式输入计算机,建立零件信息库;把工艺人员的工艺经验、工艺知识和逻辑思想以系统能识别的形式输入计算机,建立工艺知识库;把制造资源、工艺参数输入计算机,建立工艺参数库;通过工艺决策的程序设计,利用计算机的计算、逻辑分析判断、存储以及编辑查询等功能生成工艺规程;最后输出结果。

其中检索式 CAPP 系统最简单,在建立时将各类零件的现行工艺文件按产品或零件图号存入工艺文件库。新零件工艺设计时,只需根据图号在数据库中检索出相似零件的工艺文件,并按要求进行修改后输出,相当于类比设计,常用于品种少、批量大的生产模式以及零件变化不大且相似程度很高的场合。

5.2.1　派生式 CAPP

派生式 CAPP 系统又称变异式或修订式 CAPP 系统,以成组技术为基础,其基本原理是相似零件有相似的加工工艺。将零件按几何形状及其工艺相似性进行分类归族,对于每一零件族,选择一个能包含该族中所有零件特征的零件为标准样件,或者构造一个并不存在但包含该族中所有零件特征的零件为标准样件,对标准样件编制成熟的、经过考验的标准工艺文件,存入工艺文件库中。新零件工艺设计时,首先输入该零件的成组编码或输入零件信息,由系统自动生成该零件的成组编码;根据零件的成组编码,系统自动判断零件所属零件族,并检索出该零件族的标准工艺文件;再根据零件的结构特点和工艺要求,对标准工艺文件进行修改,最后得到所需工艺文件。因此,派生式 CAPP 需要解决两个问题:首先,要实现零件图样信息代码化,以便让计算机了解被加工零件的技术要求;其次,要把工艺人员的经验、工艺知识和技能系统化、理论化、代码化,并存储到计算机中,以便计算机检索、识别和调用。

1) 系统特点

派生式 CAPP 系统程序简单,易于实现,便于维护和使用,系统性能可靠,所以应用较广,但需人工参与决策,自动化程度不高,目前多用于回转体类零件 CAPP 系统。派生式 CAPP 系统工作分两个阶段:准备阶段和使用阶段,如图 5-2 所示。

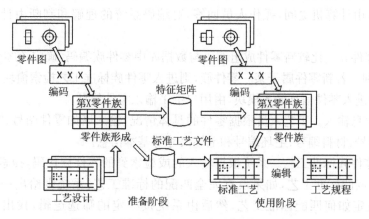

图 5-2　派生式 CAPP 系统工作的两个阶段

2) 基本构成和工作过程

根据派生式 CAPP 系统的特殊性,将整个系统划分为以下功能模块:零件信息分类检索、零件信息输入、工艺编辑、标准工艺检索、工艺设计过程管理、工艺文件输出、用户管理、工艺数据查询、工艺尺寸链等。每个模块还可以根据情况进行细分。派生式 CAPP 系统工作时,按新零件代码确定其所属族别,并检索该族的标准工艺,再根据当前零件技术要求,对检索到的标准工艺进行编辑,从而形成新的加工工艺,并按规定格式输出,同时经工艺设计人员确认,还可以作为另一标准工艺存入标准工艺库中。以下是一个实用的派生式 CAPP 系统的基本构成,其主要功能模块及其工作流程如图 5-3 所示。

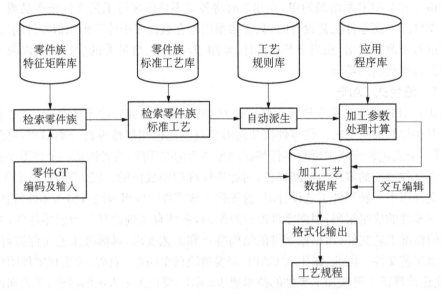

图 5-3 派生式 CAPP 系统工作流程与流程框图

(1) 零件成组编码。根据用户输入的零件号检索数据库的成组编码,若检索出来,则进入检索零件族模块;若检索不到,则按照系统选定的零件分类编码系统,对新零件进行成组编码。编码方法分手工编码和计算机编码两种。手工编码由工艺人员根据编码法则,对照零件图手工编出各码位的代码,这种方式效率低,工作量大,容易出错;计算机辅助编码采用人机交互方式,由计算机提问,操作人员回答,对编码系统的理解和判断由计算机软件自动完成。

(2) 检查零件族。比较新零件成组编码与数据库中零件族编码,确定该零件所属零件族,即零件特征识别。若新零件属于某一零件族,则进入零件族标准工艺检索模块;若没有完全匹配的零件族,则进入零件信息输入模块,由用户手工输入零件信息。

(3) 零件信息输入。工艺人员根据零件的具体情况,输入诸如零件图号、零件名称、工艺路线号、产品编号、材料编号、毛坯编号和毛坯尺寸等基本信息。

(4) 检索零件族标准工艺。系统根据输入的或检索到的零件族代码,搜索标准工艺文件库,调出该零件族的标准工艺,如果没有完全匹配的标准工艺,系统则给出一个模糊匹配窗口,由用户来决定如何匹配标准工艺,然后由系统按一定的筛选逻辑,找出最接近的标准工艺。

(5) 工艺文件编辑。对检索到的零件族标准工艺,用户按当前零件的具体技术要求进行必要的编辑就得到当前零件的工艺文件。为此,系统必须提供集成的工艺文件编辑功能,包括添加、删除、插入、工序对调、修改等。同时,系统应有一个大型数据库存放各种数据。

（6）工艺设计过程管理。工艺设计完成后，需要经过审核、标准化、会签和批准四个过程，才能成为正式工艺文件，用于实际生产。为进行工艺设计过程管理，首先需要对身份进行确认，从而决定用户操作类型。对于不合格工艺，将退回由工艺设计者重新修改。

（7）工艺文件输出。工艺文件经设计过程管理批准后，就可以按规定格式输出并用于实际生产，如工艺卡、工序卡、NC 代码等。输出模块提供数据查询、零件统计分析和工艺尺寸链计算等工具，用来查询各种工艺数据、统计零件成组编码及分类归族情况等，进行工艺尺寸链计算包括组成环尺寸解算和封闭环公差解算等。

3）设计要点

（1）零件分类编码系统的合理选择。在系统设计的准备阶段，首先要选定或制定适合本企业的零件分类编码系统。企业可按实用原则根据本企业零件结构特点和要求选用，最好选用已有的比较成熟的编码系统；如果选择不到合适的，则可先任选一个作为基础，然后作局部修改。为了提高编码的准确性和速度，可通过二次开发软件辅助编码。

（2）零件的分类归族。确定编码系统后，对本企业生产的零件选择若干个具有代表性的进行分类归族并编码，目的是为了得到合理的零件族及其主样件。首先确定零件相似性准则作为分族依据，根据零件的几何形状特征及工艺要求，按相似性将零件编入不同的零件族。分族方法通常有视检法、生产流程法和编码分组法，其中编码分组法应用较为广泛，这种方法又可分为特征数据法和特征矩阵法。特征数据法是从零件代码中选择几位特征性强、对划分零件族影响较大的码位作为零件分族的主要依据，而忽略那些影响不大的码位；特征矩阵法是根据零件特征信息的统计分析结果，同时考虑实际加工水平、加工设备及其他条件，给每个码位定一个范围作为分族依据。每个零件代码均可以用矩阵表示，同样用一个矩阵也可以表示一个零件族，零件族矩阵称为码域，表示含有一定范围的零件特征矩阵，根据分族要求，可以确定若干个特征矩阵。排序、统计、分族均由系统自动完成。

零件族划分的多少，决定对标准工艺修改工作量的大小。族数越多，族内零件相似程度越高而相似零件数越少，对标准工艺的修改工作量就越小。零件族划分准则难以确定，若通过概率统计分析方法则可以动态地进行调整，这种方法在零件信息输入后对成组编码进行统计分析，形成一个分类归族分布图，根据分布情况可以动态确定零件族及其样件。

（3）主样件设计。按相似性分族的每个零件族都定义一个主样件。主样件应包含该族零件的全部特征，可以是一个最复杂的实际零件，也可以是一个虚拟零件，即零件族中所有零件各种特征的并集。

（4）标准工艺的制定。主样件的制造方法，即它所属零件族的公共制造方法，称为标准工艺。标准工艺必须满足零件族中所有零件的加工要求，并符合企业资源的实际情况及加工水平，才可能合理可行。其设计者应该是经验丰富的工艺人员或专家，在设计时应对零件族内的零件加工工艺进行认真分析和概括，通常采用复合工艺路线法，选择一个工序最多、加工过程安排合理的零件的加工工艺作为基础，考虑主样件的几何及工艺特征，对尚未包含在基本工艺之内的工序，按合理的顺序依次加入其中。

（5）工艺规程编辑器设计。工艺规程编辑器提供集成的工艺文件编辑功能，利用该编辑器能方便地添加、删除、修改标准工艺，如修改加工方法、加工路线、工序和工步内容（机床、刀具、夹具、量具、切削用量、加工尺寸和公差等参数）以及加工时间和加工费用的重新计算等。

（6）工艺数据库的建立与维护。为了生成工艺文件，系统必须有完善的工艺数据库支持，工艺数据库包括机床设备库、工装库、刀具库、切削用量库、材料库、毛坯库等。由于各企业加工设备、加工习惯以及操作人员技术水平各不相同,所以每个企业都应有自己的工艺数据库。因而系统应提供用户自定义工艺数据库的环境,以满足各企业不同的需求,同时系统应提供一套建立和维护工艺数据库的工具,用户通过这个特定工具,建立自己的数据库,使系统具有更好的适应性和灵活性。在 CAD/CAM/PDM 集成环境下,可以采用工程数据库管理系统,以保证数据的一致性、安全性、独立性和共享性,实现有组织地、动态地存储数据,加强管理机制。

(7) CAPP 系统总程序设计。CAPP 系统总体控制模块的设计,用于系统进行输入、输出数据,控制各功能模块的调用,以及系统文件的调用等。

5.2.2 创成式 CAPP

1) 工作原理及其特点

创成式 CAPP 系统工作原理模仿工艺专家的逻辑思维方式,首先将各种加工方法及其加工能力和适用对象、各种设备工装及其加工能力和适用范围等数据、各种工艺决策逻辑与一系列工艺规则等知识存入相对独立的工艺数据库和工艺知识库,供主程序调用。然后向创成式系统输入待加工零件的完整信息,创成式系统便以人机交互方式或自动运用程序所规定的各种工艺决策逻辑、规则与算法,对加工工艺进行一系列决策和计算,自动提取制造工艺数据,完成机床、刀夹量具、切削用量选择和加工过程的推理与优化,在没有人工干预的条件下,从无到有地自动创建该零件的各种工艺文件,用户不需或略加修改即可。

与派生式 CAPP 系统不同,创成式 CAPP 系统不需要标准工艺文件,工艺决策不需人工干预,易于保证工艺文件的一致性;有一个信息完整的工艺数据库和一个工艺知识库;对于复杂多变的制造环境,结构复杂多样的零件,实现创成式 CAPP 系统比较困难。创成式 CAPP 系统按其决策知识的应用形式分为常规程序和采用人工智能技术两种类型。前者对工艺决策知识利用决策表、决策树或公理模型等技术来实现;后者是 CAPP 专家系统,利用人工智能技术,综合运用工艺专家的知识和经验,进行自动推理和决策。

真正创成式 CAPP 系统要求很高,必须具有以下功能:能精确描述待加工零件信息,以便计算机识别;能识别和获取工艺设计逻辑决策知识;能把获取的工艺决策逻辑和零件描述信息进行综合,并存入统一的数据库中;能根据企业现有加工能力及专业知识和经验来消解工艺设计过程中出现的各种矛盾;在工艺决策过程中一般不需要人工进行技术性干预。因此,对用户的工艺水平要求较低,且所完成的工艺设计具有专家级水平。但创成式 CAPP 系统理论尚未完善,而且由于零件结构的多样性、工艺决策随环境变化的多变性及复杂性等诸多因素,导致目前还未出现一个纯粹的创成式 CAPP 系统用于生产实际。创成式 CAPP 系统的核心是工艺决策逻辑,而现有的创成式 CAPP 系统中只包含部分工艺决策逻辑,这是人工智能、专家系统发挥作用的大好领域。所以,应用专家系统原理的创成式 CAPP 系统将是今后研究的重点。

2) 基本构成和工作过程

创成式 CAPP 系统由如下 8 个基本功能模块构成,如图 5-4 所示。

(1) 控制模块。协调其他各模块的运行,是人机交互窗口,实现人机之间的信息交流,控制零件信息获取方式。

(2) 零件信息输入模块。零件信息输入方式有两种,既可通过与 CAD 系统的集成由接口程序直接转换为 CAPP 所需信息,也可通过人机交互输入。

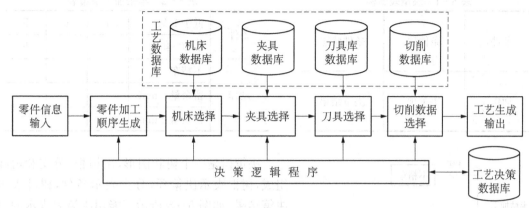

图 5-4 创成式 CAPP 系统功能框图

（3）工艺过程设计模块。系统首先将输入的零件信息作预处理，整理出各个表面要素，然后根据零件各表面要素的加工要求（加工精度、表面粗糙度等）、热处理情况、批量大小及毛坯形式，依靠决策逻辑，自动选择加工方法，进行加工工艺流程决策，安排加工路线，自动生成其加工链，对加工链进行拆分与再组合重构，创成出零件的加工工艺。该模块涉及表面要素图库、加工余量库、机床参数库、刀具参数库等。

（4）工序决策模块。设计工序（包括定位决策、夹紧决策、工序排序决策、热处理安排等），计算工序同尺寸并生成工序图，通过决策逻辑搜索工艺数据库，选择机床、刀夹量具等工艺装备，计算切削参数、加工时间、加工成本，生成工序卡。

（5）工步决策模块。设计工步内容，确定切削用量，提供形成 NC 加工控制指令所需的刀位文件。

（6）NC 加工指令生成模块。依据工步决策模块提供的刀位文件，调用 NC 代码库中适应于具体机床的 NC 指令系统代码，产生 NC 加工控制指令。

（7）输出模块。可输出工艺流程卡、工艺卡、工步卡、工序图及其他文档，输出也可从现有工艺文件库中调出各类工艺文件，利用编辑工具对现有工艺文件进行修改得到所需的工艺文件。

（8）加工过程动态仿真。对所产生的加工过程进行模拟，检查工艺的正确性。

3）工艺决策逻辑

在创成式 CAPP 系统中，决策逻辑是软件的核心，它引导或控制程序的走向。决策逻辑可以用来确定加工方法、所用设备、加工顺序等，包括选择性决策逻辑（如毛坯类型选择、加工方法选择等）、规划性决策逻辑（如工序确定、工步确定等）和工艺裕度决策（如工艺能力确定、加工限度确定等）等。决策逻辑可以通过决策表或决策树实现。决策表和决策树是用来描述或规定条件与结果相关联的工具，可表示为"如果〈条件〉那么〈动作〉"的决策关系。

决策表由四部分组成，依次为：条件项、条件状态、决策项和决策结果，其中条件位于表的上部，动作放在表的下部，决策表结构如表 5-1 所示。例如，某类零件半精加工的规则如下：如果加工精度低于 E 级，则不精车；如果加工精度高于 E 级，且 L/D＞45，各圆留余量 5 mm；如果加工精度高于 E 级，且 L/D≤45，各圆留余量 4 mm。其中 L 表示零件总长度，D 表示零件最大直径。用决策表表示以上加工规则，如表 5-2 所示，其中 T 表示"真"，F 表示"假"，空格表示决策不受此条件影响，"√"表示动作，只有当表的一列中所有条件都满足时，该列的动作才会发生。

表 5-1　决策表结构

条件	条件项	条件状态
动作	决策项	决策结果

表 5-2　半精加工决策表

条件	低于 E 级	T	F	F
	$L/D>45$		T	F
动作	不精车	√		
	留余量 5 mm		√	
	留余量 4 mm			√

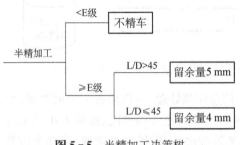

图 5-5　半精加工决策树

决策树是一个树状图形,由树根、分支和树叶组成,树根表示决策项,分支表示条件,树叶表示决策结果,如图 5-5 所示。能用决策表表示的决策逻辑也能用决策树表示,反之亦然。用决策表可表示复杂的工程数据,当满足多个条件而导致多个动作的场合更为适合。

决策表或决策树是辅助形成决策的有效手段。由于决策规则必须包括所有可能性,所以在把它们用于工艺过程设计时必须经过周密的研究后才能确定。在设计一个决策表时必须考虑其完整性、精确性、冗余度和一致性等因素。完整性是指条件与动作要完全;精确性是指规定的规则明确而不含糊;由于规则的冗余和动作的不一致将导致决策的多义性与矛盾,在设计决策表或决策树时,要认真分析所收集的原始材料,对企业生产和技术能力进行综合考察,消除决策逻辑中的冗余和不一致性等问题。

在制定好决策表或决策树后,就可将其转换为程序流程图,流程图中用棱形框表示决策条件,方框表示对应其条件的动作。根据流程图,可以用"IF...THEN..."语句写出决策程序,每个条件语句之后,可以是一个动作,也可以是另一条件语句。

在利用决策表和决策树的 CAPP 系统中,工艺知识和决策逻辑都用程序设计语言编制在程序的相应模块中,程序一旦编制、调试完毕,其功能就确定了,不容易修改。当生产环境变化时,缺乏足够的柔性适应这些变化。另外,现有的创成式 CAPP 系统缺乏经验总结和发现问题的自学能力。为此,人们将人工智能、专家系统原理应用于 CAPP 系统,开发出柔性高,具有自学功能,能够真正模拟人类专家进行工艺设计的 CAPP 专家系统。

4) 设计要点

由于工艺设计经验性很强、条件多变、设计结果非唯一性,导致决策过程复杂,故创成式 CAPP 系统的性能依赖于其中制造知识的状况,有效收集、提取和表达工艺知识是实现创成式 CAPP 系统的关键。创成式 CAPP 系统开发时,应确定零件的建模方式,并考虑适应 CAD/CAM 集成的需要;确定 CAPP 系统获取零件信息的方式;分析工艺并总结工艺知识;建立工艺数据库;建立工艺决策模型;设计系统主控模块、人机接口、文件管理及输出模块。

5) 加工链自动生成实例

首先,建立根据各种表面要素确定加工方法的规则,如若表面要素是外圆,且精度≤IT7 级或表面粗糙度 Ra≤1.6 μm,则其最终加工方法为磨削,加工链为粗车→精车→磨削。磨削后的尺寸和表面粗糙度就是零件图样上的尺寸和表面粗糙度;通过加工余量数据库调出磨削余量,可以计算出磨削以前的尺寸,即精车的完工尺寸;同样方法可以分析计算出粗车的加工

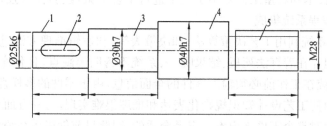

图 5-6 零件结构示意图

尺寸和表面粗糙度,再由粗车余量计算出毛坯尺寸。对于如图 5-6 所示的零件,系统经过判断,分析出各个表面要素,生成其加工链。该零件各个表面要素的加工链如图 5-7 所示。其中 C_1 为粗车,C_2 为精车,M_1 为磨削外圆,X_2 为铣键槽。

表面要素序号	加工链
1	C_1 — C_2 ---- M_1
2	X_2
3	C_1 — C_2 ---- M_1
4	C_1 — C_2 ---- M_1
5	C_1 C_2

分解 ⇩ 重构

图 5-7 各个表面要素加工链

可以看出,表面要素 1(外圆)的加工链为:粗车→精车→磨削。系统对各个表面要素的加工链进行分解和整理,结果工艺链重构为 C_1—C_2—X_2—M_1。处理时,相同的加工工序放在同一工序中,如表面要素 1、3、4、5 都有粗车加工,因此在粗车工序中,将组合为粗车 1、3、4、5 的各个工步。对于双向台阶的回转体零件,先装夹一端,进行加工,然后调头装夹,再加工另一端。因此,系统通过事先分析零件的外表面直径大小,确定最大直径是第几要素,那么在最大直径以左和以右的表面,其工步顺序自然分开。对于各个工序的先后顺序除了生成的工艺链顺序外(同一表面要素),系统(对不同要素)可以进行逻辑判断自动确定,如表面要素 2 为键槽,铣键槽工序安排在精车以后、磨削以前,就是通过"先粗后精、基面先行、先主后次、先面后孔"的工艺原则确定的。对于热处理的安排,系统分析零件的技术要求是预备热处理还是中间热处理或最终热处理,由热处理安排原则自动插在工艺的适当位置。至于工序集中与分散,通过零件的生产批量、加工精度和复杂程度等确定。

最后,生成整个零件的加工工序(不考虑热处理)为:粗车→精车→铣键槽→磨削外圆。

5.2.3 综合式 CAPP

综合式 CAPP 又称半创成式 CAPP,它将检索式、派生式和创成式 CAPP 的优点集为一体,并一定程度地运用了人工智能技术。其工作原理是:采取派生与创成有机结合的工作方式,将工艺设计过程中一些成熟的、变化少的内容用派生式原理进行设计,而将经验性强、变化大的内容用创成式原理进行决策,对一个新零件进行工艺设计时,先提供成组编码,检索它所属零件族的标准工艺,然后根据零件的具体情况,修改标准工艺,而工序设计则采用自动决策产生。其特点是避免了派生式系统的局限性和创成式系统的高难度,提高了集成化和自动化程度,功能更强大,通用性和实用性好。我国研发的 CAPP 系多属综合式。

目前,派生式和创成式 CAPP 系统使用较多,而派生式对于历史较长的企业较为适用,其主要原因是多年来企业在生产中积累了大量成熟的产品工艺方案,通过整理与完善,可制定出派生式系统所需要的标准工艺,可确定工艺规则知识。但派生式系统只能针对某些具有相似性的零件,依赖于标准工艺生成工艺文件,在一个企业里这种零件只是一小部分,对于复杂零件要建立覆盖面大的标准工艺很困难,使用时人工修改工作量大,因此适用零件种类有限;派生式系统利用成组技术和典型工艺依赖于人工进行工艺决策,经验性太强,自动化程度低,难以与 CAD 和数控编程系统集成。

创成式 CAPP 系统利用工艺决策算法(如决策表等)和逻辑推理方法进行工艺决策,能自动生成工艺文件,但存在着算法死板、结果唯一、系统不透明等缺点,且程序编制工作量大,修改困难。创成式系统在工作前必须输入零件的全面信息,由于零件的多样性、复杂性及工艺设计的经验性,一方面使工艺设计知识规则化表达和推理很难实现,另一方面对单个特征而言是正确的工艺决策,而对整个零件来说不一定是合适的,因此目前创成系统实用性差。

CAPP 专家系统则可以较好地解决上述不足,它基于人工智能技术构建,以推理机加知识库为其特征,可以自动生成工艺文件,属于智能型 CAPP 系统。但目前对于工艺知识的表达和推理还无法很好地实现工艺设计的特殊性及其个性化要求,自优化和自完善功能差,CAPP 专家系统方法仍停留在理论研究和简单应用阶段。

5.3 典型 CAPP 系统功能及应用

开目 CAPP 帮助企业实现产品工艺规划和工艺设计的数字化,是制造业信息化解决方案的重要组成部分,是实现企业产品从数字化设计到数字化制造的桥梁。开目 CAPP 于 1996 年正式发布,是中国最早商品化的 CAPP 软件产品。历经 20 余年的技术研发和市场推广,开目 CAPP 已在汽车、机车、航天、电子、装备等行业得到了广泛的应用。

5.3.1 开目 CAPP 系统功能

遵循工具化、平台化、参数化的设计指导思想,开目 CAPP 系统包括以工艺知识应用为核心的八大功能模块,分别是工艺编辑模块、CAPP 系统模块定制工具、CAPP 系统辅助工具、二次开发工具、工艺文件输出,输入接口、扩展功能和系统集成。

1)工艺编辑模块

工艺编辑模块是进行工艺规程设计的工作平台,它主要提供工艺卡片编辑、典型工艺查询、工艺资源管理查询、公式计算、工艺简图绘制等功能,实现各种规程文件的设计、打印输出。图、文、表一体化编辑平台,符合工艺人员习惯的工作方式,能有效提高工艺编制的效率,推进工艺设计的优化、标准化、智能化。

2)CAPP 系统模块定制工具

开目 CAPP 提供的模块定制工具主要包括表格绘制与定义、工艺资源管理等。利用模块定制工具,可以快速搭建适合企业需求的 CAPP 平台。

3)CAPP 系统辅助工具

辅助工具主要有工艺资源管理和公式管理器。

工艺资源管理用于集中统一的管理企业的各种工艺资源,包括机床设备、工艺装备、毛坯种类、材料牌号、切削用量、加工余量、经济加工精度、企业常用工艺术语等。工艺资源的形式不仅仅允许是数据表,还可以是机械加工工艺设计手册上的各种切削用量表格、工装示意图等。

通过公式管理器,企业可以自行定义工艺计算所要用到的各种计算公式,并采用树型结构集中管理。在工艺设计时,经常要作材料定额、工时定额等的计算。公式管理器提供国标推荐的材料重量计算、工时定额等计算公式库,并提供组合、模糊的查询功能,以快速检索到想要的公式。

4）二次开发工具

开目 CAPP 不仅提供了功能完善的功能组件，构成了完整的 CAPP 工具系统框架，而且提供了丰富的二次开发接口。利用这些开发接口，用户无须了解开目 CAPP 数据结构的细节，就可以很方便地获得所需的工艺信息。由于采用国际流行的组件接口技术，文档对象模型提供完整一致的接口，提高了开发效率和质量，使得用户的二次开发着重于功能的实现，无须关心数据结构的细节，开发效率和质量大大提高，而且用户的应用程序不会受到 CAPP 软件升级的影响。

5）工艺文件输出

工艺文件输出有三种方式：工艺浏览、打印中心、工艺统计汇总。

工艺浏览：用 CAPP 系统生成的工艺信息，在供应、设备、工装、生产等部门有时除了需要从汇总的工艺数据外，还需要查看原始的工艺信息。开目 CAPP 提供了工艺浏览的功能。

打印中心：用于实现图纸的集中拼图输出。可以将设计图纸、工艺文件、统计汇总文件等一起在 A0 或 A1 的图纸上输出。

工艺统计汇总：提供一个专业的 BOM 工具，可以汇总标准件明细表、自制件明细表、外购件明细表、工装明细表、工艺卡片目录、材料定额、工时定额等。产品数据汇总结果以 DBF、Excel、Oracle 等形式输出，满足与其他系统集成的需求。

6）输入接口

开目 CAPP 提供标准数据接口技术，可以把企业已有的工艺资源导入到 CAPP 中统一管理，无须重新建立，确保工艺资源的一致性。支持 VFP、Access、SQL Server、Oracle 等流行数据库系统，支持定制开发。开目 CAPP 系统还提供工艺文件转换工具，可以帮助企业尽可能利用已有的工艺设计成果。工艺文件转换工具支持以下 Word、Excel、AutoCAD 应用程序及文件格式。而且 CAPP 系统所有数据都可以作为 XML 格式导出，很容易支持转化 PDF 格式导出供对外交流用。BOM 汇总出来的数据可以实现企业整体信息集成的纽带，可将 CAD、CAPP 系统生成的信息进行汇总、转换、生成数据库的形式，传递给 ERP 系统。

7）扩展功能

分为两大核心功能：装配工艺专业辅助工具和电装工艺专业辅助工具。

（1）装配工艺专业辅助工具。在编制装配工艺时，通过与 PDM 集成，设计人员可以在开目 CAPP 界面中方便查询到部件产品对应的产品结构信息，并以表格的形式显示出待装入件的 BOM 清单。清单的显示格式和显示内容由用户根据需要进行配置。当一个产品/部件的所有工艺编制完成时，该产品/部件的下级部件应该刚好用完。PDM 系统中提供装配物料清单与 EBOM 比较的功能，设计人员可以通过对设计 BOM 和装配 BOM 的清单分别进行汇总和比较，来判断是否所有零部件全部被使用，实现装配物料清单与 EBOM 一致性的维护。开目 CAPP 通过装配物料清单与产品 BOM 比较功能，实现变型工艺的快速编制。当产品经过变型设计后，装配 BOM 随之改变。比较原产品的装配工艺文中的装配物料清单与新变型产品的 EBOM，用不同的颜色标识出元器件差异。当调整装配工艺的内容后，消除所有的差异，则变型产品的装配工艺完成。

（2）电装工艺专业辅助工具。开目 CAPP 支持大量图文表混合填写的表格填写，且工艺卡片中的表格是动态可调整的，以满足电装工艺的专业化管理需求。电装工艺常通过提供不同风格的电装工艺附图，直观指导工人作业。开目 CAPP 通过对图像和 CAD 图形高度集成，能实现电路板图片上元器件的快速定位和标注，或者 CAD 图形的元件着色处理。例如提供样品电路板的实物照片，对照片上的元件自动生成文字标签，指出当前工序应该安装的元器件的位置、名称、型号规格等，或者提供工位元件着色图；对每个工序，将本工位上要安装的元器件、前面的工位上已经安装的元器件用不同的颜色标识出来，并可以将本工位上要安装的元件按所属的部品盒用不同的颜色加以区分；包括 PCB 布置图、元器件明细表等数据，用于电装工艺的编制和一致性检查。给定一定的约束条件，开目 CAPP 可以智能化生成装配工艺，确定每个工位安装哪些元器件。这个装配工艺根据若干规则产生，考虑流水线工位设置、元件尺寸、插件顺序、左右手操作等方面的因素；可以实现工艺路线规划、方案评价和优化；可以实现工序设计和工艺卡片自动填写。自动生产的装配工艺可以人工调整，修改前面的工序中的装配元器件后，可以自动重排后续工序的装配工艺。

8) 系统集成

(1) 与 CAD 集成，开目 CAPP 与 CAD 的集成实现了以下功能：

① 能够直接读取 CAD 设计文件的图形，并自动提取标题栏、明细表的信息。

② 支持流行的 DWG、DXF、IGES、KMG 等格式图形文件。

③ 读入的 CAD 设计图形支持工艺简图的复制、剪切、拷贝等。

④ 支持 OLE 方式集成各种 CAD 软件，完成工序简图的绘制。

(2) 与 PDM 集成，开目 CAPP 与 PDM 集成实现了以下功能：

① 工艺信息可由 PDM 集中管理，与设计信息组合形成企业完整的产品数据，供产采购供销等部门使用。

② 可在 PDM 环境下封装开目 CAPP，工艺设计时接受 PDM 分派的零部件图形、工艺角色等信息，无需重复输入，实现紧密集成。

③ 支持 PDM 下工作流程分解和权限分派，在 PDM 环境下，用户可以不同的身份登录进 CAPP 系统，执行其修改、批阅等功能。

④ 授权用户可对同一卡片不同内容进行编辑，互不干扰。如工时定额只能由工时定额人员编辑，其他人员不能编辑，甚至不能浏览。

⑤ 提供了标准的工艺文档浏览器插件，可以直接嵌入在 PDM 环境下轻松浏览各种工艺设计文档。

⑥ 提供丰富的基于 COM/DCOM 技术的二次开发接口，轻松实现 PDM 系统与开目 CAPP 的工艺设计信息双向互动，开发者无须关注数据结构的细节。

(3) 与 ERP 系统集成，开目 CAPP 与 ERP 集成实现了以下功能：

① 用开目 CAPP 进行工艺规程设计后，所有工艺设计信息均可以根据客户要求分门别类，自动统计汇总，充分适应不同管理信息系统的不同形式的需求；

② 可以自动汇总生成管理信息系统所需要的工艺路线表、设备清单、工装一览表等信息。

③ 可以自动汇总计算工时定额、材料定额等信息。

④ 可以统计汇总工艺关键件明细表、关键工序明细表。

⑤ 提供与管理信息系统标准的数据接口技术，支持 DBF、Access、Excel、SQL Server、Oracle 等数据形式，支持定制开发。

⑥ 工艺设计时，可直接访问企业管理信息系统已有的设备、工装、材料等数据库信息。

5.3.2 CAPP 应用案例

以下列举某锅炉厂开目 CAPP 工艺信息化解决方案案例。

1) 实施工艺信息化的背景

(1) 为企业的快速发展提供支撑。在宏观形式趋好的形势下，该锅炉厂近几年合同的装机容量增长迅速,并在未来几年内还将保持较高增长。随着订单的猛增,交付能力成了制约发展的瓶颈。在以产品为核心的供应链协作时代,该锅炉厂一方面通过提高工艺装备综合能力内部挖潜,另一方面采用联合、兼并、合股、分包等多种形式的横向经济联合来快速提高企业生产能力。生产能力的大幅提高,给产品开发又提出了严峻的挑战,不但要为该锅炉厂的生产设计图纸和工艺,还要为横向经济联合体的生产设计图纸和工艺。对于整个产品开发而言,工艺环节面临的压力更大,该锅炉厂急需借助工艺信息化来提升产品开发能力。

(2) 快速准确报价,拿下更多订单。对于电站锅炉、核电设备等产品的投标,在有可靠质量保证的情况下,合理的报价是中标的关键。对于电站锅炉、核电设备等这些"庞然大物",有上万个零部件,零部件的结构极其复杂,整个产品要经过复杂的冷作加工、热处理、焊接、装配、安装、调试等工艺流程,而且其中还要穿插多种检查。在工艺如此复杂的情况下,采用传统工艺设计方式,约需 2 个月才能在完成整个产品的工艺文件编制和工艺汇总基础上给出较合理的报价。激烈的投标竞争中该锅炉厂就只能靠人的经验进行估算,而作为电站锅炉、核电设备,其单台造价一般都在数千万元以上,有的甚至高达数亿元。经验估算的价偏差一般都在5%左右,其价格就相差几百万到几千万。不准确的投标报价可能会导致企业利润的降低甚至亏损。因此如何快速提供准确、全面的工艺信息,以快速准确报价,是该锅炉厂 CAPP 系统急待解决的关键问题之一。

(3) 严格工艺管理,确保产品质量。锅炉产品的质量要求非常高,工艺的作业规范非常严格。一台锅炉产品,零部件种类多达上万种,结构极其复杂,要保证像电站锅炉、核电设备等这类"庞然大物"完全满足订单的质量要求不是一件容易的事,因此该锅炉厂非常注重从零部件的每道工序控制质量。为实现从每道工序控制质量,就必须为每道工序提供完备、正确的工艺文件,包括操作规程、COL 卡(履历卡)等。而一台锅炉产品完整的工艺文件多达几千份,要保证所有工艺没有遗漏、没有错误,采用传统工艺设计方式是很难办到的,必须采用智能生成与卡片编辑相结合的方式才能同时提高工艺的质量和效率。

(4) 提高工艺准备的效率,缩短产品开发和生产准备的周期。该锅炉厂的产品是"庞然大物",缩短产品开发和生产准备的周期对于保证整个产品的交货期是非常重要的。产品开发包括产品设计、工艺设计;生产准备包括原材料和工装采购等。对于产品设计和工艺设计,在提高各自效率的同时,更重要的是要提高两者的协同和并行性,当完成部件或组件的产品设计时,就开始这些部件或组件的工艺设计,这种协同需要处理好设计与工艺的双向、多次变更问题。生产准备的原材料采购也是非常复杂的。一台电站锅炉需要上千吨钢材,其中有些钢材要求高,厂家少,产量低,甚至有的钢材需要进口,为避免出现"停工待料",就需要工艺部门尽早提供准确、全面的原材料需求信息,采购部门可以尽早制定采购计划。

2) 工艺信息化解决方案及特点

基于企业缩短技术准备周期,强化交付订单能力的需求,工艺信息化是突破口。根据企业的实际业务需求,开目公司为该锅炉厂提供了极富行业特色的工艺信息化解决方案。该解决方案面向锅炉行业,集工艺设计与工艺管理于一体,基于集成化、工具化、智能化的设计思想,实现了该锅炉厂焊接、冷作等专业工艺的智能化生成。该解决方案具有如下特点:

(1) 设计与工艺紧密集成。该锅炉厂的产品比较庞大,交货期又比较紧,不可能等到产品设计全部完成后才开始工艺设计,为此本解决方案采用部件或组件一级的协同设计方式,以大幅提高整个产品的开发效率。采用部件或组件一级的协同设计方式要解决一个关键问题:设计的产品结构是不断成长和完善的,其中经常会发生设计更改,这就要解决工艺与设计的产品结构信息同步问题。在解决方案中提供了批量更改功能，可以在一个部件或组件范围内批量检索，对找到的内容进行全部删除、全部用新值替换，或者依据一定的更改条件把内容成批更改。

（2）专业化 CAPP 工具。

① 参数化冷作 CAPP：针对该锅炉厂冷作工艺系列化特征和工作量大而开发的专用系统，主要应用于集箱、管子、膜式壁等。参数化 CAPP 系统可定义固化大量的工艺知识及工艺流程，利用参数的变化，自动解释工艺知识和工艺流程，批量生成一批系列件的工艺文件，能依据冷作工艺过程卡和相应的工艺知识库智能生成 COL 卡（履历卡），且 COL 卡表格可自定义和扩充功能；能依据冷作工艺过程卡的内容，质量控制点的字典库和生成规则，智能生成质量控制点。这不但大幅提高了工艺设计的效率，而且基于专家的经验和知识进行工艺设计，确保了工艺设计的质量。这套系统是国内首创的成果，在系列化产品的工艺设计上广泛适用，可极大提高工艺设计效率。该系统在该锅炉厂获得全面使用，深得工艺人员的认可。

② 智能化焊接 CAPP：项目针对该锅炉厂焊接工艺复杂、产品安全性要求高等特点，为解决经验丰富的工艺师缺乏的问题，有针对性地开发了智能化专用 CAPP 系统。该系统直接从产品结构树上获得零件清单；各种工艺焊接资源库自动挂库查询；各类汇总表自动生成；焊接材料定额自动生成。这套 CAPP 系统为国内首创，很好地解决了该锅炉厂的焊接工艺问题，也可推广到其他锅炉企业及制造业企业，对工艺复杂、知识规则比较多的企业都非常适用。

（3）复杂产品的设计管理。该锅炉厂的单个产品零部件种类上万种，零部件结构层次相当复杂，分产品、部件、一级部件、二级部件、组件、一级组件、二级组件、支组件、一级支组件、二级支组件、零件等诸多层次，给产品设计及数据管理造成很大的困难。现在应用的 PDM 系统拥有强大的渐进式产品设计管理和产品数据管理功能，基于零部组件的产品拼装设计功能以及 BOM 自动展开功能，优先选用标准件、通用件，明显提高锅炉产品的设计效率和质量，并降低了成本。

（4）开放的产品数据汇总。锅炉产品和工艺设计完成后，均需要统计汇总各种清单。手工统计汇总，工作量大，计算烦琐，由于在不同的表格中摘抄关于零部组件的如图号、名称、材料等信息，重复工作多，而且容易出错，造成数据的不一致。PDM 系统具有基于产品结构树的 BOM 统计功能，BOM 是 CAPP/PDM 系统的增值模块，是开放工具，报表格式及汇总方式可以定义和配置。可基于类自然语言的配置，汇总的方法、过程、排序的方法、表格的形式等按照该锅炉厂的习惯执行。产品数据汇总结果以 DBF、Excel、Oracle 数据表等格式输出，可以在其他系统中使用。

（5）满足后续集成要求的集成化工艺解决方案。该锅炉厂的工艺信息化解决方案，架构在 PDM 基础上。设计、工艺、供应、质量等部门可以充分共享产品数据。设计信息可以有权限地共享给工艺人员。工艺人员可以直接获取设计提供的信息，进行焊接、冷作工艺的设计，以及材料定额、工艺装备的统计汇总。系统提供了文本、数据库等各种形式的接口，可以为采购、供应、财务等部门提供产品信息，实现了工艺信息的电子化快速发布，规避了采购、供应、财务、质量等部门数据的重复录入，确保工艺信息在多个部门之间的一致性。

3）项目完成情况及效果

（1）完成符合该锅炉厂特点及要求的 KMCAPP 系统，包含冷作 CAPP、参数化 CAPP、焊接 CAPP。

（2）建立材料库、设备库、焊接资源库等通用标准库，工艺处管膜工艺组、非受压件组还在工艺资源管理器中建立了自己的节点,包含了常用的设备、弯管机相关工艺参数、工装、材料、工艺术语及人员库,使用方便,信息共享程序高。

(3) 已编制诸如长管接头、厚壁弯管机、放样作正、管端加工、集箱管加工、节割余量、水压试验、套料、通球、容器工艺、通球计算、膜式厚壁弯等几个工艺流程,已在实际工艺设计中得到运用,大幅提高了工艺编制效率及质量。

(4) 完成该锅炉厂组织结构及人员录入工作并分配了权限。

(5) 实现对该锅炉厂多种规格图纸识别及展开功能,建立了产品结构树,数据较规范。

(6) 实现对电子图档的统一管理功能,其中的版本控制能有效解决图纸有效性的问题。

(7) 完成符合该锅炉厂产品特点的产品结构关系配置,实现 CAPP 与 PDM 的集成功能。

(8) 完成物料部门发料单的汇总及打印配置。

5.4 三维工艺

5.4.1 基于 MBD 三维设计技术

基于模型定义(model based definition,MBD)技术,是将产品的所有相关设计定义、工艺信息、属性信息和管理信息通过数字化定义的方式关联于产品三维模型中的先进技术。其目的在于通过三维实体模型集成化的数据信息来对产品信息进行定义,详尽地规范了产品三维模型中的设计定义、工艺信息和检验信息。MBD 技术的提出改变了以往企业中数据信息定义的方法,用集成的三维模型数据作为唯一依据指导生产制造方法替代了传统三维实体模型与二维工程图相结合的方法,实现了设计部门与制造部门的高度集中。

MBD 数据模型是三维模型实体和数据信息的集成,其数据信息包括集合形状信息、基本模型尺寸信息、公差信息、设计版本信息、零件材料信息、工艺信息等模型信息,如图 5 - 8 所示。MBD 技术的零件模型由三个子类组成,它们分别是设计模型、零件注释信息和零件属性信息:① 在设计模型中最主要的是几何元素信息,它由零件几何信息和辅助几何信息组成,描述了零件的几何信息以及辅助设计的素线和表面区域等信息,用三维模型来表达;② 零件属性信息:其中包括零件材料、零件编号、更改信息等辅助信息;③ 零件注释信息:零件三维模型的标注直接与模型本身的几何尺寸、基准、分析验证信息以及加工制造信息相关联。

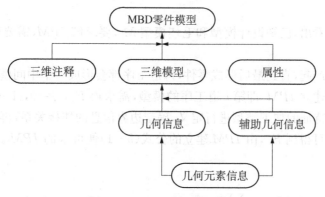

图 5 - 8 MBD 零件模型结构

随着三维建模技术的日趋成熟,以数字化完整准确定义三维产品成为可能。MBD 技术首先在国外先进航空企业得到成功验证,证明了 MBD 技术是数字化制造的可靠工具。1997 年,美国机械工程师协会在波音公司的协助下开始进行有关 MBD 标准的研究和制定工作,于 2003 年颁布了《数字产品定义规范》,随后被批准为美国国家标准。我国于 2009 年参照了 ISO 16792 标准,在其基础上制定了 GB/T 24734—2009《技术产品文件-数字化产品定义数据通则》系列国家标准。从目前资料来看,国内外取得的成果还不多,研究成果也仅限于原型系统,并没有得到广泛使用。MBD 技术用于三维工艺研究只是起步阶段,还存在许多的问题,需要进一步研究。

5.4.2 基于 MBD 的工艺信息模型技术

工艺信息是产品设计、工艺、制造和检验等过程中产生的全部信息的总和,而工艺信息模型则是对产品在不同状态时期的过程的概括和描述。工艺信息模型是产品生产制造过程中传递工艺信息的依据和载体,因而工艺信息模型会随着产品工艺信息的变化而变化。针对产品各个阶段工艺设计的内容不同,工艺信息模型也有着不同的模型与之相对应。

1) 工序/工步模型的构建

创建毛坯模型作为建立三维机加工序模型的首项任务,毛坯模型的快速构建可采用以下 4 种方式来实现,分别是由典型毛坯库导入、典型毛坯实例动态创建、基于设计模型生成毛坯模型以及三维软件建模。这四种方法中前两种方法可通过调用现有三维毛坯模型或是毛坯模板进行参数化赋值生成毛坯模型。而基于设计模型生成毛坯模型这种方法适用于机加工过程较为简单、加工前后形状变化较小的零件,毛坯模型可基于设计模型生成,可以在设计模型的基础上,对机加工特征添加加工余量或者隐含零件特征,最终也可以得到毛坯模型。当零件模型既不能通过原有设计模型得到又不能通过修改参数得到时,就需要由三维建模软件直接创建。

加工特征是指工序模型上一个具有语义的几何实体,它描述了三维模型上材料的切除区域,表达一个加工过程的结果,包括形状特征、精度特征、材料热处理特征以及该特征的加工方法。假设,$Part$ 代表零件模型(等同于设计模型),M_b 代表毛坯模型,IPM_i(in process model,简称 IPM)代表第 i 道工序的工序模型,F_{ij} 代表第 i 道工序切除的第 j 个加工特征,n 代表所有工序总数,S_i 代表第 i 道工序需要加工的特征数。则 IPM 建立过程可以表示为:

$$IPM_i = M_b;\ Part = M_b - \sum_i^n \sum_j^{S_i} F_{ij} (i = 2, 3, \cdots, n-1;\ j = 0, 1, \cdots, S_i)$$

$$(5-1)$$

由此公式可以看出,已知设计模型和毛坯模型 M_b,要求解 IPM,需要确定加工操作定义的几何特征 F_{ij}。

从毛坯投入生产起,直到最后形成零件,每道工序都会形成一个中间模型即工序模型。假如已知 IPM_{i-1},要建立 IPM_i 即第 i 道工序的模型,需求得 F_{ij},$j=0,1\cdots S_i$。通过对第 i 道工序的第 j 个加工特征的加工类型进行定义,确定边界信息的邻接关系,再根据邻接关系定义特定的参照关系便可得到 F_{ij},由 IPM 建立的公式(5-1)便可求的 IPM_i。IPM_i 的建立过程可以表示为:

$$IPM_i = IPM_{i-1} - \sum_{j=0}^{S_i} F_{ij} (i = 2, 3, \cdots, n-1;\ j = 0, 1, \cdots, S_i) \qquad (5-2)$$

2) 机加工艺信息的三维表达

MBD 机加数据模型包括机加件几何形状信息,同时也包含了公差、机加工艺信息以及其他模型定义的说明等原来在二维工程图样中定义的非几何信息。同时，MBD 对这些信息在三维模型中的描述和管理做出了详细规定，通过合理的表达方式恰当而准确地呈现给使用者。对于机加件来说，机加工艺信息需要规定的信息繁多，如果均以文本标注的形式来表示，将形成庞大的标注信息，显示出来可把整个实体几何模型遮盖。为了方便、快捷、有条理地让使用者了解应用到这些信息，需要将信息采用更加直观简洁的方式进行表达。因此，信息符号化很好地解决了这个问题，符号化的信息简单且方便通用，使用者也能很好地理解设计意图，避免了纯文本表示的缺陷。

5.4.3 三维工艺规程设计技术

1）工艺规程树创建

工艺规程树是指按照加工生产的实际工艺流程，以结构树的形式组织表达三维机加工艺过程数据，并建立工艺规程树与工艺特征之间的关联关系，实现结构树上的每个工序甚至是工步节点都有相应的三维工艺模型与之关联，同时明确每道工序所用到的制造资源，从而实现了模型、工艺、资源的有效整合（图 5-9）。

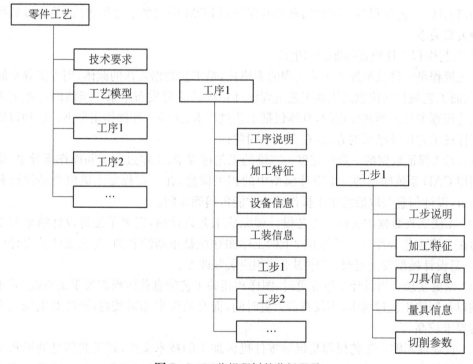

图 5-9 工艺规程树的分级显示

研究按照树状结构组织的工艺规程，确定工艺流程及每道工序或工步的工艺信息及相关属性信息，其中工序和工步的分组定义严格遵循模型树结构关系，作为节点附加在工艺规程树下。为了方便显示和说明，工艺规程树可以根据节点的层次分为规程、工序和工步三级。表述为一个工艺规程节点下可以有多个工序，每个工序节点下可以包含多个工步信息。工艺规程树的节点具体定义如下：

（1）技术要求、工序/工步说明：作为描述性信息节点，阐明整个工艺规程或具体工序、工步的热处理要求、公差要求等加工要求，还包括节点的编号、名称等信息。

（2）工艺模型：工艺整体展示的三维模型节点，为工艺设计完成后包含有工艺制造信息的三维模型。

（3）工序：车间工人在一个工位上连续完成一个或多个工件的加工工艺过程。工序根节点下包含有本道工序所需要的设备信息和工装信息。

（4）设备与工装：该节点定义了完成每道工序的机床、夹具等信息。

（5）工步：工艺规程树最小的组织节点，即加工表面、刀具和加工参数都不变的情况下完成的工位内容。节点下包括了本工步用到的刀具信息、量具信息及切削液信息。

（6）加工特征：该节点指工序或工步模型上表达加工过程描述加工区域的几何实体。

2）工序/工步模型与工艺规程节点信息关联存储

三维机加工艺设计软件输出为零部件加工中间过程各个三维实体模型，可作为数控编程的依据和下游工艺设计的输入，是按照工艺规程结构树顺序生成面向制造过程的各道中间工序/工步模型。

按照工艺规程结构树将各工艺节点属性信息存储到数据库中，同时保持与工序/工步模型的关联关系，为后续轻量化发布及生产车间可视化提供数据源。工序/工步模型存储在 PDM 系统的模型区，工艺规程节点属性信息离散存储到 PDM 中的各个数据表内，并通过数据库技术保持关联关系。

3）工艺规程卡片模板的加载与生成

工艺规程是零件机械加工工艺过程的表格化，是工艺数据表达的载体，用于指导车间加工生产，因而工艺规程往往也是机加工艺过程设计系统的主要发布结果。当前的企业工艺规程是以工艺规程卡片的形式体现的，具体包括工艺过程卡、工序卡和操作指导书。这种以纸质卡片形式体现工艺设计结果的方式，存在如下问题：

（1）无法保证数据的一致和完整。二维的工艺过程卡、工序过程卡和操作指导书，无法有效地利用 CAD 系统输出的三维设计模型中的相关信息，在一定程度上造成产品设计和工艺设计脱节，设计信息获取后需手工操作转换才能传递到车间。

（2）无法实现数据的关联。工艺设计师完成工艺设计后，需要手工将设计结果和工艺信息填写在二维工艺卡片上。工艺卡片上的工序图往往是重新绘制的，与三维产品设计模型不关联，一旦设计模型发生更改，工序图不能相应关联改变。

（3）变更繁琐。当设计发生变更时，图样和相关工艺信息载体则需要手工更改，并重新打印出图以及制造工艺过程卡，不仅花费大量时间，而且错误率相对较高，同时对现场工人的识图能力要求较高。

（4）直观性不够。工艺规程是指导零件机械加工的技术文件，其工艺信息的展示和二维图形表达不够直观。二维工艺无法体现加工中间过程信息，进行工艺审查时需要由审查人员在图样中获取待审图样的特征信息，对于复杂的零部件，操作过程非常复杂、繁琐，检验难度大。

三维工艺规程卡的布局基本上和二维工艺规程卡类似，各类工艺信息分区域显示，图样显示区域变化为三维显示插件。在工艺模型显示区域，可以调用测量工具进行非标注尺寸的测量。在充分调研的基础上定制的三维工艺规程卡各区域分别为基本信息区、工艺规程区、模型显示区、工艺信息区、检验信息区、工时定额区和流程审核区。

5.4.4 三维机加工艺信息存储与管理

三维机加工艺数据将在 PDM 中进行统一存储和管理，因而需要分析三维工艺数据的类型与构成,并制定三维工艺数据的存储规则。

1) 三维工艺数据的类型和构成

三维机加工艺设计结果数据包括 3 类:三维工艺模型、结构化工艺信息和三维工艺可视化数据文件。三维机加工艺设计软件产生了如图 5-10 所示的工艺数据。

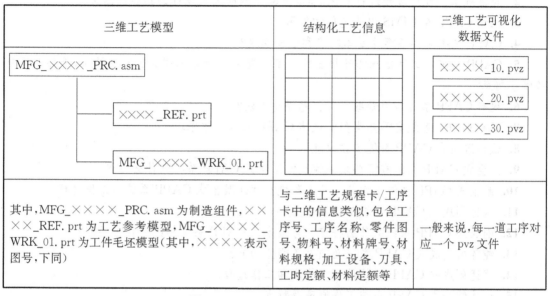

三维工艺模型	结构化工艺信息	三维工艺可视化数据文件
MFG_××××_PRC.asm 　　××××_REF.prt 　　MFG_××××_WRK_01.prt		××××_10.pvz ××××_20.pvz ××××_30.pvz
其中,MFG_××××_PRC.asm 为制造组件,××××_REF.prt 为工艺参考模型,MFG_××××_WRK_01.prt 为工件毛坯模型(其中,××××表示图号,下同)	与二维工艺规程卡/工序卡中的信息类似,包含工序号、工序名称、零件图号、物料号、材料牌号、材料规格、加工设备、刀具、工时定额、材料定额等	一般来说,每一道工序对应一个 pvz 文件

图 5-10　三维机加工艺设计数据

2) 三维工艺数据的存储规则

因三维工艺数据文件较多,特别是三维工艺可视化数据文件,因此为了阅读、查找和检索方便,应制定不同类型工艺数据的存储规则。在 PDM 中,各种产品设计数据存储在产品库中(标准件、外购件等放在存储库中),由多级文件夹进行存储。

图 5-11 给出了某工程机械产品的文件夹结构,显然,三维设计模型、二维工程图样等产品设计文件存放在 CAD 文件夹下,工艺文件存放在 CAPP 文件夹下。

因企业在实施 PDM 时已经配置过产品的文件夹结构,所以具体文件夹组织结构要参考 PDM 的实施技术资料,此处只给出关于三维工艺数据存储规则的若干建议。又因结构化工艺信息采用数据库表的形式进行存储,因此下面只说明三维工艺模型文件和三维工艺可视化数据文件的存储规则。

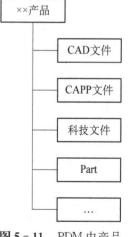

图 5-11　PDM 中产品文件夹结构

(1) 三维工艺数据存放在特定的文件夹下,如图 5-11 所示的 CAPP 文件夹。

(2) 按照整件(部件)的形式存储三维工艺数据,即将属于某个整件的所有工艺数据放在同一个文件夹下,例如可在图 5-11 中 CAPP 文件夹下新建若干个子文件夹,每个子文件夹的名称为整件的图号。

(3) 三维工艺模型数据和三维工艺可视化数据分别在单独的文件夹中存储,即在构建的文件夹中新建两个子文件夹,分别命名为"模型数据"和"可视化数据"。

思考与练习

1. 传统工艺设计的主要内容和步骤有哪些？手工方式进行工艺设计存在哪些问题？

2. 与传统工艺设计过程进行对比，理解计算机辅助工艺设计的功能和意义。

3. 试述 CAPP 在 CIMS 中的地位和作用。

4. CAPP 系统应具备哪些基本功能和组成模块？

5. CAPP 系统对零件信息描述提出哪些基本要求？计算机辅助工艺设计时，零件必须具备哪些信息？

6. 现有 CAPP 系统常用哪些零件信息描述方法？

7. 现有 CAPP 系统有哪些类型？试述 CAPP 基本工作原理。

8. 试述派生式 CAPP 系统工作原理。

9. 派生式 CAPP 系统有哪些功能模块？派生式 CAPP 系统有什么特点？

10. 派生式 CAPP 系统工作分哪几个阶段？试述派生式 CAPP 系统的工作过程。

11. 试述创成式 CAPP 系统工作原理。

12. 创成式 CAPP 系统有什么特点？与派生式 CAPP 系统相比有什么不同？

13. 纯粹的创成式 CAPP 系统必须具备哪些功能？

14. 试述创成式 CAPP 系统的基本构成和工作过程。

15. 试述综合式 CAPP 系统工作原理及特点。

16. 试述 MBD 三维设计技术。

17. 试述三维工艺特征。

18. 简述三维工艺设计方法。

第6章

计算机辅助数控加工编程技术及应用

◎ **学习成果达成要求**

通过学习本章,学生应达成的能力要求包括:
1. 能够正确分析数控加工及编程基本过程。
2. 能够掌握并应用数控编程术语与标准。
3. 掌握数控加工过程仿真方法及应用。
4. 能够应用 NX 进行典型零件数控加工工艺分析及编程。

≪≪≪

计算机辅助自动编程使用计算机完成零件程序编制的大部分或全部工作,编程人员根据零件图样和工艺要求向计算机输入必要的数据,自动编程系统对输入信息进行编译、计算、处理,自动生成数控加工程序,并通过通信接口直接输送给数控机床。CAD/CAM 一体化软件,可大大减少编程错误,提高编程效率和可靠性,对于较复杂的零件采用自动编程更方便,推动了数控编程技术向集成化和智能化方向的发展,也给数控加工向网络化方向的发展提供了很好的软件环境。

6.1 数控加工及编程概述

数字控制简称数控,是用数字化信号对设备运行及其加工过程进行控制的一种自动化技术。数控机床就是采用了数控技术的机床。数控技术是综合了计算机、自动控制、电动机、电气传动、测量、监控、机械制造等学科领域最新成果而形成的一门边缘科学技术,是现代先进制造技术的基础和核心,对制造业实现柔性制造(flexible manufacturing,FM)、计算机集成制造(computer integrated manufacturing,CIM)、网络化制造(networked manufacturing,NM)起着举足轻重的作用。

数控加工是指在数控机床上进行零件加工的一种工艺方法,加工过程中刀具相对零件的运动由数控机床的控制系统分配给运动轴的微小位移量控制。数控加工过程是用数控装置或计算机来代替人工操纵机床进行自动化加工的过程。与计算机的运行和功能发挥需要相应程序和软件一样,数控机床也需要用于控制机床各部件运动的数控程序。

1) 数控机床的运动控制

机械加工是由切削主运动和进给运动共同完成的,控制主运动可以得到合理的切削速度,控制进给运动可以得到各种不同的加工表面。用普通金属切削机床加工零件时,操作者根据图样的要求,不断改变刀具与工件之间的运动参数(位置、速度等),使刀具对工件进行切削加工,最终得到需要的合格零件。用数控机床加工时,把刀具与工件的坐标运动分割成一些最小的单位量,即最小位移量,由数控系统按照零件加工程序的要求,使相应坐标移动若干个最小位移量,实现刀具与工件相对运动的控制,从而完成零件的加工。

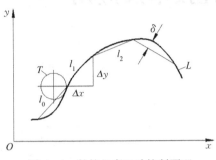

图 6 - 1 数控机床运动控制原理

在三坐标的数控机床中,各坐标的运动方向通常是相互垂直的,即各自沿笛卡儿坐标系的 x、y、z 轴的正、负方向移动。控制这些坐标运动以完成各种不同的空间曲面的加工,是数字控制的主要任务。在三维空间坐标系中,空间任何一点都可以用 x、y、z 三轴的坐标值来表示,一条空间曲线也可以用三维函数表示。怎样才能控制各坐标轴的运动,完成曲面加工呢?下面用二维空间的曲线加工方法加以说明。如图 6 - 1 所示,在平面上,要加工轮廓轨迹为任意曲线 L 的零件,要求刀具 T 沿曲线轨迹运动,进行切削加工。将曲线 L 分割成线段 l_0、l_1、l_2、…用直线(或圆弧)代替(逼近)这些线段,当逼近误差 δ 相当小时,这些折线段之和就会接近于曲线,即曲线加工时刀具的运动轨迹与理论上的曲线(包括直线)不吻合,而是一条逼近折线。由数控机床的数控装置进行计算、分配,通过两个坐标轴最小单位量的单位运动(Δx、Δy)的合成,连续地控制刀具运动,不偏离地走出直线(或圆弧),从而可非常逼真地加工出平面曲线。

这种在允许的误差范围内,用沿曲线(确切地说,是沿逼近函数)的最小单位移动量合成的分段运动代替任意曲线运动,以得出所需要的运动,是数字控制的基本构思之一。它的特点是不仅对坐标的移动量进行控制,而且对各坐标的速度及它们之间的比率都要进行严格控制,以便加工出给定的轨迹。

2) 数控机床的工作过程

数控机床的加工过程,就是将加工零件的几何信息和工艺信息编制成程序,由输入部分送入计算机,经过计算机的处理、运算,将各坐标轴的位移分量送到各轴的驱动电路,经过转换、放大去驱动伺服电动机,带动各轴运动,并进行反馈控制,使各轴精确达到要求的位置。如此继续,各个运动协调进行,实现刀具与工件的相对运动,一直到加工完零件的全部轮廓。数控机床工作过程大致可分以下几步。

(1) 数控编程。首先根据零件加工图纸进行工艺处理,对工件的形状、尺寸、位置关系、技术要求进行分析,然后确定合理的加工方案、加工路线、装夹方式、刀具及切削参数,对刀点、换刀点,同时还要考虑所用数控机床的指令功能。经工艺处理后,根据加工路线、图纸上的几何尺寸,计算刀具中心运动轨迹,获得刀位数据。如果数控系统有刀具补偿功能,则只需要计算出轮廓轨迹上的坐标值。根据加工路线、工艺参数、刀位数据及数控系统规定的功能指令代码和程序段格式,编写数控加工程序(数控代码)。

(2) 程序输入。数控加工程序通过输入装置输入到数控系统。目前采用的输入方法主要有 USB 接口输入、RS - 232C 接口输入、MDI 手动输入、分布式数字控制(distributed numerical control,DNC)接口输入、网络接口输入等。数控系统一般有两种不同的输入工作方式:一种是边输入边加工,分布式数字控制接口输入即属于此类工作方式;另一种是一次性将零件数控加工程序输入到计算机内部的存储器中,加工时再由存储器一段一段地往外读出,

USB 接口输入即属于此类工作方式。

（3）译码。数控代码是数控编程人员在 CAM 软件上生成或手工编制的，是文本数据，其表达可以较容易地被编程人员直接理解，但却无法为数控系统直接使用。输入的程序中含有零件的轮廓信息（如直线的起点和终点坐标，圆弧的起点、终点，圆心坐标，孔的中心坐标，孔的深度等）、切削用量（如进给速度、主轴转速等）、辅助信息（如换刀、冷却液开与关、主轴顺转与逆转信息等）。数控系统以一个程序段为单位，按照一定的语法规则把数控程序解释、翻译成计算机内部能识别的数据格式，并以一定的数据格式存放在指定的内存区内。在译码的同时完成对程序段的语法检查，一旦有错，就立即给出报警信息。

（4）数据处理。数据处理程序一般包括刀具补偿、速度计算及辅助功能的处理程序。刀具补偿包括刀具半径补偿和刀具长度补偿。刀具半径补偿的任务是根据刀具半径补偿值和零件轮廓轨迹计算出刀具中心轨迹；刀具长度补偿的任务是根据刀具长度补偿值和程序值计算出刀具轴向实际移动值。速度计算是指根据程序中所给的合成进给速度计算出各坐标轴运动方向的分速度。辅助功能主要用于完成指令的识别、存储、设标志，这些指令大多是开关量信号，对于现代数控机床可由可编程控制器（programmable logic controller，PLC）控制。

（5）插补。数控加工程序提供了刀具运动的起点、终点和运动轨迹，而刀具从起点沿直线或圆弧运动轨迹走向终点的过程则要通过数控系统的插补软件来控制。插补的任务就是通过插补计算程序，根据程序规定的进给速度要求，完成在轮廓起点和终点之间中间点的坐标值计算，即数据点的密化工作。

（6）伺服控制与加工。伺服系统接收插补运算后的脉冲指令信号或插补周期内的位置增量信号，经放大后驱动伺服电动机带动机床的执行部件运动，从而加工出零件。

3）数控编程的基本概念

数控编程的定义：根据被加工零件的图纸和技术要求、工艺要求等切削加工的必要信息，按数控系统所规定的指令和格式编制成加工程序文件，这个过程称为零件数控加工程序编制，简称数控编程（NC programming）。

数控加工工作过程如图 6-2 所示，在数控机床上加工零件时，要预先根据零件加工图样的要求确定零件加工的工艺过程、工艺参数和走刀运动数据，然后编制加工程序，传输给数控系统，在事先存入数控装置内部的控制软件支持下，经处理与计算，发出相应的进给运动指令信号，通过伺服系统使机床按预定的轨迹运动，进行零件的加工。因此，在数控机床上加工零件时，首先要编写零件加工程序清单，通常称为数控加工程序。该程序用数字代码来描述被加工零件的工艺过程、零件尺寸和工艺参数（如主轴转速、进给速度等），将该程序输入数控机床的 NC 系统，控制机床的运动与辅助动作，完成零件的加工。

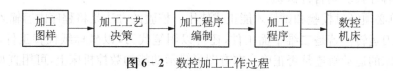

图 6-2　数控加工工作过程

4）数控编程的内容与步骤

数控机床的运动是由数控加工程序控制的。数控加工程序是控制机床运动和工作过程的源程序，它提供零件加工时机床各种运动和操作的全部信息，主要包括加工工序、各坐标的运动行程和速度、联动状态、主轴的转速和转向、刀具的更换、切削液的打开和关断及排屑等。总之,数控机床的主要运动是由预先编制好的数控程序控制的。

数控机床编程的主要内容有零件图样分析、确定加工工艺过程、数学处理、编写程序清单、程序输入、程序检验及首件试切等。数控机床编程的步骤一般如图 6-3 所示。

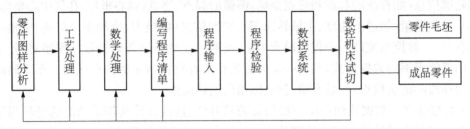

图 6-3 数控机床编程的步骤

步骤 1：零件图样分析和工艺处理。

编程人员首先根据零件图纸对零件的几何形状尺寸、技术要求进行分析,明确加工的内容及要求,确定加工方案、加工顺序,设计夹具,选择刀具,确定合理的走刀路线,以及选择合理的切削用量等。同时还应发挥数控系统的功能和数控机床本身的能力,正确选择对刀点、切入方式,尽量减少诸如换刀、转位等辅助时间。

步骤 2：数学处理。

编程前,根据零件的几何特征,先建立一个工件坐标系,根据零件图纸的要求,确定加工路线,在建立的工件坐标系上,首先计算出刀具的运动轨迹。对于形状比较简单的零件(如直线和圆弧组成的零件),只需计算出几何元素的起点和终点、圆弧的圆心、两几何元素的交点或切点(基点)的坐标值。但对于形状比较复杂的零件(如由非圆曲线、曲面组成的零件),数控系统的插补功能不能满足零件的几何形状,就需要计算出曲面或曲线上很多离散点(节点),在点与点之间用直线段或圆弧段逼近,根据要求的精度计算出其节点间的距离,在这种情况下一般要求用计算机来完成数值计算的工作。

步骤 3：编写程序清单。

当加工路线和工艺参数确定以后,根据数控系统规定的指令代码及程序段格式,逐段编写零件程序清单。此外,还应填写有关的工艺文件,如数控加工工序卡片、数控刀具明细表、工件安装和零点设定卡片、数控加工程序单等。

步骤 4：程序输入。

现代数控机床多用键盘或 USB 接口把程序直接输入到计算机中。在通信控制的数控机床中,程序可以由计算机接口传送。

步骤 5：程序校验与首件试切。

程序清单必须经过校验和试切才能正式使用。校验的方法是将程序内容输入到数控装置中,让机床空刀运转。若是二维平面工件,还可以用笔代刀,以坐标纸代替工件,画出加工路线,以检查机床的运动轨迹是否正确。在有图形显示功能的数控机床上,可用直观地模拟刀具切削过程的方法进行检验。随着计算机技术的不断发展,先进的数控加工仿真软件(如VERICUT 软件)不断涌现,为数控程序的校验提供了多种准确而有效的途径。但上述方法只能检验出运动轨迹是否正确,不能检查出被加工零件的加工精度,因此必须进行工件的首件试切。首次试切时,应该以单程序段的运行方式进行加工,随着监视加工状况,调整切削参数和状态。当发现有加工误差时,应分析误差产生的原因,找出问题所在的位置并加以修正。

由上述可知,数控编程人员不但要熟悉数控机床的结构、数控系统的功能及标准,而且还必须是一名合格的工艺人员,要熟悉零件的加工工艺,具备选择装夹方法、刀具性能、切削用量等方面的专业知识。

5) 数控编程的方法

通常数控机床程序编制的方法有两种,即手工编程和自动编程。

(1) 手工编程。由人工完成零件图样分析、工艺处理、数值计算、书写程序清单,直到程序的输入和检验,称为手工编程。手工编程一般适用于点位加工、几何形状不太复杂或加工工序较少的零件。手工编程不需要专用的编程工具,全凭编程人员利用编程技术和经验进行,是一种比较经济、简便的编程方法。但对于被加工零件轮廓的几何形状不是由简单的直线和圆弧组成的复杂零件,特别是要求解空间曲面的离散点时,由于数值计算复杂,编程工作量大,校对困难,采用这种编程方法就很难完成或根本就无法实现,这时就应用自动编程来实现。

(2) 自动编程。自动编程又称计算机辅助自动编程,就是使用计算机完成零件程序编制的大部分或全部工作。在这个过程中,由编程人员根据零件图样和工艺要求向计算机输入必要的数据,自动编程系统对输入信息进行编译、计算、处理,自动生成数控加工程序,并通过通信接口直接输送给数控机床,以备加工。由于自动编程能够完成烦琐的数值计算和实现人工难以完成的工作,提高生产效率,因而对于较复杂的零件采用自动编程更方便。

自动编程需要一套专门的数控编程软件。根据编程信息的输入方式及计算机对信息处理方式的不同,数控自动编程又分为语言式自动编程和图形交互式自动编程。

① 语言式自动编程。使用规定的、直观易懂的编程语言手工编写出一个描述零件加工要求(包括零件几何形状、刀具进给路线、加工工艺参数等)的源程序,然后将其输入到计算机或编程机,计算机或编程机自动地进行数值计算,并编译出零件加工程序。根据要求还可以自动地打印出程序清单,制成控制介质或直接将零件程序传送到数控机床。有些装置还能绘制出零件图形和刀具轨迹,供编程人员检查程序的正确性,需要时可以及时修改。

目前,商用的数控自动编程语言系统有很多种,其中美国的 APT (automatically programmed tools)系统影响最大。APT 在 1959 年开始用于生产,后来又有不断的更新和扩充,形成了诸如 APTⅡ、APTⅢ、APT‑AC、APTSS 等版本。各国也开发了基于 APT 语言的自动编程语言,如美国的 APAPT,德国的 EXAPT‑1、EXAPT‑2、EXAPT‑3,英国的 2CL,法国的 IFAPT‑P、IFAPT‑C,日本的 FAPT、HAPT,我国的 SKC、ZCX、ZBC‑1、ZKY 等。

② 图形交互式自动编程。图形交互式自动编程是指利用被加工零件的二维和三维图形,由专用软件以窗口和对话框的方式生成加工程序。这种编程方式不需要数控语言编写源程序,以 CAD 模型为输入方式,使得复杂曲面的加工更为直观、方便。

20 世纪 70 年代出现的图像数控编程软件,推动了 CAD/CAM 的发展。80 年代出现了 CAD/CAM 一体化软件,推动了数控编程技术向集成化和智能化方向的发展,也给数控加工向网络化方向的发展提供了很好的软件环境。图形交互式自动编程是集成化的 CAD/CAM 系统,可大大减少编程错误,提高编程效率和可靠性。目前使用较多的图形交互式自动编程系统有：德国西门子公司的 NX,法国达索公司的 CATIA,美国 CNC software 公司的 MasterCAM,以色列 Cimatron 公司的 Cimatron,英国 Delcam Plc 公司的 PowerMILL 等。这些系统都有自己的建模模块、加工参数输入模块、刀具轨迹生成模块、三维加工动态仿真模块和后置处理模块。系统能够对被加工零件进行二维、三维建模。也可利用图形转换功能把用

AutoCAD 等绘图软件绘制的二维和三维零件图转换到其他图形交互式自动编程系统内,再利用人机交互的方式输入加工工艺参数、刀具的数据、机床的数据,完成工件坐标系的设定、走刀平面的设定等,这样系统就能自动生成刀具加工轨迹,再经过后置处理就可以生成数控程序。

6.2 数控编程术语与标准

6.2.1 字符编码标准与加工程序指令标准化

以前广泛采用数控穿孔纸带作为加工程序信息输入介质。纸带上表示代码的字符及其穿孔编码标准有 EIA(美国电子工业协会)制定的 EIA RS—244 和 ISO(国际标准化协会)制定的 ISO RS841 两种标准。国际上大都采用 ISO 代码,由于 EIA 代码发展较早,已有的数控机床中有一些是应用 EIA 代码的,现在我国规定新产品一律采用 ISO 代码。也有一些机床,具有两套译码功能,既可采用 ISO 代码也可采用 EIA 代码。目前,绝大多数数控系统采用通用计算机编码,并提供与通用微型计算机完全相同的文件格式保存、传送数控加工程序。因此,纸带已逐步被现代化的信息介质所取代。

除了字符编码标准外,更重要的是加工程序指令的标准化,主要包括准备功能码(G 代码)、辅助功能码(M 代码)及其他指令代码。我国机械工业制定了有关 G 代码和 M 代码的 JB/T 3208—1999(已作废)标准,它与国际上使用的 ISO 1056—1975E 标准基本一致。

6.2.2 数控机床坐标系

1) 坐标轴

为了保证程序的通用性,国际标准化组织对数控机床的坐标和方向制定了统一的标准。参照国际标准化组织标准,我国也颁布了《数字控制机床坐标和运动方向的命名》[JB/T 3051—1999(已作废)]标准,规定直线运动的坐标轴用 x、y、z 表示,围绕 x、y、z 轴旋转的圆周进给坐标轴分别用 A、B、C 表示。对各坐标轴及运动方向规定的内容和原则如下。

(1)刀具相对于静止工件运动的原则。编程人员在编程时不必考虑是刀具移向工件,还是工件移向刀具,只需根据零件图样进行编程。规定假定工件是永远静止的,而刀具相对于静止的工件运动。

(2)标准坐标系各坐标轴之间的关系。在机床上建立一个标准坐标系,以确定机床的运动方向和移动的距离,这个标准坐标系也称机床坐标系。机床坐标系中 x、y、z 轴的关系用右手直角笛卡儿法则确定,如图 6-4 所示。为保证编程方便,使坐标轴的名称和正、负方向都符合右手法则,图中大拇指的指向为 x 轴的正方向,食指指向为 y 轴的正方向,中指指向为 z 轴的正方向。围绕 x、y、z 轴旋转的圆周进给坐标轴 A、B、C 的方向用右手螺旋法则确定。以大拇指指向 $+x$、$+y$、$+z$ 方向,则其余手指握轴的旋转方向为 $+A$、$+B$、$+C$ 方向。

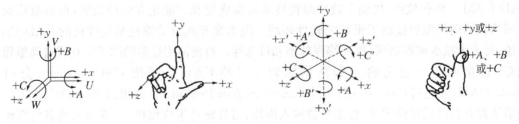

图 6-4 右手坐标系

（3）机床部件的运动方向。机床某一部件运动的正方向，是使刀具远离工件的方向。

① z 轴方向　平行于机床主轴的刀具运动方向为 z 向。

② x 轴方向　x 轴沿水平方向，垂直于 z 轴并平行于工件的装夹平面。

③ y 轴方向　y 轴垂直于 x、z 轴。当 $+x$、$+z$ 确定以后，按右手笛卡儿法则即可确定 $+y$ 方向。

无论哪一种数控机床，都规定 z 轴为平行于其主轴中心线的坐标轴。如果一台机床有多根主轴，应选择垂直于工件装夹面的主要轴为 z 轴。x 轴通常与主要切削进给方向平行。旋转坐标轴 A、B、C 的方向分别对应 x、y、z 轴按右手螺旋方向确定。图 6-5 所示为数控机床坐标轴示例。

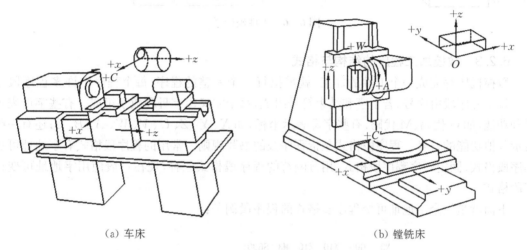

（a）车床　　　　　　　　　　　　　（b）镗铣床

图 6-5 数控机床的坐标轴

2）坐标系

在坐标系中坐标轴的方向确定以后，接着确定坐标原点的位置，只有坐标原点确定后，坐标系统才算确定了。加工程序就在这个坐标系内运行。如果坐标原点不同，即使是执行同一段程序，刀具在机床上的加工位置也是不同的。

由于数控系统类型不同，所规定的建立坐标系的方法也不同。

（1）机床坐标系。机床坐标系的坐标原点在机床上某一点，它是固定不变的，机床出厂时已确定。此外，机床的基准点、换刀点、托板的交换点、机床限位开关或挡块的位置都是机床上固有的点，这些点在机床坐标系中都是固定点。

机床坐标系是最基本的坐标系，是在机床回参考点操作完成以后建立的。一旦建立起来，不受控制程序和设定新坐标系的影响，只受断电的影响。

（2）工件坐标系。工件坐标系是程序编制人员在编程时使用的。程序编制人员以工件上的某一点为坐标原点，建立一个新坐标系。在这个坐标系内编程可以简化坐标计算，减少错误，缩短程序长度。但在实际加工中，操作者在机床上装好工件之后要测量该工件坐标系的原点和基本机床坐标系原点的距离，并把测得的距离在数控系统中预先设定好，这个设定值称为工件零点偏置。在刀具移动时，工件坐标系零点偏置便自动加到按工件坐标系编写的程序坐标值上。对于编程者来说，只是按图纸上的坐标来编程，而不必事先去考虑该工件在机床坐标系中的具体位置，如图 6-6 所示。

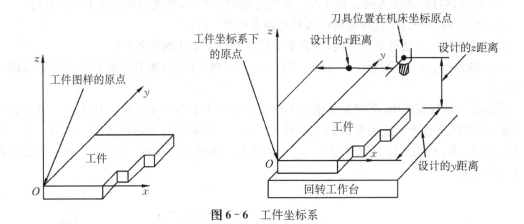

图 6-6 工件坐标系

6.2.3 数控加工程序的结构与格式

数控机床每完成一个工件的加工,就需执行一个完整的程序,每个程序由许多程序段组成。每个程序段由序号、若干字和结束符号组成,每个字又由字母和数字组成。有些字母表示某种功能,如 G 代码、M 代码;有些字母表示坐标,如 X、Y、Z、U、V、W、A、B、C;还有一些表示其他功能的符号。程序段格式是指程序段的书写规则。常用的程序段格式有字地址可变程序段格式、固定顺序程序段格式、用分隔符的程序段格式三种,现在一般使用字地址可变程序段格式。

下面就是一个字地址可变程序段格式的程序段例子:

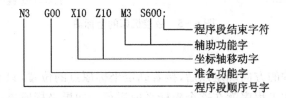

字地址可变程序段由顺序号字、各种功能字、程序段结束符组成,字的排列顺序要求不严格,数据字的位数根据需要可多可少,不需要的字及与前一程序段相同的续效字可以不写,因而程序段的长度可变。该格式的优点是程序简洁、直观,便于检查和修改,因此目前被广泛采用。

一段程序包括如下三部分。

(1)程序标号字。程序标号字也称为程序段号,用于识别和区分程序段的标号。用地址码 N 和后面的若干位数字来表示。例如,N008 就表示该程序段的标号为 008。在大部分数控系统中,对所有的程序段都标号,也可以只对一些特定的程序段标号。程序段标号为程序查找提供了方便的条件,特别对程序跳转来说,程序段标号就是必要的。

注意:程序段标号与程序的执行顺序无关,不管有无标号,程序都是按排列的先后次序执行。通常标号是按程序的排列次序给出的。

(2)程序段的结束符号。日本 FANUC 中使用";"做程序段的结束符号,但有些系统使用的是"*"或"LF"。任何一个程序段都必须有结束符号,没有结束符号的语句是错误语句。计算机不执行含有错误的程序段。

（3）程序段的主体部分。一段程序中,除序号和结束符号外的其余部分是程序主体部分。主体部分规定一段完整的加工过程,包含各种控制信息和数据。它由一个以上功能字组成,主要的功能字有准备功能字、坐标字、辅助功能字、进给功能字、主轴功能字和刀具功能字等。

注意:对于程序段中的坐标字,一些数控系统区分使用小数点输入数值与无小数点输入数值。小数点可用于距离、时间和速度等量。对于距离,小数点的位置单位是 mm 或 in;对于时间,小数点的位置单位是 s。无小数点时输入数值与参数的最小设定单位有关,代表最小设定单位的整数倍。

6.2.4　功能字

在数控机床加工中,常用准备功能字、辅助功能字、进给功能字、主轴转速功能字、刀具功能字、辅助功能字等来控制各种加工操作。

1) 准备功能字

准备功能字即 G 功能字。G 功能字是使数控机床做某种操作的指令,用地址 G 和两位数字来表示,从 G00～G99 共 100 种(见表 6-1)。有时,G 功能字可能还带有小数位。它们中许多已经被定为工业标准代码。G 代码有模态和非模态之分。模态 G 代码一旦执行就一直有效,直到被同一模态组的另一个 G 代码取代为止。非模态 G 代码只在它所在的程序段内有效。

表 6-1　G 代码表

代码	功能	功能保持到被取消或取代	功能仅在出现段内有效	代码	功能	功能保持到被取消或取代	功能仅在出现段内有效
G00	定位点	a		G18	zx 平面选择	c	
G01	直线插补	a		G19	yz 平面选择	c	
G02	顺时针圆弧插补	a		G20～G32	不指定	#	
G03	逆时针圆弧插补	a		G33	等螺距螺纹切削	a	
G04	暂停		○	G34	增螺距螺纹切削	a	
G05	不指定	#	#	G35	减螺距螺纹切削	a	
G06	抛物线插补	a		G36～G39	永不指定	#	#
G07	不指定	#	#				
G08	加速		○	G40	注销刀具补偿或刀具偏移	d	
G09	减速		○				
G10～G16	不指定	#	#	G41	刀具补偿—左	d	
				G42	刀具补偿—右	d	
G17	xy 平面选择	c		G43	刀具补偿—正	#(d)	#

（续表）

代码	功能	功能保持到被取消或取代	功能仅在出现段内有效	代码	功能	功能保持到被取消或取代	功能仅在出现段内有效
G44	刀具补偿—负	#(d)	#	G68	刀具偏置,内角	#(d)	#
G45	刀具偏置(在第Ⅰ象限)+/+	#(d)	#	G69	刀具偏角,外角	#(d)	#
G46	刀具偏置(在第Ⅳ象限)+/−	#(d)	#	G70~G79	不指定	#	#
G47	刀具偏置(在第Ⅲ象限)−/−	#(d)	#	G80	注销固定循环	e	
G48	刀具偏置(在第Ⅱ象限)−/+	#(d)	#	G81	钻孔循环,划中心	e	
G49	刀具(沿 y 轴正向)偏置 0/+	#(d)	#	G82	钻孔循环,扩孔	e	
				G83	深孔钻孔循环	e	
G50	刀具(沿 y 轴负向)偏置 0/−	#(d)	#	G84	攻螺纹循环	e	
				G85	镗孔循环	e	
G51	刀具(沿 x 轴正向)偏置 +/0	#(d)	#	G86	镗孔循环,在底部主轴停	e	
G52	刀具(沿 x 轴负向)偏置 −/0	#(d)	#	G87	反镗孔循环,在底部主轴停	e	
G53	注销直线偏移	f		G88	镗孔循环,有暂停,主轴停	e	
G54	选择工件坐标系 1	f					
G55	选择工件坐标系 2	f		G89	镗孔循环,有暂停,进给返回	e	
G56	选择工件坐标系 3	f					
G57	选择工件坐标系 4	f		G90	绝对尺寸	j	
G58	选择工件坐标系 5	f		G91	增量尺寸	j	
G59	选择工件坐标系 6	f		G92	预置寄存,不运动		○
G60	准确定位 1(精)	h					
G61	准确定位 2(中)	h		G93	进给率时间倒数	k	
G62	快速定位(粗)	h					
G63	攻丝方式		#	G94	每分钟进给	k	
G64~G67	不指定	#	#	G95	主轴每转进给	k	
				G96	主轴恒线速度	i	

（续表）

代码	功能	功能保持到被取消或取代	功能仅在出现段内有效	代码	功能	功能保持到被取消或取代	功能仅在出现段内有效
G97	主轴每分钟转速，注销 G96	i		G99	不指定	♯	♯
G98	不指定	♯	♯				

注：① 指定功能代码中，凡有小写字母 a、b、c、…指示的，为同一类型的代码。在程序中，这种功能指令为保持型的，可以为同类字母的指令所代替。

② "不指定"代码，即在将来修订标准时，可能对它规定功能。

③ "永不指定"代码，即在本标准内，将来也不指定。

④ "○"符号表示功能仅在所出现的程序段内有用。

⑤ "♯"符号表示若选作特殊用途，必须在程序格式解释中说明。

⑥ 功能栏（ ）内的内容，是为便于对功能的理解而附加的说明，一切内容以部颁标准为准。

常用的 G 功能字有如下几种：

（1）绝对、相对坐标指令 G90、G91。数控加工中刀具的位移由坐标值表示，而坐标值有绝对坐标和相对坐标两种表达方式。使用指令 G90/G91 可以分别设定绝对坐标编程和相对坐标编程。

（2）快速定位指令 G00。在加工过程中，常需要刀具空运行到某一点，为下一步加工做好准备，利用指令 G00 可以使刀具快速移动到目标点。

（3）直线插补指令 G01。该指令用来指定直线插补，以切削加工任意斜率的平面或空间直线。

（4）圆弧插补指令 G02、G03。G02 为顺圆插补，G03 为逆圆插补，以实现在指定平面内按设定的进给速度沿圆弧轨迹切削。圆弧顺时针（或逆时针）旋转的判别方式为：在右手直角坐标系中，沿 x、y、z 三轴中非圆弧所在平面（如 Oxy 平面）的轴（如 z 轴）正向往负向看去，顺时针方向用 G02，反之用 G03。

（5）刀具半径补偿指令 G40、G41、G42。用 G41/G42 指令可以分别指定左（右）侧刀具半径补偿，即从刀具运动方向看去，刀具中心在工件的左（右）侧建立刀具半径补偿，如图 6-7 所示，在加工中自动加上所需的偏置量；利用 G40 指令可以撤销刀具半径补偿，为系统的初始状态。

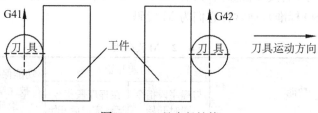

图 6-7 刀具半径补偿

刀具半径补偿的优越性如下：①可直接按零件轮廓编程，不必考虑刀具的半径值，从而简化编程；②当刀具磨损或重磨后，刀具半径减小，只需手工输入新的半径值，而不必修改程序；③可用同一程序（或稍作修改），甚至同一刀具进行粗、精加工。

(6) 刀具长度补偿指令 G43、G44、G49。利用 G43/G44 可以建立刀具正(负)向长度补偿,分别指定在刀具长度方向上(z 轴)增加(正向)或减少(负向)一个刀具长度补偿值;利用 G49 指令可以撤销刀具长度补偿,为系统的初始状态。

数控铣床在切削过程中不可避免地存在刀具磨损问题,譬如钻头长度变短、铣刀半径变小等,这时加工出的工件尺寸也会随之变化。如果系统具有刀具尺寸补偿功能,可修改长度补偿参数值,使加工出的工件尺寸仍然符合图纸要求,否则就得重新编写数控加工程序。

2) 坐标字

坐标字由坐标名、带"＋""－"符号的绝对坐标值(或增量坐标值)构成。坐标名有 X、Y、Z、U、V、W、P、Q、R、A、B、C、I、J、K 等。符号"＋"可以省略。

表示坐标名的英文字母的含义如下所示:

(1) X、Y、Z:坐标系的主坐标字符。

(2) A、B、C:分别对应绕 x、y、z 坐标轴的转动坐标。

(3) U、V、W:分别对应平行于 x、y、z 坐标轴的第二坐标字符。

(4) P、Q、R:分别对应平行于 x、y、z 坐标轴的第三坐标字符。

(5) I、J、K:圆弧中心坐标字符,是圆弧的圆心对圆弧起点的增量坐标,分别对应平行于 x、y、z 轴的增量坐标。

3) 进给功能字

进给功能字(F 字)由地址码 F 和后面表示进给速度值的若干位数字构成。用它规定直线插补 G01 和圆弧插补 G02/G03 方式下刀具中心的进给运动速度。进给速度是指沿各坐标轴方向速度的矢量和。进给速度的单位取决于数控系统的工作方式和用户的规定,它可以是 mm/min、in/min、(°)/min、r/min、mm/r、in/r。

4) 主轴转速功能字

主轴转速功能字(S 字)用来规定主轴转速,它由 S 字母后面的若干位数字组成,其数值就是主轴的转速值,单位是 r/min。例如,S300 表示主轴的转速为 300 r/min。

5) 刀具功能字

刀具功能字(T 字)后接若干位数值,数值是刀具编号。例如,选 3 号刀具时,刀具功能字为 T3。

6) 辅助功能字

辅助功能字(M 字)后接 2 位数值,共有 M00~M99 共 100 种(表 6 - 2),它们中的大部分已经标准化(符合 ISO 标准),通常称它们为 M 代码。

表 6 - 2　M 代码表

代码	功能	功能开始		功能保持到被注销或取代	功能仅在所出现的程序段用
		与程序段指令同时开始	在程序段指令运动完成后开始		
M00	程序停止		○		○
M01	计划停止		○		○
M02	程序结束		○		○

（续表）

代码	功能	功能开始		功能保持到被注销或取代	功能仅在所出现的程序段用
		与程序段指令同时开始	在程序段指令运动完成后开始		
M03	主轴顺时针方向（运转）	○		○	
M04	主轴逆时针方向（运转）	○		○	
M05	主轴停止		○	○	
M06	换刀	#	#		○
M07	2 号冷却液开	○		○	
M08	1 号冷却液开	○		○	
M09	冷却液关		○	○	
M10	夹紧（滑座、工件、夹具、主轴等）	#	#		
M11	松开（滑座、工件、夹具、主轴等）	#	#		
M12	不指定	#	#	#	#
M13	主轴顺时针方向（运转）及冷却液开	○		○	
M14	主轴逆时针方向（运转）及冷却液开	○		○	
M15	正运动	○			○
M16	负运动	○			○
M17～M18	不指定	#	#	#	#
M19	主轴定向停止		○	○	
M20～M29	永不指定	#	#	#	#
M30	纸带结束		○		○
M31	互锁旁路	#	#		○
M32～M35	不指定	#	#	#	#
M36	进给范围 1	○		○	
M37	进给范围 2	○		○	
M38	主轴速度范围 1	○		○	
M39	主轴速度范围 2	○		○	
M40～M45	如有需要作为齿轮换挡，此外不指定	#	#	#	#
M46～M47	不指定	#	#	#	#

（续表）

代码	功能	功能开始		功能保持到被注销或取代	功能仅在所出现的程序段用
		与程序段指令同时开始	在程序段指令运动完成后开始		
M48	注销 M49		○	○	
M49	进给率修正旁路	○		○	
M50	3 号冷却液开	○		○	
M51	4 号冷却液开	○		○	
M52～M54	不指定	♯	♯	♯	♯
M55	刀具直线位移,位置 1	○		○	
M56	刀具直线位移,位置 2	○		○	
M57～M59	不指定	♯	♯	♯	♯
M60	更换工件		○		○
M61	工件直线位移,位置 1	○		○	
M62	工件直线位移,位置 2	○		○	
M63～M70	不指定	♯	♯	♯	♯
M71	工件角度位移,位置 1	○		○	
M72	工件角度位移,位置 2	○		○	
M73～M89	不指定	♯	♯	♯	♯
M90～M99	永不指定	♯	♯	♯	♯

注：① 功能（ ）内的内容,是为了便于对功能的理解而附加的说明。

② "♯"表示如选作特殊用途,必须在程序说明中标明。

③ M90～M99 可指定为特殊用途。

④ "不指定"代码,即将来修订标准时,可能对它规定功能。

　　如在同一程序段中既有辅助功能代码,又有坐标运动指令,控制系统将根据机床参数来决定以下几种执行顺序：①辅助功能代码与坐标移动指令同时执行；②在执行坐标移动指令之前执行辅助功能,通常称为前置；③在坐标移动指令完成以后执行辅助功能,称为后置。

　　每一个辅助功能（M 代码）的执行顺序在数控机床的编程手册中都有明确的规定。

　　和 G 代码一样,M 代码分成模态和非模态两种。模态 M 代码一旦执行就一直保持有效,直到同一模态组的另一个 M 代码执行为止。非模态 M 代码只在它所在的程序段内有效。M 代码也可以分成两大类,一是基本 M 代码,另一类是用户 M 代码。基本 M 代码是由数控系统定义的,用户 M 代码则是由数控机床制造商定义的。下面仅对数控系统最基本的几个 M 代码作一介绍。

（1）M00：程序暂停指令。当程序执行到含有 M00 的程序段时，先执行该程序段前的其他指令，最后执行 M00 指令，但不返回程序开始处，再启动后，接着执行后面的程序。

（2）M01：可选择程序停止指令。M01 和 M00 相同，只不过是 M01 要求外部有一个控制开关，如果这个外部可选择停止开关处于关的位置，控制系统就忽略该程序段中的 M01。

（3）M02：程序结束指令。指令 M00 和 M02 均使系统从运动进入停顿状态。二者的区别在于：M00 指令只是使系统暂时停顿，并将所有模态信息保存在专门的数据区中，系统处于进给保持状态，按启动键后程序继续往下执行；M02 指令则结束加工程序的运行。M00 指令主要用于在加工过程中测量工件尺寸、重新装夹工件及手动变速等固定的手工操作；M02 指令则是程序结束的标志。

（4）M30：程序结束并再次从头开始执行指令。M30 和 M02 的不同之处：当使用纸带阅读机输入执行零件程序时，若遇到 M30，不但停止零件程序的执行，纸带还会自动倒带到程序的开始，再次启动时，该零件程序就再次从头开始执行。

（5）M03、M04、M05：分别为主轴正转、主轴反转、主轴停止指令。

（6）M06：换刀指令。

（7）M98：子程序调用指令。

（8）M99：子程序返回到主程序指令。

7）刀具偏置字

刀具偏置字通常分为 D 字和 H 字两种。在程序中，D 字后接一个数值是刀具半径的偏置号码，它是刀具半径偏置值的地址。当利用刀具补偿指令（G41、G42）激活时，就可调出刀具半径的补偿值。H 字后接一个数值是刀具长度的偏置号码，刀具长度偏置值是地址。当编程使 z 轴坐标运动时，可利用相应的代码（G43、G44）调出刀具长度的偏置值。

6.3 数控加工过程仿真

数控加工由于生产效率高、加工精度高、便于加工曲面等显著特点，在机械加工领域得到了广泛应用。然而，具体加工中所使用的数控程序代码，无论是由 CAD/CAM 系统自动生成还是由编程人员手工编写的，都有可能产生错误。不合适的数控程序可导致废品的产生，也可能导致零件与刀具、刀具与夹具、刀具与工作台之间的干涉碰撞。因此，检验数控加工代码的正确性是必不可少的重要工作。传统的方法是用实物试切，即用零件毛坯样件试加工。这种方式浪费人力物力，会降低生产效率，与现代制造业的小批量、多品种生产形成了矛盾。采用计算机仿真技术在数控加工前模拟数控加工过程，即在计算机上对工件按数控加工程序进行预加工和试切，则是解决这一困难的有效途径。

数控加工过程仿真主要包括几何仿真和物理仿真两个部分。物理仿真是在虚拟制造系统中模拟实际加工切削过程中的各种物理因素的变化，分析、预测各切削参数和干扰因素对加工过程的影响，以揭示实际加工过程的实质。目前物理仿真的研究大多还停留在理论研究阶段。几何仿真不考虑切削参数、切削力及其他物理因素对切削加工的影响，主要仿真机床、刀具和工件的相对运动，模拟工件被切除的过程，可检验数控编程所生成的刀位轨迹是否符合实际加工要求，有无过切或欠切，同时检查是否有干涉和碰撞，以避免耗时、费力的试切过程。目前，数控加工过程仿真多属于几何仿真。

数控加工过程仿真是借助计算机，利用系统模型对实际加工系统进行实验研究的过程，是数控机床在计算机虚拟环境中的映射。人可以凭直觉感知计算机产生的三维仿真模型的虚拟环境,在设计新的方案和更改方案时能够在真实制造之前在虚拟环境中进行零件的数控加工,检查数控程序的正确性和合理性,对加工方案的优劣作出评估和优化,从而最终达到缩短产品开发周期、降低生产成本、提高产品品质和生产效率的目的。

数控加工仿真有两种基本方式:

(1) 刀具中心运动轨迹仿真,简称刀位仿真;

(2) 刀具、夹具、机床和工件间的运动仿真,又称加工过程仿真。

1) 刀位仿真

刀位仿真是最早采用的图形仿真检验方法,是利用刀位文件进行的模拟仿真,一般在数控自动编程的前置处理之后进行。刀位仿真通过读入刀位数据文件检查刀位计算是否正确,加工过程中是否会发生过切,所选择刀具的走刀路线、进退刀方式是否合理,刀位轨迹是否正确,刀具与约束面是否发生干涉与碰撞等。这种仿真一般采用动画显示的方法。由于它是对后置处理以前刀位轨迹的仿真,所以可以脱离具体的数控机床环境进行。刀位仿真方法比较成熟而有效,应用普遍,刀位仿真系统的总体结构如图 6-8 所示。

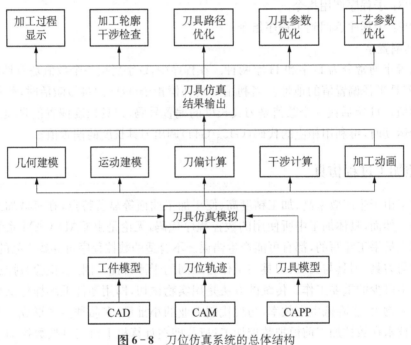

图 6-8　刀位仿真系统的总体结构

2) 加工过程仿真

目前,加工过程仿真的基本思路是:采用三维实体建模技术建立加工零件毛坯、刀具及夹具的实体几何模型,然后将加工零件毛坯、夹具的几何模型与刀具的几何模型进行快速布尔运算(一般为减运算),采用真实感图形显示技术,把加工过程中的零件模型、夹具模型、刀具模型动态地显示出来,以模拟出零件的实际加工过程。为增加动态效果,一般将加工过程中不同的显示对象采用不同的颜色表示,已加工表面与待加工表面的颜色不同,已加工表面上存在过切、干涉处又采用另一种颜色表示。这样使编程人员可以清晰地看到零件的加工过程,刀具是否过切及是否与约束面发生干涉等现象。

加工过程仿真是对数控代码进行仿真,主要用来解决加工过程中工艺系统间的干涉、碰撞问题和运动关系。数控加工工艺系统是一个复杂的系统,由刀具、机床、工件和夹具组成,在加工中心上加工,其中包括换刀和转位等动作。由于加工过程是一个动态的过程,刀具与工件、夹具、机床之间的相对位置是变化的,工件从毛坯开始经过若干道工序的加工,在形状和尺寸上均在不断地变化,因此加工过程仿真是在工艺系统各组成部分均已确定的情况下进行的一种动态仿真。加工过程动态仿真只有在数控自动编程后置处理以后,已有工艺系统实体几何模型和数控加工程序(根据具体加工零件编好)的情况下才能进行,专用性强。

对数控加工过程进行仿真,主要包括两方面的工作:一是建立实际工艺系统的数学模型,这是仿真的基础。数控代码的动态仿真检验过程是通过仿真数控机床、在数控代码的驱动下利用刀具加工零件毛坯的过程,用以实现对数控代码正确性的检查。因此要对这一过程进行图形仿真,就要有加工对象和被加工对象。加工对象包括数控机床、刀具、工作台及夹具等,被加工对象包括加工零件及数控代码。在开始仿真之前,必须要定义这些实体模型和求解数学模型,并将结果用图形和动画的形式显示出来。由于不同数控机床所使用的数控系统不尽相同,它们的数控程序格式、数控指令也不一定相同,因此要开发出一个通用的加工过程仿真系统具有一定难度。一般数控加工过程仿真系统的总体结构如图6-9所示。

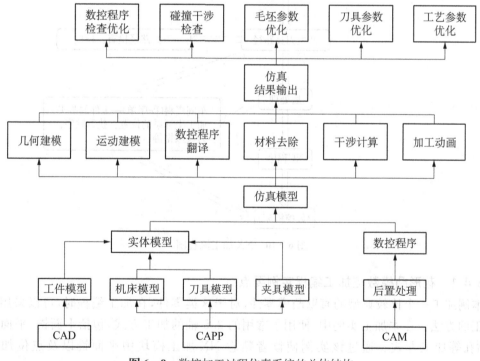

图6-9 数控加工过程仿真系统的总体结构

6.4 NX 数控加工编程应用实例

NX 是 Siemens PLM Software 公司出品的产品工程解决方案,为产品设计及加工过程提供数字化造型和验证手段。NX 是紧密集成的 CAD/CAE/CAM 软件系统,提供从产品设计、分析、仿真、数控程序生成等一整套解决方案。NX CAM 是整个 NX 系统的一部分，它以三维主模型为基础，具有强大可靠的刀具轨迹生成方法，可以完成铣削(2.5 轴～5 轴)、车削、点位加工、电火花、线切割等的编程。NX CAM 是模具数控行业最具代表性的数控编程软件，其最大的特点就是生成的刀具轨迹合理、切削负载均匀、适合高速加工。另外，在加工过程中的模型、加工工艺和刀具管理，均与主模型相关联，主模型更改设计后，编程只需重新计算即可，NX编程效率高。图 6-10 为 NX 加工流程图。

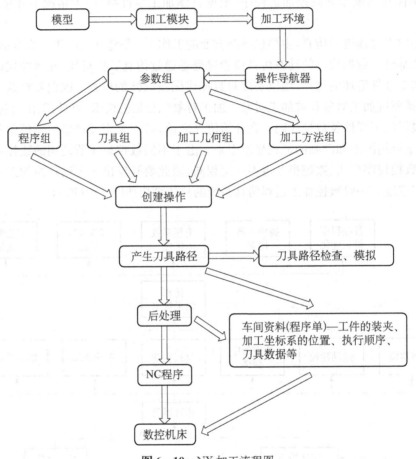

图 6-10　NX 加工流程图

6.4.1　花形凸模数控加工编程实例要点

本例加工一个比较典型的直壁凸模零件，对于这类零件，在加工编程时，可以采用平面铣加工的方法。在本加工实例中，使用了常用的 2.5 轴的加工方式，包括平面铣、平面轮廓铣、钻孔等加工方式。通过该实例使读者熟悉 NX 加工模块中平面铣以及点位加工的应用。

平面铣的几何体要注意边界，边界用于计算刀位轨迹，定义刀具运动的范围，而以底平面控制刀具切削的深度。几何体边界中包含部件边界、毛坯边界、检查边界、修剪边界和底平面5 种。

点位加工在大部分情况下是指点位加工。钻孔加工的程序相对来说是比较简单的。由于钻孔的钻头不平，所以钻孔的深度需要增加一定深度。而且在钻孔时也一定要考虑到排屑的问题。

6.4.2　加工零件分析

图 6-11 所示为某花形凸模,其凸出的部位为一个 $\phi200$ mm 的大圆形带有 6 个 R10 mm 的凹槽,凹槽的圆心处有 $\phi8$ mm 的通孔。凹槽内在中心孔附近有一个台阶。此工件毛坯为 $\phi300$ mm 的圆饼,外形精准,材料为 45♯钢。工件以底面固定安装在机床上。

图 6-11　花形凸模

6.4.3　工艺规划

1)加工原点设置

为方便进行对刀,将工件坐标系设置在顶面的中心,即 x、y 的坐标原点位于 $\phi300$ 圆的圆心点位置,而 z 坐标原点在顶平面上。

2)加工工步分析

(1)粗加工。因为该零件的大圆上带有小凹槽,所以采取先用相对较大的刀具进行粗加工,再用较小直径的刀具进行精加工。选择刀具直径为 $\phi20$ mm 的硬质合金立铣刀,主轴转速设置为 2 500 r/min,切削进给为 1 200 mm/min。考虑到刀具的切削负荷,所以每刀切削侧向步距取 10 mm;分层切削,每层切削深度为 1.5 mm。

(2)精加工。对带有凹槽的凸模外形及花形槽外形进行精加工。精加工沿着轮廓进行平面铣,由于精加工时所有几何体均和粗加工时相同,所以选择复制粗加工操作,再通过更改刀具和参数来生成精加工操作。刀具使用 $\phi12$ mm 的硬质合金平底刀进行加工,采用层铣方式,每层切深为 0.5 mm。主轴转速设置为 3 000 r/min,进给率为 1 000 mm/min。

(3)钻孔加工。凹槽圆心处有一个 $\phi8$ 的通孔。钻孔加工使用 $\phi8$ mm 的钻头,采用普通钻孔方式,设置主轴转速为 300 r/min,进给为 50 mm/min。

如表 6-3 所示为各工步的加工内容与加工方式及刀具和进给、转速等机械参数。

表 6-3　花形凸模的数控加工工步

序号	加工内容	工艺类型	使用刀具	主轴转速(r/min)	进给(mm/min)
1	外形粗加工	外形铣削-2D	$\phi20$ 平底刀	2 500	1 200
2	凹槽半精加工	外形铣削-残料加工	$\phi12$ 平底刀	3 000	1 000
3	钻孔加工	点位加工	$\phi8$ 钻头	300	50

6.4.4　初始设置

1)打开图形并检视

(1)打开模型文件。打开 NX,单击"打开文件"按钮 ,选择正确的文件,打开零件模型文件 follow. prt(图 6-12)。

(2)进入建模模块。选择"开始"→"建模"命令,进入建模模块。

(3)检视图形。在工具条上单击 按钮,将图形以正等视方向进行显示,确认工作坐标系原点在圆心位置,所有圆形均在 Z=0 的水平面上。按 Ctrl+B 键,隐藏中心线。

(4)创建毛坯图形。单击工具条中的"拉伸"按钮 ,系统弹出对话框,并提示选择节。选择对象为图形上的大圆,拉伸该截面。

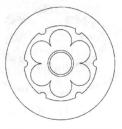

图 6 - 12 打开图形

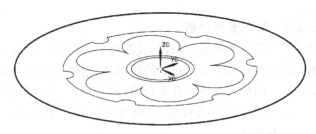

图 6 - 13 拾取外轮廓线

在"拉伸"对话框中设置参数,如图 6 - 14 所示。设置起始值为 0,结束值为 50。单击"确定"按钮生成一个拉伸实体,如图 6 - 15 所示。

图 6 - 14 拉伸参数

图 6 - 15 生成拉伸实体

图 6 - 16 加工环境设置

2）进入加工模块

（1）进入加工模块。选择主菜单中的"开始"→"加工"命令,进入加工界面进行操作。

（2）设置加工环境。进入加工模块,系统会弹出"加工环境"对话框,如图 6 - 16 所示。CAM 设置为 mill_planar,单击"确定"进入加工环境。

3）创建刀具

（1）创建刀具组。在进入加工模块后,单击工具栏上的"创建刀具"按钮 🔧,开始建立新刀具。系统弹出"创建刀具组"对话框,如图 6 - 17 所示,完成如图设置。

（2）输入刀具参数。系统默认新建铣刀为 5 - 参数铣刀,如图 6 - 18 所示设置刀具形式参数。

设定直径 D 为 20；端部圆角 R1 为 0；其余选项照默认值设定。最后点击"确定"按钮完成 D20 刀具创建。

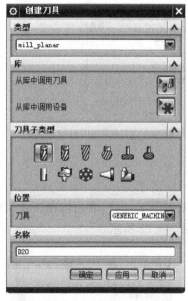

图 6 - 17　创建刀具

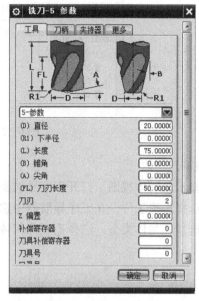

图 6 - 18　设置刀具参数

（3）创建新刀具 D12。使用相同而方法创建 D12 的平底铣刀。点击"创建刀具"按钮 ，开始建立新刀具。系统弹出"创建刀具组"对话框，名称为 D12；刀具参数中设置直径 D 为 12，其余参数按默认设置，创建平底铣刀 D12。

（4）创建钻头 Z8。再次点击"创建刀具"按钮 ，开始建立新刀具。在对话框中选取刀具类型 drill，名称 Z8，如图 6 - 19 所示；在刀具参数中设置直径为 8，其余按参数默认设置，如图 6 - 20 所示，创建钻头 Z8。

图 6 - 19　创建钻头

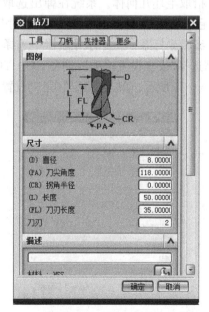

图 6 - 20　设置钻刀参数

（5）检视刀具。单击"工序导航器"按钮，打开"机床视图"命令。在工序导航器中显示加工刀具次序，并且在下面显示当前已经创建的 3 个刀具，如图 6 - 21 所示。

名称	刀轨	刀具	描述	刀具号
GENERIC_MACHINE			Generic Machine	
未用项			mill_planar	
D20			铣刀-5 参数	1
D12			铣刀-5 参数	2
Z8			钻刀	3

图 6 - 21　工序导航器

4）编辑几何体

（1）显示几何体视图。打开工序导航器，如图 6 - 22 所示。

（2）选择编辑工件。在工序导航器中选择 WORKPIECE 工件，双击编辑该几何体。

（3）选择几何体类型。选择毛坯几何体图形，如图 6 - 23 所示。

图 6 - 22　工序导航器-几何

图 6 - 23　编辑几何体

（4）拾取毛坯几何体。系统在弹出选取"毛坯几何体"时，将光标移动到毛坯几何体模型上，点击毛坯几何体，再点击"确定"，完成对几何体的编辑。

（5）编辑坐标系。在工序导航器中选择 MCS_MILL，并双击鼠标编辑，如图 6 - 24 所示。在对话框选择"安全设置选项"，创建 XC - YC 平面，并设置偏置距离为 50，也就是安全距离为 50，如图 6 - 25 所示。单击"确定"，完成设置。

图 6 - 24　"MCS"对话框

图 6 - 25　设置安全平面

6.4.5　花形凸模粗加工

1) 创建平面铣操作

进入加工模块,在工具栏找到"创建工序"按钮 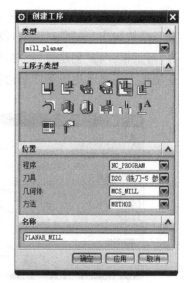,建立新的操作,如图 6-26 所示。在该对话框中设置如下: 类型选择 mill_planar。子类型选择 平面铣,程序为 NC_PROGRAM;几何体为 WORKPIECE;刀具为 D20;方法为 METHOD;操作名称输入 PLANAR_MILL。确定选项后,进入下一步操作。

2) 选择几何体

(1) 选取部件几何图形。进入这一步骤的操作,先选取"指定部件边界"图标 ,进入设置边界。

① 选择边界定义方法。如图 6-27 所示,选择"曲线/边缘"。

② 设置边界参数。系统弹出"创建边界"对话框,设置边界参数如图 6-28 所示。

图 6-26　创建平面铣

图 6-27　选择边界定义方法

图 6-28　设置边界参数

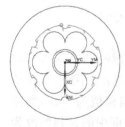

图 6-29　显示边界

③ 选择第一条边界。单击"成链"按钮,将带有凹槽的圆及凹槽全部选中,完成边界的选择。在"创建边界"对话框中单击"创建下一个边界"按钮,在图形上将显示生成第一条边界,如图 6-29 所示。

④ 选择第二条边界。将"创建边界"对话框中的材料侧改为"外部",单击"成链"按钮,点击花形凹槽,完成串连边界的选择。在"创建边界"对话框中单击"创建下一个边界"按钮,在图形上将显示生成第二条边界。

⑤ 选择第三条边界。将"创建边界"对话框中单击"平面"下拉菜单,将其改为"用户定义",系统弹出如图 6-30 所示的"平面"对话框,设置主平面为 ZC,偏移值为-10,单击"确定"按钮返回"创建边界"对话框。将"创建边界"对话框中的材料侧改为"内部",选取凸台外圆,选取"创建下一个边界"按钮。在图形上将显示生成第三条边界。

⑥ 选择第四条边界。将"创建边界"对话框中单击"平面"下拉菜单,将其改为"用户定义",系统弹出"平面"对话框,设置主平面为 ZC,偏移值为-10,单击"确定"按钮返回"创建边界"对话框。将"创建边界"对话框中的材料侧改为"外部",选取凸台内圆,选取"确定"按钮。在图形上将显示生成第四条边界,得到如图 6-31 所示图形。

图 6-30 定义平面

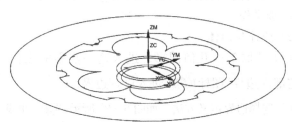

图 6-31 定义的部件边界

(2)选取毛坯几何体。在平面铣对话框中选取"指定毛坯边界"图标 ⬡,进入对话框设定毛坯几何图形。更改边界选择为"曲线/边缘"(图 6-32),因为毛坯的材料侧是切削部分,所以与部件几何体的材料侧定义应该是相反的。生成的毛坯边界如图 6-33 所示。

图 6-32 毛坯边界参数

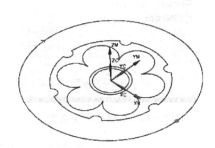

图 6-33 定义的毛坯边界

(3)选择检查几何体。选取平面铣对话框中的"指定检查边界"图标 ⬢,进入设定检查边界几何图形。更改边界选择为"曲线/边缘",将"创建边界"对话框中单击"平面"下拉菜单,将其改为"用户定义",系统弹出"平面"对话框,设置主平面为 ZC,偏移值为-16,如图 6-34 所示,单击"确定"按钮返回"创建边界"对话框,将"创建边界"对话框中的材料侧改为"内部"。

在绘图区依次拾取凹槽边界的六个圆弧,完成选择后,在"创建边界"对话框中单击"确定"完成边界定义。生成的检查边界如图 6-35 所示。

图 6 - 34　定义平面

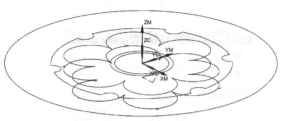

图 6 - 35　检查几何体

（4）设定底平面。选取平面铣对话框中的"指定底面"图标 ，单击"平面"，如图 6 - 36 所示设置，参考 XC - YC 平面，指定偏置距离为－20，生成图形显示底平面位置，如图 6 - 37 所示。

图 6 - 36　定义底平面

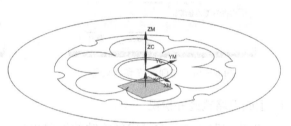

图 6 - 37　显示底平面

3）设置操作对话框参数

（1）切削方式与进退刀方式。切削方式选择跟随部件方式，设置步距确定方式如图 6 - 38 所示。自动进刀设置如图 6 - 39 所示，自动退刀与进刀相同。

图 6 - 38　余量设置

图 6 - 39　自动进刀/退刀设置

（2）设置切削深度与进给参数。单击"切削层"进行切削深度参数设置，最大值为 2，如图 6-40 所示。在进给参数中选取"进给率与速度"按钮，设置主轴转速为 2 200 r/min，进给 1 200 mm/min，其余设置如图 6-41 所示。

图 6-40　切削深度参数设置

图 6-41　进给与速度设置

4）生成刀路轨迹并检视

（1）生成刀路轨迹。在完成平面铣的设置以后，单击"生成轨迹"按钮 ▶ 计算生成刀路轨迹。平面铣刀路最后生成如图 6-42 所示。

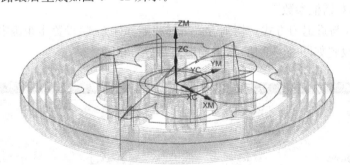

图 6-42　平面铣刀路轨迹

（2）检视刀路与确认刀轨。在完成上述各个步骤后，还需要将图形通过旋转、平移和放大来检查刀路轨迹是否正确。在平面铣对话框中可将刀路轨迹进行可视化检验，确认轨迹是否正确。

（3）确认操作。当确认生成刀路轨迹后，在工序导航器中将会出现新刀路轨迹的信息。

6.4.6　花形凸模精加工

由于精加工使用的所有加工几何体与粗加工相同，选择复制粗加工的操作，改变一些设置参数。下面简单介绍一下精加工在设置参数上的方法。

精加工选择 ϕ12 的平底刀，切削方式上改为轮廓方式，切削余量除内公差与切出公差为 0.03，其余参数都为 0。切削深度方面，最大值为 4，最小值为 1。

设置进给参数,主轴转速改为 3 000 r/min,剪切速度为 1 000 mm/min。最终生成的精加工刀路轨迹如图 6-43 所示。

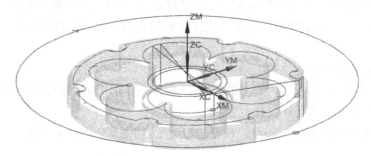

图 6-43　精加工刀路轨迹

6.4.7　钻孔加工

1) 创建点位加工操作

在工具栏的创建工具条中,单击"创建操作"按钮![icon],开始进行新操作的建立,在类型的下拉菜单中选择 drill;其余设置如图 6-44 所示。

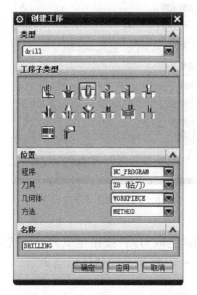

图 6-44　"创建操作"对话框

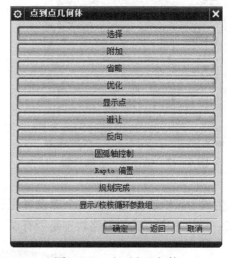

图 6-45　点到点几何体

2) 选取点位加工几何

(1) 选取加工点。在点位加工操作对话框中,选取"指定孔"图标![icon],弹出如图 6-45 所示对话框,点击"选择"按钮,弹出点位选择对话框,选择 6 个 R6 的凹槽圆弧(图 6-46)。

(2) 指定加工表面与工件底面。选取点位加工操作对话框中的"指定顶面"图标![icon],选择 ZC 主平面,指定偏置距离为-20。选取点位加工操作对话框中的"指定底面"图标![icon],选择 ZC 主平面,指定偏置距离为-30。

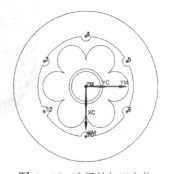

图 6-46　选择的加工点位

3）设置循环控制参数

在操作对话框中，单击"类型"下拉列表框，选择"标准钻"，设定为以标准钻削方法加工。系统将弹出"指定参数组"对话框，设定参数组为 1，单击"确定"按钮，在弹出的如图"Cycle 参数"对话框中单击"穿过底面"按钮，设置钻孔深度为穿透底平面。设置退刀距离为 30。

4）设置钻孔操作参数与生成刀路

（1）设置一般参数与进给参数。如图 6-47 所示，在操作对话框中设定最小间距为 3；通孔的深度偏置值为 1.5；盲孔深度偏置为 0。

在对话框中，单击"进给率与速度"按钮进行设置，如图 6-48 所示设置。

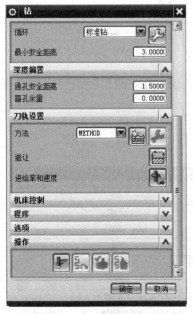

图 6-47　钻孔加工参数设置

图 6-48　进给与速度设置

（2）生成刀路轨迹并检视。在全部设置完后点击"生成刀路"按钮生成刀路轨迹，并需要像粗加工一样检查所生成的刀路轨迹是否有误。图 6-49 所示为实体模拟结果。

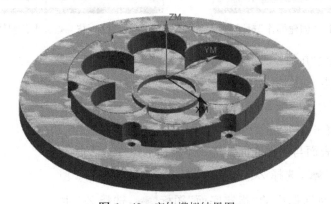

图 6-49　实体模拟结果图

思考与练习

1. 在数控机床中,刀具和运动指令的控制一般采用哪两种方式? 有何区别?

2. 准备功能 G 代码的模态和非模态有什么区别?

3. 试分析比较常用的几种数控编程方法,简要说明其原理和特点。

4. 简要叙述数控加工编程的基本过程及其主要工作内容。

5. 举例说明切触点、刀具轨迹和刀位文件的概念。

6. 什么是机床坐标系? 什么是工件坐标系? 它们是如何建立的?

7. 解释以下各程序段的意义。

(1) N005 G01 X120.7 F120.

(2) N010 G00 X35.8 Y60.9 S1200

(3) N100 T06 M06

　　　 N105 G43 H06

(4) N080 G03 X0. Y−12.5 I−15. J0.

　　　 N090 G02 X−12.5 Y0. I0. J12.

8. 编写钻孔的数控加工程序,如图 6-50 所示的四个孔。

说明:①将程序零点设在如图 6-50 所示 O 位置;②Z 的零点设在工件上表面。

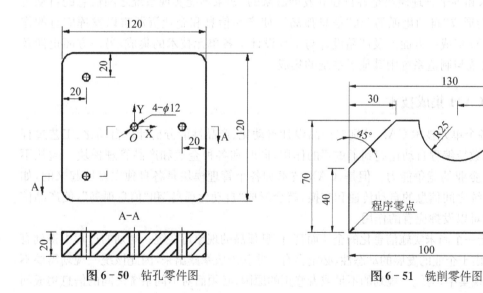

图 6-50　钻孔零件图　　　　　　图 6-51　铣削零件图

9. 编写工件的外轮廓的精加工程序,如图 6-51 所示。刀具直径为 25 mm 的立铣刀,进给为 70 mm/min,主轴转速 800 r/min。

说明:①将程序零点设在如图 6-51 所示位置;②Z 的零点设在工件上表面。

10. 什么是后置处理? 图形交互式编程为什么要进行加工路径后置处理? 经过后置处理的加工程序与手工编写的加工程序有何异同?

11. 数控加工仿真有哪几种基本类型? 各自的意义和作用是什么?

12. 简要叙述基于 NX 进行数控编程的一般步骤。

第7章

CAD/CAM 集成技术及相关新技术

◎ **学习成果达成要求**

通过学习本章,学生应达成的能力要求包括:
1. 掌握并能应用典型产品数据交换标准与接口技术。
2. 能够正确分析 3D 打印原理、建模、打印方法并能实际应用。
3. 能够正确分析 PDM/PLM 基本功能及组成模块,并能够应用一种典型 PDM/PLM 软件。

«««

CAX 技术和各个管理模块是各自独立发展起来的,如果不能实现系统之间信息的自动传递和交换,就会形成"自动化孤岛"和"信息孤岛",使产品信息和企业资源难以发挥应有的作用。CAD/CAM 集成一方面涉及产品设计与工程设计子各单元技术的集成,另一方面也涉及 CAD/CAM 系统与制造系统中其他子系统的集成。

7.1 CAD/CAM 集成技术

CAD 的各个单元技术 CAX 分别对产品设计自动化、产品性能分析计算自动化、工艺过程设计自动化和数控编程自动化起到了重要的作用,同时和各种企业和产品管理模块一起从不同层面提高了企业的竞争能力。但是,CAX 技术和各个管理模块是各自独立发展起来的,如果不能实现系统之间信息的自动传递和交换,就会形成"自动化孤岛"和"信息孤岛",使产品信息和企业资源难以发挥应有的作用。

因此,对于一个尚未实施信息化的企业而言,信息孤岛的现象可在统一规划的过程中得到有效的解决。但由于企业的发展的动态性,必定会有一些新矛盾暴露出来,因此该统一规划需要不断修正。但在现实中,为统一规划的不足或者修正的原因,必须面对不同系统之间的信息集成问题。同时,面对制造业全球化的竞争态势,企业除了要整合企业内部业务流程外,还要实现与合作伙伴及联盟企业的资源共享、协同工作和产品数据集成。因此,单元技术和管理模块的集成、企业内部与合作伙伴之间的集成及产品全生命周期信息的集成,成为 CAD 技术研究的关键问题。

7.1.1 CAD/CAM 集成方式

CAD/CAM 集成一方面涉及产品设计与工程设计子各单元技术的集成,另一方面也涉及 CAD/CAM 系统与制造系统中其他子系统的集成。

为设计者提供二维绘图、三维模型、有限元分析、三维零部件装配、干涉检查等功能的 CAD 单元需要向 CAPP 和 CAM 单元提供信息,CAPP 单元提供基于计算机的工艺过程设计能力,包括检索标准工艺文件,选择加工方法,安排加工路线,选择机床、刀具、量具、夹具,选择装夹方式和装夹表面,优化选择切削用量,计算加工时间和加工费用,确定工序尺寸和公差及选择毛坯,编制工艺文件等。CAPP 单元也需要从 CAD 系统中获取零件的有关信息,从资源库中获取有关的资源信息。CAM 单元提供基于计算机的数控自动编程和加工仿真信息,它接收 CAD 系统提供的零件模型及 CAPP 系统提供的工艺信息,经处理后输出刀位文件,再经后置处理,产生数控加工代码。由于 CAD、CAPP、CAM 及相关的仿真检验、分析评价工具的发展历程不同、开发商不同,各单元技术及不同厂商的产品之间,所采用的数据结构、系统体系和接口标准之间都存在一定的差异,所以它们之间的信息集成是 CAD/CAM 系统内部集成的主要内容。目前通过特征建模及基于 STEP 标准的产品模型,使 CAD/CAM 单元技术集成有了很大的进步,但要达到实用阶段,仍有很多技术问题需要解决。

　　CAD/CAM 系统与制造系统中其他子系统的集成,主要指 CIMS 系统中,产品设计与工程设计子系统(CAD/CAM 系统)同管理决策子系统(MIS 系统)、制造自动化子系统(MAS 系统)、质量管理与保证子系统(QAS 系统)之间的信息交换与共享。

　　从 CAD/CAM 系统集成技术的实际应用上看,集成有两种方式。一种是系统的集成,也就是将不同功能、不同开发商的单元系统集成到一起,形成一个完整的 CAD/CAM 系统。这种应用系统的优点是单元配置灵活,可以选择单元技术最优秀的系统进行组合。另一种是集成的系统,即在系统设计一开始,就将系统未来要用的功能都考虑周全,并将这些功能集成到一个系统中,特别采用统一的产品数据模型的共享机制,因此不会有任何连接的痕迹。

7.1.2　产品数据交换标准与接口技术

　　在复杂产品开发过程中,需要将产品模型、设计分析工具、设计开发流程、设计知识经验、标准规范等进行全面集成,构建设计能力平台,丰富产品的工程信息描述,建立完备的产品信息模型,促使设计经验、知识和方法不断积累,强化产品创新能力。集成产品开发涉及的技术如图 7-1 所示。在这一过程中需要将功能不同的软件系统,如设计、制造、分析及信息管理等

图 7-1　集成产品开发中涉及的技术

系统,按照不同的用途有机地结合起来,组织各种信息的传递,保证系统内信息通畅,在集成过程中不可避免地会涉及标准与接口技术。

1) 数据交换的类型

由于市场上有非常多的软件共存,为了在这些软件之间取长补短,也为了保护用户的劳动成果,数据交换非常重要。

(1) 数据交换根据操作环境的不同可分为三类。

① 不同操作系统软件之间的交换,如 UNIX 与 Windows 程序间数据的交换。有相当多的 CAD/CAM 软件运行于 UNIX 而不是 Windows 操作系统,进行数据交换时必须采用中性的数据交换文件,即在不同的操作系统中交换数据时,需要将文件从一个操作系统传送到另一个操作系统,传输过程中需要使用 FTP 命令,这个命令所有的操作系统都支持。

② 同种操作系统中不同软件之间的交换,如 NX 与 Pro/E 数据间的交换。

③ 同种软件之间的数据交换。

(2) 根据数据的性质不同,数据交换又可分为以下三类。

① 三维模型数据之间的交换。目前大部分的大型 CAD 软件能够输入、输出 IGES、STEP、VDA 格式的文件,从而可以交换三维的曲线、曲面和实体。IGES 数据交换格式的应用比较广泛,几乎所有的 CAD 系统都支持。STEP 是国际上新的数据交换格式,是三维数据交换的发展方向。VDA 也是一种重要的数据交换文件。扩展名为 SAT 的 ACIS 中性数据交换文件,随着 ACIS 图形核心(ACIS geometry kernal)技术的广泛使用,ACIS 可能成为在不同 CAD 软件之间交换实体数据的标准。现在有的系统支持 VRML2.0。VRML 是一种虚拟现实语言,适用于远程数据交互的场合。

② 二维矢量图形之间的交换。DWF(drawing web format)文件是一个高度压缩的二维矢量文件,它能够在 Web 服务器上发布,用户可以使用 Web 浏览器,例如 Navigator 或 IE 浏览器在 Internet 上查看 DWF 格式的文件。

用户可以将输出到 DWF 文件的图形的精度设置在 32 位到 36 位之间,缺省值为 20 位。一般来说,对于简单的图形,输出精度的高低并没有明显的差别,但对于复杂的图形,最好选用高一点的精度。当然,这是以牺牲输出文件的读取数据时间为代价的。

在 CAD 领域虽然有一些标准可保证用户在不同的 CAD 软件之间传递图形文件,但效果并不很明显。由 Autodesk 公司开发的中性数据交换文件 DXF(drawing exchange file)格式,现已成了传递图形文件事实上的标准,目前已经得到大多数 CAD 系统的支持。用 DXF 格式建立的文件可被写成标准的 ASCII 码,从而在任何计算机上都可阅读这类文件。

Windows 的图元文件(metafile)是一个矢量图形。当它被输入到基于 Windows 的应用程序之中时,可以在没有任何精度损失的前提下被缩放和打印。Windows 的图元文件的扩展名为"WMF"。

Postscript 是由 Adobe 公司开发的一种页描述语言,它主要用在桌面印刷领域,并且只能用 postscript 打印机来打印。postscript 文件的扩展名为"eps"。

③ 光栅图像之间的交换。BMP 文件是最常见的光栅文件,光栅文件也称点阵图,文件的字节比较长。由于 BMP 文件占用的磁盘空间太多,所以人们发明了各种压缩文件格式,如 JPEG、TIFF 等,压缩率很高,但有一定的图像失真。

2) 标准接口

数据交换标准起始于美国国家标准和技术研究所(National Institute of Standards and

Technology，NIST)研制的 IGES(initial graphics exchange specification)之后，一系列标准陆续面世：法国国家宇航局(AEROS)在 IGES 的基础上开发了数据传输和数据交换接口 SET(standard exchange et de transfert)；德国汽车制造协会(VDA)公布 VDA－FS(Verband der Automobil-Industrie Flaechenschnitt-stelle)，用于汽车自由曲面的数据转换，来满足曲面建模的需要；美国空军在 IGES 的基础上开发了一个从设计到制作的产品数据接口 PDDI(product definition data interface)；与 PDDI 相衔接，NIST 开发 PDES(product data exchange specification)；欧洲信息技术研究与发展战略计划 ESPRIT 开发了计算机辅助设计接口 CADI(computer aided design interface)。最终大家认识到 CAD 软件需要一个统一、规范的能够为产品的全生命周期内产生的所有数据进行交换的统一格式，这就是 ISO 正在为之努力的 STEP 标准。

标准接口是已经被国际标准化组织或某些国家的标准化部门所采用，具有开放性、规范性和权威性的标准，其中最具有代表性的是 IGES 标准和 STEP 标准。

(1) IGES 标准。IGES 标准是在 CAD 领域应用最广泛，也是最成熟的标准。几乎市场上所有的 CAD 软件都提供 IGES 接口，它是美国国家标准和技术研究所研制，早在 20 世纪 80 年代就被纳入美国国家标准 ANSIY 14.26M。我国在 20 世纪 90 年代初将 IGES 纳入国家标准 GB/T 14213—1993《初始图形交换规范》(已作废，被 GB/T 14213—2008 代替)。

在 IGES 标准中，用于描述产品数据的基本单元是实体。IGES 1.0 中有几何实体、注释实体和结构实体三种实体；IGES 2.0 扩大了几何实体的范围，能进行有限元模型数据的传输；IGES 3.0 增加了更多的制造用非图形信息；IGES 4.0 增加了实体建模中的 CSG 表示；IGES 5.0 增加了一致性需求。IGES 标准不仅包含描述产品数据的实体，还规定了用于数据传输的格式，它还可以用 ASCII 码和二进制这两种格式来表示。ASCII 格式可有两种类型：固定行长格式和压缩格式。二进制格式采用字节结构，用于传输大文件。IGES 文件是由任意行数所组成的顺序文件，一个文件可由 6 个独立的段组成，分别是标记段、起始段、全局段、目录条目段、参数数据段和结束段，也可不包括标记段。

IGES 的特点是数据格式相对简单，如果使用 IGES 接口进行数据交换，发现有问题时用户对结果进行修补较为容易。但是 IGES 标准存在以下四个方面的问题。

① 数据传输不完备，往往一个 CAD 系统在读、写一个 IGES 文件时会有部分数据丢失。

② 一些语法结构具有二义性。

③ 交换文件的所占的存储空间太大，会影响数据文件处理的速度。

④ 不能适应在产品生命周期的不同阶段中数据的多样性和复杂性。

(2) STEP 标准。STEP 标准是解决制造业当前产品数据共享难题的重要标准，它为 CAD 系统提供中性产品数据的公共资源和应用模型，并规定了产品设计、分析、制造、检验和产品支持过程中所需的几何、拓扑、公差、关系、属性和性能等数据，还包括一些与处理有关的数据。

STEP 标准为三层结构，包括应用层、逻辑层和物理层。在应用层，采用形式定义语言描述了各应用领域的需求模型。逻辑层对应用层的需求模型进行分析，形成统一的、不矛盾的集成产品信息模型(integrate product information model，IPIM)，再转换成 Express 语言描述，用于与物理层联系。在物理层，IPIM 被转化成计算机能够实现的形式，如数据库、知识库或交换文件格式。

《产品数据表示和交换》(ISO 10303)是由 ISO/TCT84/SC4 工业数据分技术委员会制定的一套标准。我国正逐渐在把它转化为国家标准。

STEP 确定的项目共有 36 个,SC4 将其分成了 6 个组。

① 描述方法(description methods);

② 集成资源(integrated resource);

③ 应用协议(application protocols);

④ 抽象测试套件(abstract test suites);

⑤ 实现方法(implementation methods);

⑥ 一致性测试(conformance testing)。

STEP 标准现在的基础部分已经很成熟。到目前为止,国际市场上有实力的 CAD 系统几乎都配了 STEP 数据交换接口。与 IGES 标准相比较,STEP 标准具有以下优点:它针对不同的领域制定了相应的应用协议,以解决 IGES 标准的适应面窄的问题。根据标准化组织正制定的 STEP 应用协议看,该标准所覆盖的领域除了目前已经正式成为国际标准的二维工程图、三维配置控制设计以外,还将包括一般机械设计和工艺、电工电气、电子工程、造船、建筑、汽车制造、流程工厂等。

3) 业界接口

在软件的发展过程中,由于没有完全满足要求的标准接口,又需要和其他软件进行数据的共享和交换,于是诞生了有影响的、被业界认可的通用接口规范。例如,二维 CAD 软件有 AutoCAD 公司的 DXF;三维软件有 Spatial Technology 公司的 ACIS SAT、Siemens 公司的 Parasolid X_T。

(1) Autodesk DXF。DXF(drawing interchange file)是包含了对 AutoCAD 图形上各种实体及绘图环境的详细描述的 ASCII 文件,其二进制为 DXB,主要用于不同版本的 AutoCAD 之间的图形转换和与其他二维 CAD 系统之间的图形转换。

(2) ACIS SAT。ACIS 是美国 Spatial Technology 公司推出的三维几何建模引擎,它集线框、曲面和实体建模于一体,并允许这三种方式共存于统一的数据结构中,为各种三维建模应用的开发提供了几何建模平台。许多著名的大型系统都是以 ACIS 作为建模内核的,如 AutoCAD、CADKEY、MDT、TurboCAD 等。

ACIS 提供了两种模型存储文件格式:以 ASCII 文本格式存储的 SAT(save as text)文件,以二进制格式存储的 SAB(save as binary)文件。

(3) Parasolid X_T。Siemens 公司的 Parasolid X_T 是与 ACIS、DesignBase 等系统齐名的商用几何建模系统,可以提供精确的几何边界表达,能在以它为几何核心的 CAD 系统间可靠地传递几何和拓扑信息。它的拓扑实体包括点、边界、片、环、面、壳体、区域、体。NX、SolidWorks、SolidEdge 等都采用它作为内核。

4) 单一的专用接口

为了扩大自己的软件市场和兼容其他软件厂的模型,有些 CAD 软件专门开发了读取和写入其他软件模型格式文件的专门接口。例如,CAXA 电子图板能直接读取 AutoCAD 的 DWG 文件,ANSYS 可以直接读取来自 CATIA、NX、Pro/E 的文件,SolidWorks 可以读取 SAT、X_T 文件。CAD 软件之间的数据交换技术是由于人们刚开始开发各领域软件时没有认识到各种数据模型的集成性才产生的,如果需要进行不同软件间的数据交换,目前建议的一般原则如下:

(1) 如果有专用接口,就使用专用接口,因为专用接口都是有针对性地开发的,数据传输中丢失的信息最少。

（2）如果没有专用接口，尽可能使用输出软件的内核系统事实通用接口。例如，需要将 CAD 的数据输出到有限元分析软件 ANSYS 中，由于 ANSYS 软件能够读取多种中间格式的文件（如 IGES、SAT、Parasolid 文件等），如果中间模型文件是从 SolidWorks 软件中导出的，应使用 Parasolid（SolidWorks 软件使用的几何内核是 Parasolid）接口；如果是从 MDT 软件中导出的，就应该使用 SAT（MDT 软件使用的几何内核是 ACIS）接口。这样数据丢失会比较少。

（3）使用标准通用接口。从目前来看，几乎所有的 CAD 软件中都同时配备有 IGES、STEP 转换接口，但 IGES 比 STEP 要成熟，况且 STEP 还正在发展之中，暂时应优先使用 IGES。

必须注意的是：不论使用哪种接口，都需要确保两端软件的接口版本和参数尽量一致，以获得较高的数据传输精度。

5）CAD 软件数据交换的实现

数据交换一般通过以下三种方式实现：

（1）直接开发转换程序。当采用标准转换方式不能解决问题，或者没有找到合适的文件转换工具时，对于大量待转换的文档，可以直接进行格式转换程序的开发。这种方式耗费的人力和机时较多，而且需要相关 CAD 软件的开发资源。

（2）手动实现。根据转换关系描述数据表，查询到可以进行格式转换的软件，通过 CAD 系统软件进行转换。

（3）由程序自动实现。当在 PDM 或其他集成系统、文件共享系统中应用 CAD 文件时，能够实现文件格式自动转换是非常方便和必要的。一般说来，自动转换功能的实现依赖于 CAD 系统提供的有效开发工具。常见的 CAD 系统都提供开发接口，比如 Pro/E 携带了 Pro/Develop，AutoCAD 有 ADS 等。利用这些接口，就可以实现文件格式自动转换。

7.2　3D 打印

3D 打印机，即 3D Printers，是指将原料（塑料、金属等）层层堆叠，形成 3D 物体的制造工艺。由于与传统的、通过对材料进行去除裁切等操作来制造物体的工艺不同，3D 打印也被称为增材制造。在专业领域它有另一个名称"快速成形技术"。快速成形技术又称快速原型制造（rapid prototyping manufacturing，RPM）技术，诞生于 20 世纪 80 年代后期，被认为是近 20 年来制造领域的一个重大成果。它集机械工程、CAD、逆向工程技术、分层制造技术、数控技术、材料科学、激光技术于一身，可以自动、直接、快速、精确地将设计思想转变为具有一定功能的原型或直接制造零件，从而为零件原型制作、新设计思想的校验等方面提供了一种高效低成本的实现手段。

从 20 世纪 80 年代到今天，3D 打印技术走过了一条漫长的发展之路。1984 年诞生了将数字资源打印成三维立体模型的技术。1993 年，麻省理工学院教授 Emanual Sachs 创造了三维打印技术（3DP），将金属、陶瓷的粉末通过黏接剂粘在一起成形。2005 年世界上第一台高精度彩色 3D 打印机 SpeCTRum 2510 问世。同年，英国巴斯大学的 Adrian Bowyer 发起了开源 3D 打印机项目 RepRap，目标是通过 3D 打印机本身，能够制造出另一台 3D 打印机。现在市面上已经有十几种不同的 3D 打印机的技术，其中比较成熟的有 FDM、SLA 和 SLS 等方法。

7.2.1 原理与特征

1）3D 打印原理

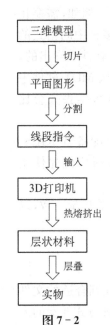

图 7-2
3D 打印过程

3D 打印是快速成型技术的一种，它是一种以数字模型文件为基础，运用粉末状金属或塑料等可粘合材料，通过逐层打印的方式来构造物体的技术。其原理和喷墨打印机类似，打印机内装有粉末等"打印材料"，首先将设计的产品分为若干薄层，通过程序控制采用分层加工，每次用原材料生成一个薄层，一层一层叠加起来，最终使计算机上的三维模型变为实物。

三维打印的设计过程是：先通过计算机建模软件建模，再将建成的三维模型"分区"成逐层的截面（即切片），从而指导打印机逐层打印，如图 7-2 所示。

（1）三维建模。通过 NX、PTC/Creo、SolidWorks、Inventor 等三维建模软件从大脑构思抽象三维模型开始，逐步建立三维数字化模型，或是通过 3D 扫描设备获取对象的三维数据，进一步以数字化方式生成三维模型。然后将模型转化为 STL 格式。

（2）分层切割。3D 打印机并不能直接打印 3D 模型，需利用要专门的软件来进一步处理，即将模型切分成一层层的薄片，每个薄片的厚度由喷涂材料的属性和打印机的规格决定。三维模型分层切片过程如图 7-3 所示。

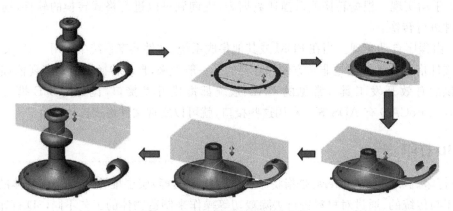

图 7-3 三维模型分层切片过程

（3）打印。3D 打印机将打印耗材逐层喷涂或熔结到二维空间中，根据工作原理的不同，有多种实现方式。比较常见的是 FDM 3D 打印机及利用丝状线材，经送料机构进入喷嘴，高温熔化后挤出，喷头直径一般为 0.2 mm 左右。挤出的材料在工作台上一层一层地熔结成模型。整个过程根据模型大小、复杂程度、打印材质，打印时间从数小时到几十小时不等。

（4）后期处理。模型打印完成后一般都会有毛刺或是粗糙的截面。这时需要对模型进行后期加工，如固化处理、剥离、修整、上色等等，才能最终完成所需要的模型的制作。

① FDM 技术 3D 打印机的原理。熔积成型法（fused deposition modeling，FDM），该方法使用丝状材料（石蜡、金属、塑料、低熔点合金丝）为原料，利用电加热方式将丝材加热至略高于熔化温度（约比熔点高 $1℃$），在计算机的控制下，喷头作 $x-y$ 平面运动，将熔融的材料涂覆在工作台上，冷却后形成工件的一层截面，一层成形后，喷头上移一层高度，进行下一层涂覆，这样逐层堆积形成三维工件。

② SLA 技术 3D 打印机的原理。SLA 是"stereo lithography appearance"的缩写,即立体光固化成型法。用特定波长与强度的激光聚焦到光固化材料表面,使之由点到线,由线到面顺序凝固,完成一个层面的绘图作业,然后升降台在垂直方向移动一个层片的高度,再固化另一个层面。这样层层叠加构成一个三维实体。SLA 是最早实用化的快速成形技术,采用液态光敏树脂原料。其工艺过程是,首先通过 CAD 设计出三维实体模型,利用离散程序将模型进行切片处理,设计扫描路径,产生的数据将精确控制激光扫描器和升降台的运动;激光光束通过数控装置控制的扫描器,按设计的扫描路径照射到液态光敏树脂表面,使表面特定区域内的一层树脂固化后,当一层加工完毕后,就生成零件的一个截面;然后升降台下降一定距离,固化层上覆盖另一层液态树脂,再进行第二层扫描,第二固化层牢固地粘结在前一固化层上,这样一层层叠加而成三维工件原型。将原型从树脂中取出后,进行最终固化,再经打光、电镀、喷漆或着色处理即得到要求的产品。

③ SLS 技术 3D 打印机的原理。SLS(selective laser sintering)选择性激光烧结(以下简称 SLS)是采用激光有选择地分层烧结固体粉末,并使烧结成型的固化层,层层叠加生成所需形状的零件。其整个工艺过程包括 CAD 模型的建立及数据处理、铺粉、烧结以及后处理等。SLS 技术最初是由美国得克萨斯大学奥斯汀分校的 Carlckard 于 1989 年在其硕士论文中提出的。后美国 DTM 公司于 1992 年推出了该工艺的商业化生产设备 Sintersation。几十年来,奥斯汀分校和 DTM 公司在 SLS 领域做了大量的研究工作,在设备研发和工艺、材料研制上取得了丰硕成果。

2) 3D 打印建模要求

3D 建模软件建立的模型如果用于动画制作时,基本上不需要考虑真实性,只注重模型的视觉效果即可。但如果设计的 3D 模型用于 3D 打印,那么需要注意以下几点:

(1) 三维模型必须有厚度。在各类软件中,曲面都是理想的,没有壁厚,但在现实中没有壁厚的东西是不存在的,所以在建模时不能简单地由几个曲面围成一个不封闭的模型。

(2) 物体模型必须为流形(manifold)。流形的完整定义请参考数学定义。简单来看,如果一个网格数据中存在多个面共享一条边,那么它就是非流形的(non-manifold)。请看下面的例子:两个立方体只有一条共同的边,此边为四个面共享(图 7-4)。

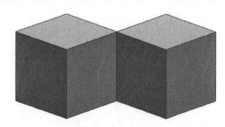

图 7-4　非流形体

(3) 45 度法则。任何超过 45 度的突出物都需要额外的支撑材料或是高明的建模技巧来完成模型打印,而 3D 打印的支撑结构比较难做。添加支撑又耗费材料,又难处理,而且处理之后会破坏模型的美观。因此,建模时尽量避免需要加支撑。

(4) 预留容差度。对于需要组合的模型,需要特别注意预留容差度。要找到正确的度可能会有些困难,一般解决办法是在需要紧密接合的地方预留 0.8 mm 的宽度;给较宽松的地方预留 1.5 mm 的宽度。但这并不是绝对的,还须深入了解自己的打印机性能。

(5) 物体模型的最小厚度。打印机的喷嘴直径是一定的,打印模型的壁厚考虑到打印机能打印的最小壁厚。不然,会出现失败或者错误的模型。表 7-1 为 3D 建模时,模型不同部位的极限尺寸。

表 7 - 1 三维模型中不同部位的极限尺寸

	参数	最小值(单位：mm)		图例
1	孔径	0.5		
2	柱体直径	0.3	高度<7	
		1.5	高度 7～30	
3	壁厚	0.4		
4	凹槽	0.4		
5	凸起	0.1		
6	悬臂	1		
7	运动部件间隙	0.5		

3) STL 文件

STL 是 stereo lithography(立体印刷)的简写,是标准三角片语言。还有一种说法,STL 是标准镶嵌语言(standard tessellation)的简写。

STL 文件格式是由 3D SYSTEM 公司于 1988 年制定的一个接口协议,是一种为快速原型制造技术服务的三维图形文件格式。以 . stl 为后缀的 3D 模型文件成为 3D 打印的标准文件,几乎所有的快速成型机都可以接收 STL 文件格式进行打印。

现在市面上主流 FDM 技术的 3D 打印机软件主要识别的格式是 STL,当然还有 OBJ、Thing 等格式。

STL 文件格式说明:

solid filename stl//文件路径及文件名

facet normal $\quad x\ y\ z$//三角面片法向量的 3 个分量值

outer loop

vertex $\quad x\ y\ z$//三角面片第一个顶点坐标

vertex $\quad x\ y\ z$//三角面片第二个顶点坐标

vertex $\quad x\ y\ z$//三角面片第三个顶点坐标

endloop

endfacet $\quad$//完成一个三角面片定义

---

endsolid filename stl//整个 STL 文件定义结束

在 CAD 软件中,当输出 STL 档案时,可能会看到的参数设定名称,如弦高(chord height)、误差(deviation)、角度公差(angle tolerance)或是某些相似的名称。建议存储值为 0.01 或是 0.02。一般不需要去将参数设定的太细致。比较精致的 STL 相对档案也会比较大型,这会影响到切层软件进行处理的速度。

虽然 STL 格式目前还不是正式的快速成型标准数据交换文件格式,但所有的三维 CAD 造型软件及快速原型制造系统都支持 STL 文件,已被视为"准"工业标准。不过不同的 CAD 系统输出 STL 文件的步骤有所不同,如果参数选择不当可能会影响到快速成形制件的质量,给用户造成不必要的损失。

从计算机三维 CAD 设计的造型软件中输出 STL 格式数据文件的方法一般都比较简单,需要注意的是要选择合适的转换精度。精度太低,影响制件的质量;但精度过高,文件尺寸太大,又不便数据的传输,同时影响快速成形系统数据处理的速度。图 7 - 5 所示为不同精度 STL 文件模型。

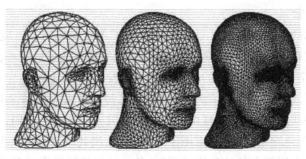

图 7 - 5 不同精度的 STL 文件

对于 NX 软件,STL 的输出方法与大部分软件类似,其控制精度的参数为"Triangle tol"(三角形公差)和"Adjacency Tol"(邻接公差),一般选择 0.025~0.05 mm 为宜。

7.2.2 应用领域

3D 打印机的应用对象可以是任何行业,只要这些行业需要模型和原型。目前,3D 打印技术已在工业设计、文化艺术、机械制造(汽车、摩托车)、航空航天、军事、建筑、影视、家电、轻工、医学、考古、雕刻、首饰等领域都得到了应用。随着技术自身的发展,其应用领域将不断拓展。这些应用主要体现在以下几个方面:

(1) 设计方案评审。借助于 3D 打印的实体模型,不同专业领域(设计、制造、市场、客户)的人员可以对产品实现方案、外观、人机功效等进行实物评价。

(2) 制造工艺与装配检验。3D 打印可以较精确地制造出产品零件中的任意结构细节,借助 3D 打印的实体模型结合设计文件,可有效指导零件和模具的工艺设计,或进行产品装配检验,避免结构和工艺设计错误。

(3) 功能样件制造与性能测试。3D 打印的实体原型本身具有一定的结构性能,同时利用 3D 打印技术可直接制造金属零件,或制造出熔(蜡)模;再通过熔模铸造金属零件,甚至可以打印制造出特殊要求的功能零件和样件等。

(4) 快速模具小批量制造。以 3D 打印制造的原型作为模板,制作硅胶、树脂、低熔点合金等快速模具,可便捷地实现几十件到数百件数量零件的小批量制造。

(5) 建筑总体与装修展示评价。利用 3D 打印技术可实现模型真彩及纹理打印的特点,可快速制造出建筑的设计模型,进行建筑总体布局、结构方案的展示和评价。

(6) 科学计算数据实体可视化。计算机辅助工程、地理地形信息等科学计算数据可通过 3D 彩色打印,实现几何结构与分析数据的实体可视化。

(7) 医学与医疗工程。通过医学 CT 数据的三维重建技术,利用 3D 打印技术制造器官、骨骼等实体模型,可指导手术方案设计,也可打印制作组织工程和定向药物输送骨架等。

(8) 首饰及日用品快速开发与个性化定制。利用 3D 打印制作蜡模,通过精密铸造实现首饰和工艺品的快速开发和个性化定制。

(9) 动漫造型评价。借助动漫造型评价可实现动漫等模型的快速制造,指导和评价动漫造型设计。

(10) 电子器件的设计与制作。利用 3D 打印可在玻璃、柔性透明树脂等基板上,设计制作电子器件和光学器件,如 RFID、太阳能光伏器件、OLED 等。

7.3 PDM/PLM

7.3.1 基本概念

随着计算机技术的发展和 CAD、CAE、CAPP、CAM 系统的广泛应用,大量的产品数据都是以数字化的形式存储、处理和传递,传统的采用纸质文件的设计管理方式发生了巨大的转变,企业进入了以数字化技术为核心的数字化产品开发的新阶段,制造企业中的产品开发能力和设计质量得到了有效提高。但必须清醒地看到,这些计算机应用系统只能解决企业产品设计与生产过程中的一些局部问题,并且由于很多计算机异构系统的应用,又带来了一系列新的问题。例如,数据资源急剧增加,检索重用困难,数据无法共享,数据缺乏安全性,甚至会出现数据泛滥以及产品生命周期中的信息集成问题;各种计算机辅助系统自成体系,彼此之间缺少有效的信息沟通与协调,"信息孤岛"由此而生,信息难以交流和共享。如果没有一种有效、透明的数据管理方法和手段,制造企业中大量的数据资源并不能产生应有的价值。从国际上看,20 世纪 70 年代中期到 80 年代初,美、英等国的企业开始大量应用计算机技术。他们花费了巨大的成本来解决产品生命周期中各种数据的管理问题。

　　制造企业产品生命周期中的数据包括所有与产品有关的数据,以及来自产品设计、生产、支持的过程信息。这些产品数据在一定程度上已经成为企业十分重要的知识资源和生产要素。企业的很多业务活动都是在计算机网络的基础上,围绕这些产品数据和技术信息而开展的。因此,从企业发展的角度来看,应该建立一个能满足产品生命周期的信息管理框架,来组织和规范企业的各种数据资源,使产品生命周期中的市场信息、产品数据、技术文档、工作流程、工程更改、项目信息和质量信息等能够有效地进行交换、集成和共享,实现产品生命周期的信息集成、过程集成和协同应用。

　　产品数据管理(product data management,PDM)是在现代产品开发环境中成长发展起来的一项以软件为基础,以产品为核心,实现对产品相关的数据、过程和资源进行一体化集成管理的技术。它将所有与产品有关的信息和所有与产品相关的过程集成在一起,使产品数据在其整个生命周期内保持一致,保证已有的产品信息为整个企业用户共享使用,帮助部门或企业管理贯穿于整个产品生命周期的产品数据及开发过程。PDM 技术的核心在于能够使所有与产品开发项目相关的人在整个信息生命周期中自由共享与产品相关的异构数据。PDM 可看作是一个企业信息的集成框架,各种应用程序,诸如 CAD/CAE/CAM/CAPP/EDA/OA 等将通过各种各样的方式如应用接口、开发,直接作为一个个对象被集成进来,使分布在企业各个地方、在各个应用中使用(运行)的所有产品数据得以高度集成、协调、共享,所有产品研发过程得以高度优化或重组。PDM 技术从 20 世纪 80 年代兴起至今,有了一段不短的发展历程。近年来,随着国内企业信息化的逐步深入,PDM 正被越来越多的企业所重视。图 7 - 6 所示为 PDM 管理下的信息环境示意图。

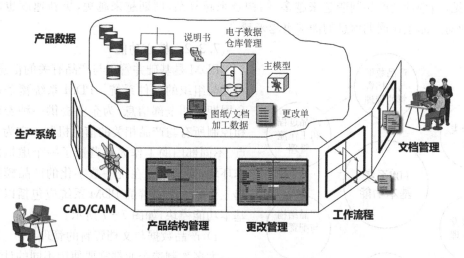

图 7 - 6　PDM 管理下的信息环境

　　产品全生命周期管理(product overall lifecycle management,PLM)是当代企业面向客户和市场,快速重组产品每个生命周期中的组织结构、业务过程和资源配置,从而使企业实现整体利益最大化的先进管理理念。PLM 是指一类软件和服务,使用 Internet 技术,使每个相关人员在产品的生命周期内协同地对产品开发、制造、销售进行管理,而不管这些人员在产品开发和商务过程中担任什么角色、使用什么计算机工具、身处什么地理位置或在供应链的什么环节。PLM 是 PDM 技术的基础上发展起来的,是 PDM 的功能延伸。PDM 不但可以用于企业的文档管理、产品结构与配置管理、工程变更管理、过程管理等方面,而且可以作为企业流程优化、ISO 9000 认证、协同设计与虚拟制造的支撑平台。但 PDM 主要针对产品开发过程,强调对工程数据的管理,其应用也是围绕工程设计部门而展开的,而 PLM 是一种对所有与产品相关的数据在其整个生命周期内进行管理的技术。可以说,PLM 完全包含了 PDM 的全部内容和功能。但 PLM 又强调了对产品生命周期内跨越供应链的所有信息进行管理和利用的理念,这是它与 PDM 的本质区别。

PLM 与 ERP 是一种互补的关系。ERP 侧重于企业内部的资源管理,可以管理企业的产、供、销和人、财、物等信息,但是 ERP 没有考虑数据源的问题。而 PLM 可以解决数据源的问题,包括市场数据、设计数据、工艺数据、维修数据等,尤其是可以解决产品的 BOM 信息来源问题。PLM 可以把设计数据和工艺数据融合起来,把 E-BOM 转换成 M-BOM,再导入到 ERP 系统中。

据一些世界知名的咨询公司的分析报告显示,发达国家的制造业企业在 IT 应用系统上增长最快的是 PLM。来自 Aberdeen 公司的分析显示,企业全面实施 PLM 后,可节省 5%～10%的直接材料成本,提高库存流转率 20%～40%,降低开发成本 10%～20%,进入市场时间加快 15%～50%,降低用于质量保证方面的费用 15%～20%,降低制造成本 10%,提高生产率 25%～60%。

从实施了西门子/PLM 解决方案的一些企业实例中,也印证了以上分析和预测。汽车厂商福特,仅开发蒙迪欧一款车,就节约了 2 亿美元研发费用,开发周期缩短 13 个月,设计效率提高 25%;计算机硬盘厂商 Seagate,数据存取时间从几天减少到几分钟,ECO 时间从一周减少到一天,全球共享数据跨越从北美、欧洲到亚太。

可见,当今社会产品制造越来越多,结构越来越复杂,周期越来越短,更新速度也越来越快,企业对产品生命周期信息的需求也越来越高。

7.3.2 核心功能

PDM 是基础并管理与产品有关的信息、过程和人与组织的软件系统。PDM 系统覆盖产品生命周期内的全部信息,为企业提供一种宏观管理和控制所有与产品相关的信息机制。它为不同地点、不同部门的工作人员营造了一个虚拟协同工作环境,使其可以在统一数字化的产品模型上一起工作。一个完善的 PDM 系统应包括以下几个基本功能模块,如图 7-7 所示。

1) 产品数据与文档资料的管理

大多数制造企业都需要使用不同的计算机系统和计算机软件来产生产品整个生命周期内所需的各种数据,且这些计算机系统和软件可能建立在不同的网络系统上。如何确保这些数据的正确性,最新性和共享性,以及如何保证这些数据免遭

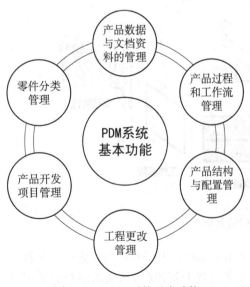

图 7-7 PDM 系统基本功能

有意或无意的破坏都是需要解决的问题。制造企业产品生命周期中的产品数据与文档资料的管理,包括 3D 设计模型、仿真分析数据、2D 工程图档、扫描后的图纸档案和一般文档资料的管理、工艺数据的管理、企业或跨企业的零部件库的管理。对这与产品相关信息的管理有以下要求。

(1) 文件查询。产品设计过程中会产生大量的文件和图纸。例如,设计一架波音 737 飞机有 46 万张图,设计一条万吨轮船大约有 150 万张图,文件量很大。另外,新产品设计需要经常查阅老产品的设计图纸。大量的设计信息以计算机文件形式存在,这些图纸或文本文件有可能存放在企业各个部门相关人员的某一计算机目录下。因此,需要提供计算机查询的手段,能够根据项目、设计者、工作阶段、审批状态、日期、类型以及预先定义的各种参数,如材料、重量、加工方法等进行查询。

(2) 版本管理。对各种数据文件和文档资料的修改过程和版本状态的管理,保证数据的一致性和有效性,最终保证企业的产品设计和生产制造活动能够使用正确版本的数据或图纸。

(3) 安全保密。制造企业将产品数据存放到计算机网络环境下,这些数据极易受到非法调用、修改和泄密,所以需要解决数据的安全保存和保密问题。这就要求根据各类人员的不同职责,分别赋予不同的权限,处理不同范围的资料。同样,对资料也设置不同的密级,以保证各类资料不被非法修改和盗用。

(4) 数据共享。产品数据以电子文件形式通过计算机网络进行交换,保证数据在权限控制范围内送到需要的人手中,实现各种异构数据在企业的不同部门甚至企业之间的交换和共享。

PDM 的电子仓库和文档管理能提供对分布式异构数据的存储、检索和管理功能。在 PDM 中,数据访问对用户来说是完全透明的,电子数据存放的具体位置和版本都有电子仓库和文档管理来完成。另一方面,文档管理通过角色权限控制来保证数据的安全性,在 PDM 中电子数据的发布和变更必须经过事先定义的审批流程后才能生效,这样就能使用户得到的总是经过审批的正确数据。

2) 产品过程和工作流管理

制造企业产品生命周期中的数据包括所有与产品有关的数据,以及来自设计、生产、支持等过程信息。产品开发过程管理的任务是对整个产品形成的过程进行控制,并使该过程在任何时候都可以追溯。为了达到一定的目标,工作组中的成员按照一定的顺序动态完成任务的过程成为工作流程。工作流和过程管理通过对设计开发过程进行定义和控制,使产品数据与其相关的过程能够紧密地结合起来,以实现对有关的开发活动与设计流程的协调和控制,使产品设计、开发制造、供销、售后服务等各个环节的信息能够得到有效管理。

(1) 产品开发流程管理。制造企业通过产品生命周期中的过程管理框架,来定义和控制数据操作的基本过程。过程管理不仅向有关人员发送信息和下达工作任务,还对各种业务作业,如数据和文档的生成、工程更改等活动进行控制。

(2) 审批发放。对于企业中的各种产品数据和电子文档,将现有的手工审批制度,转变为网络环境下的审批发放管理。

(3) 数据流向管理。据状态和流向控制管理产品数据在 PLM 环境中各个设计团队之间的流向,以及在一个项目的生命周期内跟踪所有事务和数据的活动,及时了解各项任务的具体状况,以及各项任务的完成情况。

(4) 记录备案。各种审批记录、重要的操作、关键性的决策都需要长期保存,以备查询。

3）产品结构与配置管理

产品由成千上万个零部件通过一定的装配关系组合而成，每个零部件又由一些相关数据和技术文档组成，相互之间具有一定的约束关系。每种数据的变化，都会波及或影响到其他相关产品的数据。同时，每一新产品的开发大约需要继承老产品约 80% 的技术资料。从企业的应用角度，要求这些不断变化的数据在逻辑结构上保持一致，因而必须建立一个产品数据构造的框架，把众多的产品数据按一定的关系和规则组织起来，实现对产品数据的结构化管理。

（1）产品结构关联与层次关系的管理。产品由很多零部件组成。如一辆汽车约由 10 万个零件，一架飞机由 20～100 万个零件组成。面对数量如此之多的零件，企业各类人员要查询有关产品的资料，需花费大量的时间，因而需要对产品相关数据进行结构化的描述和管理，使产品各部件之间的关系一目了然。

（2）统一的物料清单 BOM 管理。企业的零部件通常分为自制件、外协件、外购件及原材料等。不同部门有不同形式的 BOM 表，企业要花费大量时间和成本才能完成这些报表，而要保证 BOM 的一致性，则需要投入相当多的人力。如果设计和制造的材料清单不一致，就会造成返工和浪费。在计算机中要随时将最新的设计更改状态，自动生成各类材料清单。企业必须准确、及时地做好这些物料的计划、采购和管理，以便准确地将设计部门产生的数据和变更信息传送到生产制造和采购供应部门，实现整个企业全局数据的统一管理和信息集成。因此，对生产过程不同阶段的各种不同类型 BOM 进行统一管理是非常必要的。

（3）系列产品的配置管理。承袭老产品，开发新产品，构造新的产品结构配置关系。另外，可以将同一个零件的不同版本数据保存在计算机中，分别用于系列产品中的不同型号。

4）工程更改管理

在产品生命周期中，凡涉及各种数据的工程更改对产品开发团队、企业、合作伙伴、客户等产生影响时，这个变更就应当纳入有效的管理和约束之下。而对应于不同的企业，不同的业务对象，不同的变更原因。或者不同的变更级别，涉及的人员范围不同，变更管理的约束机制也可能不尽相同。传统的工程更改完全依靠人工管理，难免发生各种各样的差错。计算机技术应在以下几方面改善更改管理的水平。

（1）更改流程。要求制定严格的更改流程管理程序。

（2）更改影响。要求自动搜索某项更改所涉及的范围，通过电子邮件及时通知有关人员，关注某项更改可能造成的影响。

（3）自动更改。一个更改申请得到批准，应确保数据库中数据改变之后，其相关引用系统的数据也能全部得到更改。

5）产品开发项目管理

企业根据对产品开发项目的分析，采用特定的方法制定出合理的产品开发项目计划，并通过确定项目组人员、分配任务和资源，以及在项目执行时对产品开发进度和中间环节进行检查等手段，来保证产品开发项目按计划完成。主要包括：产品开发项目计划的制定与管理、资源计划、项目费用管理和项目变更控制。

6）零件分类管理

零部件对象是 PDM 系统管理的核心业务对象，是整个产品开发设计过程的基础和支点。零部件按照它们之间的装配关系被组织起来，形成产品结构。产品结构是工厂或企业进行产品设计、生产组织的重要依据与标准。PDM 系统的零件分类管理将具有相似性的零件（如结构相似性、工艺相似性等）分为一类，并赋予一定的属性与方法，形成一组具有相似零件特性的零件合集,即零件族,如图 7-8 所示,分别加以管理,以便在以后遇到该类事物时能够避免不必要的重复劳动。通过有效地零部件分类管理,能够使企业实现零部件的快速检索,将检索到的零部件对象直接用于产品开发的各阶段,从而提高产品开发速度和产品质量,快速而高品质地响应市场或用户的需求。

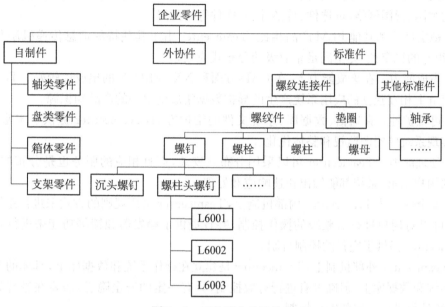

图 7-8　零件族分类结构树

7.3.3　典型 PDM/PLM 软件

Teamcenter 是 Siemens PLM Software 公司出品为企业提供产品数字化全生命周期管理的软件产品。Teamcenter 作为 PDM/PLM 的市场的领导者,拥有大量的实施用户,在实施过程中,总结了一整套的项目实施方法,能够为多种行业(国防和航空、汽车、运输行业、重工行业、消费品行业等)用户提供广泛的解决方案。Teamcenter 不仅可以为企业提供团队级、企业级 PLM 解决方案,而且可以提供超大型、跨国企业级 EPLM 解决方案。

(1) 可定制性。Teamcenter 的开放性相对其他 PLM 产品来说是非常好的,可以从核心的类到外部的界面以及语言显示都可以进行客户化定制,而且对流行的语言都支持二次开发,体现了良好的可定制性。但 Teamcenter 可定制的前提是用户要对系统的体系结构、内部类结构、MODeL 语言都要有较深的理解,对定制人员的要求较高。

(2) 灵活性。从系统配置上,Teamcenter 可以实现集中式或多种分布式安装,来满足不同企业的需求,而且系统的整体结构还可以在使用过程中进行动态调整。

从软件模块应用上,Teamcenter 提供了多种打包方式,由于各个模块的独立性,可以实现分模块购买和安装。

从用户使用上,Teamcenter 提供了丰富的操作功能来满足用户的使用要求,每一种操作都有多种方法来实现。

从系统开发上,对 Teamcenter 的开发可以采用多种语言,包括 MODeL、Visual Basic、Visual C、Java 等。通过 MODeL 可以直接调用 Teamcenter 内部的方法和消息。而通过高级语言只能调用外部消息。Teamcenter 提供了丰富的 API 函数,完全可以开发出不同用户的具体需要，而且 Teamcenter 也支持 CORBA 的开发，对于开发异构系统的数据交换有很好的支持。

（3）可配置性。从系统结构上，Teamcenter 可以实现分布式异地安装，而且数据库和服务都可以进行分布式配置。从用户功能上，Teamcenter 通过规则的配置，可以实现不同用户使用不同的功能。从产品数据的管理上，Teamcenter 提供了丰富的产品结构配置功能，可以实现结构视图、视图网络、可选件、替换件、互换件等的配置。

（4）稳定性。和其他 PLM 产品相比，Teamcenter 由于其独特的消息传递机制和服务机制，具有很好的稳定性，完全满足企业级的分布式应用。

（5）集成能力。在集成能力上，在 CAD 方面和 NX、PRO/E 的集成性较好。Teamcenter 能将价值链上相互独立的应用系统产生的异构数据集成到单一的产品知识源。

（6）可维护性。在通信、数据库、系统文件的维护方面，Teamcenter 提供了丰富的工具，并可以实现系统的资源监视和整体优化。

（7）处理能力。Teamcenter 可以采用分布式安装，而且相应的服务也是分布的，这样不同地点的用户请求，系统都能做出快速响应和处理。

（8）安全性。从 Teamcenter 内部机制上，Teamcenter 采用规则的方式来进行系统的安全性控制，可以对用户进行对象级的操作控制，并且提供了触发器和锁等功能来进行安全性控制，Teamcenter 提供了完善的控制机制。

从 Teamcenter 外部机制上，Teamcenter 是建立在操作系统和数据库上，具体的数据存放在操作系统和数据库上，但确没有进行有效控制，具有一定的安全隐患，需要在进行数据分布时，在系统外部进行一定的安全控制。

（9）易用性。Teamcenter 采用完善的面向对象的机制，对于对象管理本身较容易得到用户的理解，Teamcenter 采用的是 Windows 或 Java 风格的界面，符合一般用户的需要，而且对于每一个操作 Teamcenter 基本都提供了多种方法来实现。

Teamcenter 的特点主要表现为：分布性和稳定性好；系统配置灵活；系统开放性好；系统处理能力强；系统内部结构设计好；系统功能丰富；内部安全性控制好；过程控制功能强大；Teamcenter 和扩展模块的集成能力强；对多国语言的支持能力好，本地化较为容易；对开发人员和维护人员的要求高，拥有强大协同设计能力，包括同项目管理的系统，产品可视化（两维和三维）浏览、批注的能力。

7.3.4 应用层次分析

PDM/PLM 应用所涵盖的面比较广，在 PDM/PLM 系统功能实施过程中，需结合企业实际需求和业务管理特点，分层次应用和逐步推广 PDM/PLM 系统的各项功能。PDM/PLM 系统属于跨部门的管理系统，其应用并不意味着信息系统应用过程的简单自动化，应根据企业实际情况，在"总体规划、分步实施、重点突破、整体推进"的总体指导思想下，设定 PDM/PLM 实施目标，解决企业主要问题。PDM/PLM 功能应用层次和项目实施阶段的划分是有紧密关联的（图 7-9）。一方面，项目需求调研和总体规划完成后，根据项目总体规划方案，重点工作是在 PDM/PLM 系统中定制企业业务功能模型，完成业务模型的定义、定制工作；另一方面，在系统业务功能模型定制完成的基础上，项目实施小组和关键用户开展系统功能验证工作。在系统上线和功能推广阶段，系统功能验证通过后，按照项目总体规划及业务应用实际，逐步上线运行 PDM/PLM 图文档功能模块，最终过渡到企业级 PDM/PLM 应用和集团企业 PDM/PLM 的应用。

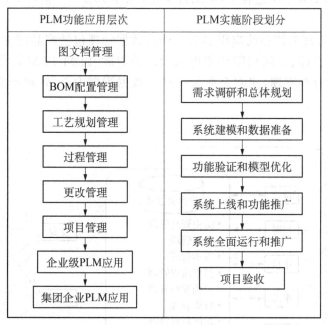

图 7 - 9 PDM/PLM 实施阶段与功能应用层次分析

1) 信息编码管理应用层次

编码是企业信息化建设的基础,信息编码的目的是为了减少数据库的冗余,所涉及的是生产过程中最基本的信息。编码的生存期是与信息的生命周期一致的,企业中编码的产生到消亡直接反映了企业产品的开发、制造、销售以及产品的更新换代的全过程。信息编码管理是企业技术管理信息化系统实施主要部分之一,信息编码管理体系主要由组织管理、规则管理、流程管理和编码维护等组成。

编码实施和应用的重点是建立统一信息编码管理体系,企业在信息编码管理应用方面,主要应考虑以下几个方面:

(1) 制定企业级编码标准。在使用计算机管理之前,部分企业受手工管理局限性,编码标准体系不够完善,编码标准难以在计算机管理中实现。因此,在全面使用计算机管理之后,企业应建立完善的信息分类编码管理标准体系。

(2) 编码维护和编码应用分开管理。企业实施编码管理系统后,应建立编码管理小组,由专人进行编码管理和维护工作,编码使用人员在权限范围以内使用编码。

(3) 新编码申请和控制管理。借助编码管理系统建立编码体系运营管理标准和制度,尤其对新编码申请进行有效管理,通过编码应用流程、编码申请流程和编码回收流程等对新编码申请进行控制和管理。

(4) 编码的应用集成管理。在编码应用方面,还需建立统一编码管理和其他系统的应用集成,确保编码在各系统的统一性和编码信息的实时共享。

2) 产品数据管理应用层次

完整的产品描述由 CAD 模型、工程图、BOM 清单、仿真和分析模型、技术文件、工艺文件、NC 程序代码、检验计划、安装说明、规格说明书和质量管理资料等诸多数据组成。产品数据管理的应用是分不同层次实现的,包括图文档、零部件、产品数据管理三个方面应用层次。

企业在实施 PDM/PLM 系统过程中,应结合企业数据管理要求,逐步深入应用产品数据管理各项功能。

(1) 以图文档管理为核心的应用层次。产品数据管理包括产品图文档、状态、版本、审批流程、归档发布、打印、访问权限和变更八大块等组成,PDM/PLM 提供数据分类建模工具对产品数据进行分类管理,建立企业统一产品数据管理中心,管理产品相关的所有数据(图 7 - 10)。

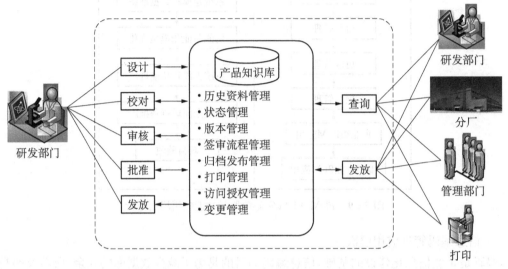

图 7 - 10 统一产品数据管理中心

(2) 以零部件管理为核心的应用层次。通过实施产品数据管理建立统一电子数据管理中心,对数据进行了分类存储和管理,但数据之间没有建立关联关系,难以实现数据之间的链接管理。因此,在产品数据统一管理的基础上,PDM/PLM 以零部件为核心、产品结构树为主线组织多种产品信息视图,对产品相关数据进行全关联管理。如面向设计的产品零部件结构树、面向工艺和制造的零部件结构树、面向设计的 2D/3D 文档结构关联管理等。一方面,PDM/PLM 提供数据批量导入工具,对图纸标题栏和明细表信息自动提取,在 PDM/PLM 系统中自动建立产品结构和关联数据模型;另一方面,不同用户根据权限范围可以在产品结构的引导下,方便地查询与管理各种与零部件有关的数据。设计员在从事产品开发工作时,能够通过对产品结构树的浏览、查询与使用这些相关数据;标准化人员也能够方便地创建、维护、管理与产品相关的标准化数据;工艺人员从产品装配工艺路线的角度观察产品结构,开展相关工艺设计工作。

(3) 系列化产品数据管理为核心的应用层次。PDM/PLM 产品数据管理的深层次应用是系列化产品的数据管理,在 PDM/PLM 平台上实现零件标准化设计、部件通用化设计和产品个性化设计。PDM/PLM 具备系列化产品和零部件族的管理能力,以及基于规则的产品配置、模块化产品配置和产品快照管理等手段。企业响应订单速度的提高、柔性化产品数据的管理、产品生命周期管理体系的完善,可有效支持大规模定制生产环境下的产品数据管理。

在 PDM/PLM 平台上实现系列化变形管理(配置)设计。通过 PDM/PLM 创建产品和部件系列变形(配置)设计模型实现系列化变形管理和配置设计,PDM/PLM 提供 BOM 复制、整批替换、拆分、修改、生效和快照等多种方式来支持多系列、多品种产品变形设计的需要。如:

替换一个部件,快速形成一个新的变型产品;增加或删除一个子件快速形成一个新的部件;修改一个部件或零件形成新的设计状态文件。

在 PDM/PLM 平台上可以实现通用化管理和调用通用件设计。要实现部件通用化设计,必须对通用件进行合理管理,建立产品通用件资源库。设计人员能及时查看部件被借用情况,通过关联关系查看与借用件有关的技术资料,符合借用条件的即可直接调用。

在 PDM/PLM 平台上通过部件模块化组合,实现快速修改设计。PDM/PLM 系统管理了产品所有数据,对于定型产品的重大改进或配置设计,一方面,设计人员只需找到已有产品,在已有产品的基础上修改零部件信息,快速形成新的产品;另一方面,设计人员可以通过部件模块化组合,快速搭建新产品结构。

3) 业务过程管理应用层次

作为企业业务协同管理的核心,PDM/PLM 协同工作管理技术能够改善业务部门之间信息交流的方式,消除各业务部门之间在时间和空间上的距离,提高各业务部门的工作质量和运作效率。业务过程管理是企业技术管理信息化的基础,企业必须明确业务过程管理的应用层次,才能更好地发挥 PDM/PLM 系统过程管理功能。

规范和标准产品研制过程,以产品为协同工作中心对数据传递进行有效控制,以产品为协同工作中心建立产品形成过程中所有重要特性的过程模型,确定各个步骤在逻辑上的先后顺序和过程步骤对应的功能活动,保证产品数据的正确性、及时性和完整性。

4) 系统集成管理应用层次

PDM/PLM 作为企业技术管理信息化核心支撑平台,在产品生命周期过程中不同单元系统的深入使用,以 PDM/PLM 为平台实现单元系统之间的有效集成显得越来越重要,集成主要包括与应用软件集成和与管理系统集成。在实施应用方面,PDM/PLM 与其他单元系统之间的集成应用也应该按照应用层次逐步实施和应用。

(1) 工具软件集成化。设计数据大部分由设计工具软件产生,这些数据是产品设计数据源头,PDM/PLM 系统首先应实现与各种工具软件的有效集成。通过 PDM/PLM 和工具软件集成插件,设计数据完成后,由系统自动提取设计数据入库,在 PDM/PLM 中建立数据对象和对象关系表,PDM/PLM 提供专用浏览器供数据使用人员在系统中浏览。

(2) PDM/PLM 和 ERP 集成化。PDM/PLM 和 ERP 各从不同方面解决企业不同问题,PDM/PLM 主要面向产品研发和工艺设计管理,ERP 主要面向制造过程管理。PDM/PLM 的成功实施应用,从源头解决数据规范和数据一致性,是 ERP 全面深入应用的前提。PDM/PLM 和 ERP 集成内容包括物料、BOM 和工艺信息的集成,集成方式包括中间文件、中间库表和统一数据模型模式。在实施 PDM/PLM 和 ERP 集成过程中,企业需结合现有系统特点,选择合适的集成方式,实现产品开发设计与生产制造过程信息的集成化。

(3) 管理系统集成化。随着企业信息化建设的深入开展和网络技术的发展,制造企业使用电子商务显得日益重要。因而以 PDM/PLM 为平台,引入新的管理技术,建立制造企业信息集成管理系统是系统深入应用的需要。

5) PLM 系统深入应用层次展望

为了支持不同行业、不同企业的需求和应用,PLM 产品需要提供柔性的系统构架、强大的扩展能力、灵活的开放性和系统可定制工具。随着 PLM 系统核心功能在企业不同层次的实施应用,企业如何在核心功能应用的基础上,逐步扩展应用 PLM 已成为众多企业应用 PLM 系统后需要重点考虑的事情,下面就 PLM 系统深入应用层次方面进行归纳总结和应用展望。

（1）有效整合研发信息平台。作为产品开发和设计最重要的阶段，产品研发对整个产品生命周期影响最大。PLM 应用从数据和信息的管理逐步走向设计方法优化、创新和知识的捕获及重用，有效整合研发信息平台，建立协同和集成的技术管理信息工作平台。

（2）扩展 PLM 应用平台。PLM 系统为制造企业提供了一个技术管理平台，企业在应用 PLM 系统过程中结合自身业务管理特点和需要，逐步扩展 PLM 应用平台。PLM 系统管理了产品从概念模型到功能模型和配置模型以及客户具体产品这一基于全生命周期的所有产品数据，使得生产制造和客户服务的准确性和及时性得到可靠保证。在此基础上，PLM 可以扩展应用到研发绩效考核、研发成本管理、知识管理、档案管理、售后服务、维修业务支持等上。笔者实施的几家企业 PLM 扩展得到了很好应用，企业通过 PLM 平台扩展应用了许多功能，通过 PLM 平台把设计阶段的难题和生产线上的工程变更的纠错功能集成在一起，处理产品设计与现场服务和支持的问题，把相互割裂的部门信息共享在一起，从而跟踪、管理零件的变更，提升客户服务水平。

（3）多场地、多组织和多用户异地协同应用。随着企业业务的迅速发展，企业跨地域的数据交流、协同工作和异地系统维护和管理应用越来越广，PLM 应用逐步扩展到集团型企业的应用，为原本分散的异地研发团队搭建数据应用平台，实现多场地多组织和多用户异地协同应用，使得在全球的通信网络环境下开发虚拟产品模型成为了可能。

作为一种覆盖产品生命周期全过程的信息化解决方案，PLM 从分析企业的产品和市场需求开始，将需求转化为相应的创意、概念、原型、零部件、产品定义、物料清单、流程模型和售后服务定义，从而使企业能够发现和再利用它们原有的产品、流程、资源、供应商和客户，提高企业的产品价值，降低产品生命周期的成本，使企业的利润最大化。随着 PLM 技术在企业的实施应用，而面向个性化创新工具的集成和开放性系统的灵活应用正在逐步变为 PLM 技术在企业应用实施的重点。因此，PLM 实施因遵循"总体规划、分步实施"的总体思想，理顺企业业务流程，认真分析现有需求，根据企业的实际情况，合理设定 PLM 的实施目标，分层次逐步深入应用系统，解决企业的主要问题。

思考与练习

1. 简述 CAD/CAM 集成的必要性。

2. 在 CAD/CAM 集成中存在哪些关键问题？

3. 目前在 CAD 系统中，有哪些常用的数据交换接口？

4. 3D 打印技术在新产品设计中的优势有哪些？

5. 简述 3D 打印基本原理。

6. 简述 3D 打印建模要求。

7. 举例 3D 打印应用领域。

8. 简述 PDM/PLM 内涵。

9. PDM/PLM 的核心功能。

10. 简述 Teamcenter 软件特征。

11. 分析 PDM/PLM 应用层次。

第8章

工程应用实例

◎ **学习成果达成要求**

通过学习本章,学生应达成的能力要求包括:

1. 熟练掌握 UG CAD 软件进行三维实体建模、自下而上的装配建模、工程制图的绘制。
2. 能够进行 NX 标准件重用库建库的建立和调用。
3. 能够应用 NX 进行复杂零件数控加工工艺分析及编程。

《《《

在掌握必要理论知识的同时,加强主流应用软件的学习实践,掌握主流 CAD/CAM 软件应用能力。借助 CAD/CAM 软件工具,以实际工程案例为对象,利用 CAD/CAM 技术解决实际设计、分析、编程等工程问题的能力,适应岗位能力的需要。

8.1 机械零部件建模实例

8.1.1 壳体类零件建模

壳类零件在实际生产中非常常用,在该实例中将会用到:创建基本体素法——长方体的创建;扫描法创建体素——通过建立草图,而后拉伸创建体素;此外,还用到特征建模技术,如孔、抽壳、倒角、倒圆角等操作。整个模型都是参数化建模,便于模型后期的修改和编辑。通过本实例的练习,掌握壳体和箱体类零件的建模方法和思路。

1) 新建文件

选择菜单中的 File→New ,出现对话框,在 Name 下输入 shell,单位 Units 选择 Millimeters,点击 OK 按钮,建立文件名为 shell.prt,单位为毫米的零件。

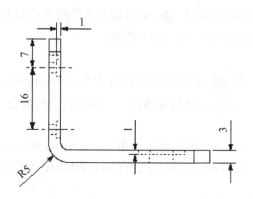

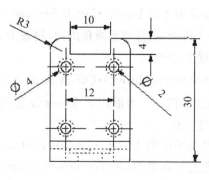

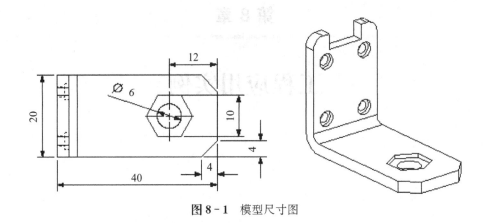

图 8-1　模型尺寸图

2）绘制矩形体

选择菜单中的 Insert→Design Feature→Block，建立长宽高分别为 40 mm、20 mm、30 mm的矩形体。采用原点和边长，即 Origin and Edge Lengths 的建立矩形体方式，输入长宽高的参数，如图 8-2 所示，点击 OK，得到矩形体。按住鼠标中键 MB2，可以调整矩形体的视角方向。

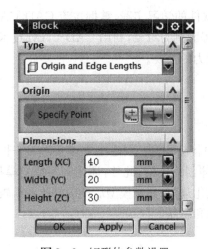

图 8-2　矩形体参数设置

图 8-3　建立倒圆角

3）建立倒圆角

选择菜单中的 Insert→Detail Feature→Edge Blend ，采用输入半径的方式即 Circular 如图 8-3 所示，选择要倒圆角的边，设置 Radius1 为 5 mm，进行倒圆。

4）建立抽壳

选择菜单中的 Insert→Offset Scale→Shell ，采用移除面的方式 Remove Faces，Then Shell，点击移除的 4 个面，Thickness 设置成 3 mm，具体设置如图 8-4 所示，进行抽壳。

5）建立孔

选择菜单中的 Insert→Design Feature→Hole，弹出界面如图 8-5 所示，选择 General Hole，孔的方向即 Hole Direction 为 Normal to Face，孔的形式为 Counterbored 类型；设置孔

图 8-4 抽壳参数设置

图 8-5 孔参数设置

的参数,布尔运算设置成 Subtract,然后确定孔的中心点位置,会自动进入到 Sketch 界面,然后利用尺寸约束 ,完成对孔的中心点位置的约束,如图 8-6 所示。而后离开草图 Finish Sketch 环境,点击 OK,完成孔的绘制。

6) 阵列孔

基于步骤 5)建立的孔,对孔进行阵列操作。选择菜单中的 Insert→Associative Copy→Instance Feature,在弹出的界面选择 Rectangular Array,选择 Counterbored Hole,点击"OK"按钮,Edit Parameters 界面,如图 8-7 所示(阵列只能在 xy 平面上,如果阵列的平面不是 xy 平面,就要通过 Format→WCS→Orient 坐标转换到 xy 平面上),设置阵列的尺寸参数,点击"OK",得到阵列模型。

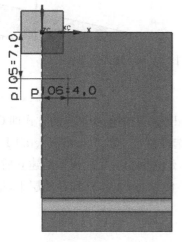

图 8-6 孔的中心点的位置信息

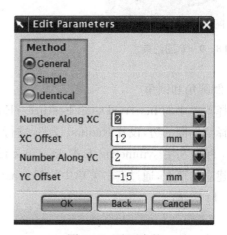

图 8-7 阵列参数

7）建立底孔和六边形

选择菜单中的 Insert→Design Feature→Hole，选择 General Hole，孔的方向 Hole Direction 为 Normal to Face，孔的形式为 Simple 类型，设置孔的深度为 Through Hole，布尔运算设置成 Subtract，然后确定孔的中心点位置，会自动进入到 Sketch 界面，然后利用尺寸约束，完成对孔的中心点位置的约束，点击 Finish Sketch，离开草图环境，点击 OK，完成孔的绘制。

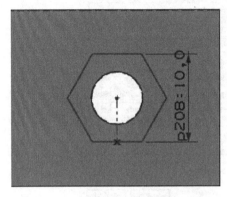

图 8-8 六边形的约束

而后，Insert→Sketch in Task Environment，进入草图界面，点击 Insert→Curve→Polygon，将 Number of Sides 设置成 6，六边形的中心点与刚刚建立的孔的中心点重合，通过草图几何约束 ⊿，将六边形的边与矩形边平行，再通过尺寸约束，如图 8-8 所示，而后离开草图 Finish Sketch 环境。点击 Insert→Extrude，进入拉伸对话框，Section 选择草图建立的六边形，拉伸方向 Direction 为 Normal to Face，拉伸的起点为 0，终点为 Through all，布尔运算 Boolean 选择 Subtract，完成对拉伸参数设置，点击 OK，完成建模。

8）建立凹槽

点击菜单中的 Insert→Sketch in Task Environment，进入草图界面，利用 Line，通过尺寸约束，完成草图的建立，如图 8-9 所示。点击 Insert→Extrude，完成对拉伸参数设置，在选择截面时，将选择意图设成 Single Curve，并将其旁边的 Stop at intersection 选中，如图 8-10 所示，将 Boolean 布尔运算设置为 Subtract，完成拉伸操作。

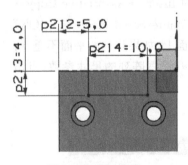

图 8-9 草图约束

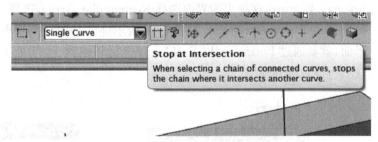

图 8-10 选择意图

9）倒圆角和倒角

选择菜单中的 Insert→Detail Feature→Edge Blend，采用输入半径的方式即 Circular，通过选择要倒圆的边，设置 Radius1 为 3，进行倒圆。选择菜单中的 Insert→Detail Feature→Chamfer，利用 symmetric 方式，Distance 设置成 4，建立倒角。完成模型的建立后，将建模过程中建立的草图，通过点击菜单中的 Format→Move to Layer，移到其他层下，最后生成如图 8-11 所示。

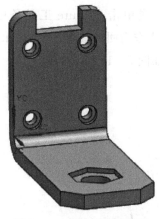

图 8 - 11　最终生成的模型

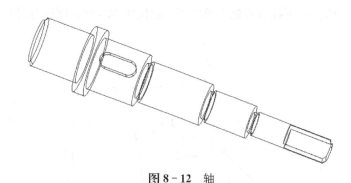

图 8 - 12　轴

8.1.2　轴类零件建模

本节介绍的实例将创建如图 8 - 12 所示的轴类零件——机械臂。在该实例中将会用到:扫描法创建体素——通过建立草图,而后旋转创建轴体素;此外,还用到特征建模技术,如矩形键槽的操作。整个模型都是参数化建模,通过本实例的练习,掌握轴类零件的建模思路。

1) 新建文件

单击菜单栏中的 File→New 命令,或单击 Standard 具栏中的 New 按钮,弹出 New 对话框。在表框中选择单位为 Millimeter,并在 Name 栏中输入文件名 shaft,单击 OK 按钮,进入主界面。

2) 绘制轴的旋转截面草图

单击菜单栏中的 Insert→Sketch 命令,或单击 Feature 工具条中的 Sketch 按钮,进入草图绘制界面,选择 XC - YC 界面作为工作平面绘制草图。绘制的草图形状及尺寸如图 8 - 13所示。而后单击 Finish Sketch 按钮 完成草图,退出草图操作。

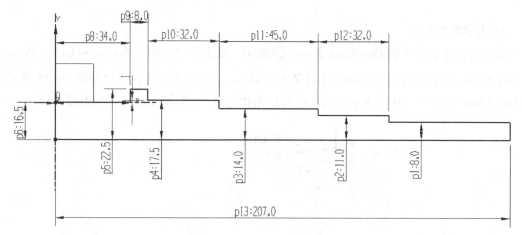

图 8 - 13　轴的旋转截面草图

3) 创建回转特性

单击菜单栏中的 Insert→Design Feature→ Revolve 命令，或单击 Feature 工具条中 Revolve 按钮，弹出回转对话框。选择草图 8 - 14 中建立的曲线作为回转截面。在 Specify Vector 下拉列表框中单击 XC 轴按钮，在绘图区选择基准点，如图 8 - 14 所示。

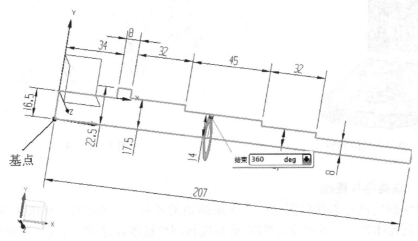

图 8 - 14 选择基准点

在 Limits 面板中设置 Start Angle 值为 0，设置 End Angle 值为 360°。单击 OK，建立回转对象如图 8 - 15 所示。

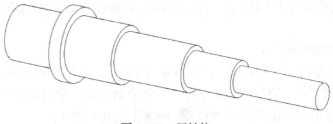

图 8 - 15 回转体

4) 创建基本平面

将点方法工具栏中的 Quadrant Point 选中。单击菜单栏中的 Insert→Datum/Point→ Datum Plane 命令，或单击 Feature 工具条中的 Datum Plane 按钮，弹出如图 8 - 16 所示的 Datum Plane 对话框。在实体中分别选择圆柱面和象限点，单击 Apply，创建基准平面 1。

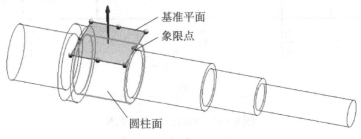

图 8 - 16 创建基准平面 1

在实体中分别选择圆心点 1 和圆心点 2 以及象限点,单击 OK,创建基准平面 2,如图 8 - 17 所示。

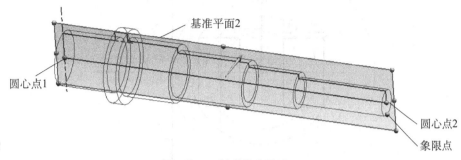

图 8 - 17　创建基准平面 2

5) 创建矩形键槽

单击菜单栏中的点击 Insert→Design Feature→Slot 命令,或单击 Feature 工具栏中的 Slot 按钮 ,弹出 Slot 对话框。点选 Rectangular 单选钮,取消底面对 Thru Solt 通槽复选框的点选,单击 OK 按钮,弹出 Rectangular Slot 放置面对话框。在回转体中,选择基准平面 1 作为放置面,弹出 "矩形键槽深度方向选择" 对话框。单击 Accept Default Side 或直接单击 OK 按钮,弹出 Horizontal Reference 对话框,单击基准平面 1,弹出 Rectangular Slot 对话框。在 Length、Width 和 Depth 文本框中分别输入 25、10 和 5。单击 OK 按钮,弹出 Positioning 对话框。单击 Line onto Line 按钮 和 Horizontal 按钮 进行定位,定位后的尺寸示意图如图 8 - 18 所示。

单击 OK 按钮,创建的矩形键槽如图 8 - 19 所示。

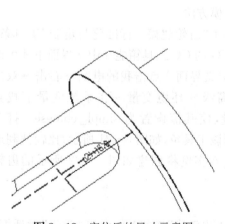

图 8 - 18　定位后的尺寸示意图

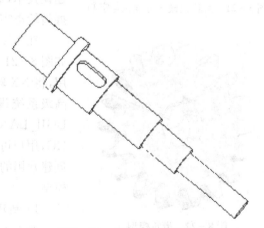

图 8 - 19　创建后的矩形键槽

6) 绘制草图

单击菜单栏中的 Insert→Sketch 命令,或单击 Feature 工具条中的 Sketch 按钮 ,进入草图绘制界面,选择 XC - YC 界面作为工作平面绘制草图。绘制的草图形状及尺寸如图 8 - 20 所示。单击 Finish Sketch 按钮 ,完成草图操作。

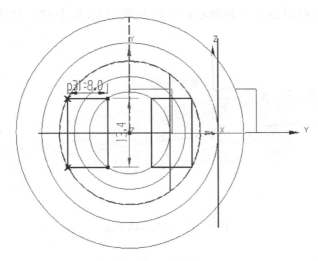

图 8-20 绘制草图

7) 创建拉伸特征

单击菜单栏中的 Insert→Design Feature→Extrude 命令,或单击 Feature 工具条中 Extrude 按钮 ,弹出 Extrude 对话框。选择图 8-20 所示的草图曲线作为拉伸曲线。在 Limits 面板的 Start Distance 和 End Distance 文本框中分别输入"0"和"30"。在 Boolean 下拉菜单中选择 Subtract 选项。单击 OK 按钮,完成拉伸操作,得到图 8-12。

8.1.3 齿轮类零件建模

图 8-21 齿轮建模—标准化与定制

本节介绍的实例将创建齿轮类零件。在该实例中将会用到 UG 的 GC 工具箱下的齿轮建模工具条,还用到特征建模技术,如矩形腔和倒角的操作。通过本实例的练习,掌握齿轮类零件的建模方法。

在 NX 中提供了"齿轮建模—标准化与定制"工具条,如图 8-21 所示,UG 的 GC 工具箱能在中文界面下才可调用,将 NX 转换成中文界面。点击我的电脑→右击→双击高级系统设置→高级→环境变量→在系统变量下找到 UGII_LANG 变量,使其值设置为 simpl_chinese。打开 UG,用户可以应用该工具条,如图 8-21 所示,比较便利地创建常用的齿轮。本实例将创建如图 8-22 所示的齿轮模型。

1) 新建文件

单击工具栏中的"新建"按钮 🗋,弹出"新建"对话框。在模板列表框中选择单位为"毫米",并在"名称"栏中输入

图 8-22 齿轮模型

文件名"gear",单击确定按钮,进入主界面。

2) 创建齿轮

单击"齿轮建模—标准化与定制"工具栏中的"柱齿轮建模"按钮 **AL**,弹出如图 8-23 所示的"渐开线圆柱齿轮建模"对话框。

在"齿轮操作方式"中选择"创建齿轮"单选钮,单击"确定"按钮,弹出"渐开线圆柱齿轮类型"对话框,分别选择"直齿轮""外啮合齿轮"单选按钮,加工方法选择"滚齿",单击确定弹出"渐开线圆柱齿轮参数"对话框。在"标准齿轮"中分别输入"名称"为"gear1"、"模数"为"3"、"齿数"为"18"、"齿宽"为"10"、压力角为"20",选择"齿轮建模精度"为"中",单击确定弹出"矢量"对话框。在图形区域中选择 YC 轴,单击确定按钮弹出"点"对话框。在图形区域中选择工作坐标原点,单击确定按钮建立如图 8 - 24 所示的齿轮模型。

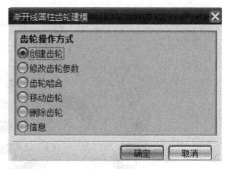

图 8 - 23　"渐开线圆柱齿轮建模"对话框

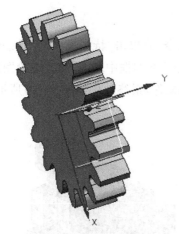

图 8 - 24　齿轮模型

图 8 - 25　创建的齿轮模型

3) 创建简单孔

单击菜单栏中的"插入"→"设计特征"→"孔"命令,或单击"特征"工具条中"孔"按钮，弹出"孔"对话框。在"直径""深度""顶锥角"中分别输入"15""10""0",单击"确定"按钮。创建的齿轮模型如图 8 - 25 所示。

4) 创建腔体

单击菜单栏中的"插入"→"设计特征"→"腔体"命令,或单击"特征"工具条中"腔体"按钮，弹出"腔体"对话框。单击"矩形"按钮,弹出"矩形腔体"对话框。选择齿轮的一个端面作为腔体放置面(图 8 - 26)。弹出"水平参考"对话框。选择 XC 轴作为水平参考方向,弹出"矩形腔体"对话框。

在"长度""宽度""深度"文本框中分别输入"5""5""10",其余皆为"0",单击"确定"按钮,弹出定位对话框。单击"线到线"按钮，选择 ZC - YC 平面作为目标边,腔体与 ZC 轴平行中心线为工具边。单击"垂直"按钮，选择 XC - YC 平面作为目标边,腔体与 XC 轴平行中心线作为工具边,在弹出的"创建表达式"对话框中输入"7",单击确定按钮,完成定位。生成的腔体模型如图 8 - 27 所示。

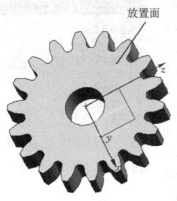

图 8 - 26　腔体放置面

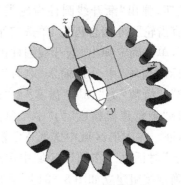

图 8 - 27　生成的腔体模型

5）边倒角

单击菜单栏中的"插入"→"细节特征"→"倒角"命令，或单击"特征操作"工具条中"倒角"按钮，弹出"倒斜角"对话框。选择对称选项，在"距离"文本框中输入"1"。在绘图区选择中心孔边线，单击"确定"按钮，完成齿轮中心孔的边倒角操作，最终效果如图 8 - 28 所示。

图 8 - 28　最终的齿轮模型

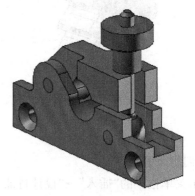

图 8 - 29　夹钳装配组件

 ### 8.1.4　装配建模

本节介绍的实例将创建如图 8 - 29 所示的装配组件——夹钳。前文介绍装配建模主要有两种方法，即自下而上建模和自上而下建模，本案例是基于自下而上建模的方法，各个零部件已经独立设计建模完成，下面仅介绍零件的装配过程。在该装配过程中，用到的约束类型有接触对齐、同心、固定、平行等方法，理解引用集的概念。通过本实例的练习，掌握装配组件的建模思路。

1）新建文件

选择菜单中的 File→New，出现对话框，在 Name 下输入 clamp_assm，单位 Units 选择英制 Inches，点击 OK 按钮，建立文件名为 clamp_assm. prt，单位为英寸的文件。

2）添加夹钳底座组件

单击菜单栏中的 Assemblies→Components→Add Component 命令，或单击 Assemblies工具条中 Add Component 按钮，弹出 Add Component 对话框。在 Add Component 对话

框中单击 Open 按钮 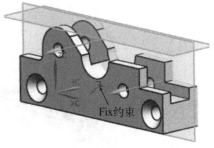，在弹出的 Part Name 对话框
中选择文件 clamp 下的 clamp_base. prt，单击 OK 按
钮，返回到 Add Component 对话框，Placement 选择
Absolute Origin，Reference Set 选择 Entire Part，
Layer Option 选择 Work 层，导入 clamp_base. prt。而
后单击菜单栏中的 Assemblies→Components Position
→ Assembly Constraints 给其添加 Fix 约束，如图
8-30 所示。

图 8-30　钳底座组件的添加

　3）添加夹钳盖组件

　利用步骤 2 相同的方法，将文件夹 clamp 下的 clamp_cap 加载，采用 By Constraints、
BODY、Work 选项，直接进入 Assembly Constraints 的界面，采用 Touch Align 的 Infer
Center/Axis 孔轴线一致，点击如图 8-31 的两孔，完成两孔同轴的约束。

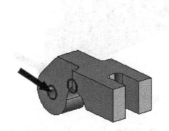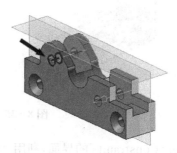

图 8-31　两中心轴线共线

　而后，采用 Touch Align 的两面贴合，选择两面如图 8-32 所示。而后采用 Parallel，选
择如图 8-33 所示两面，使两面平行，然后点击 Assembly Constraints 界面的 OK，完成 clamp_
cap 装配。

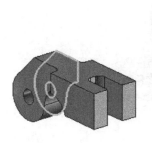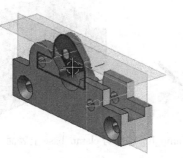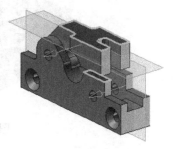

图 8-32　两面贴合　　　　　　　　　图 8-33　两面平行

　4）加载压耳组件

　利用上述相同的方法，将文件夹 clamp 下的 clamp_lug 加载，采用 By Constraints、Entire
Part、Work 选项，直接进入 Assembly Constraints 的界面，采用 Touch Align 的 Infer Center/
Axis 孔中心线对齐，点击如图 8-34 所示的两孔，完成两孔同轴的约束。采用 Touch Align 的
两面贴合即 Touch，选择两面如图 8-35 所示的两基准面。

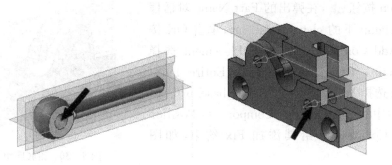

图 8 - 34 孔中心线对齐

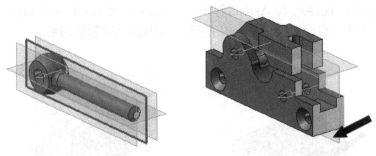

图 8 - 35 基准面对齐

在 Assembly Constraints 的界面,利用 Angle 方式,添加 clamp_lug 轴线与 clamp_base 上表面夹角为 90°的约束,如图 8 - 36 所示,完成 clamp_lug 的装配。

利用上述装配方式,添加文件夹 clamp 里的 1 个螺母 clamp_nut 和 2 个螺钉 clamp_pin 的加载和装配。

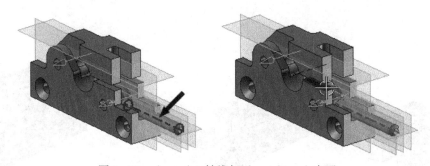

图 8 - 36 clamp_lug 轴线与 clamp_base 上表面

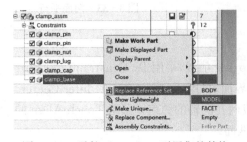

图 8 - 37 零件 clamp_base 引用集的替换

5) 替换各部件的引用集

在装配的时候,为了便于定位约束,加载零件时采用了 Entire Part 方式,从而将建模时绘制的基准平面等特征也加载进来。装配完成后,不方便装配件的查看,因此将各个零件的引用集替换为 Model。打开装配导航器 Assembly Navigator,点击 clamp_base,右击→Replace Reference Set→Model,如图 8 - 37 所示,完成零件 clamp_base 引用集的替换。用相同的方法将其他零件都替换成 Model，得到如图 8-29 所示的装配组件。

8.1.5 工程图建立

本节介绍的实例将创建如图 8-38 所示的工程图。在该实例中将会用到工程制图的添加图纸、投影视图、剖视图尺寸标注等操作。通过本实例的练习，掌握工程制图的建立方法。

使用 drafting. prt 作为主模型文件，创建 drafting_dwg. prt 文件。

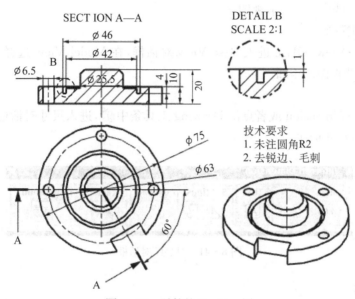

技术要求
1. 未注圆角R2
2. 去锐边、毛刺

图 8-38 零件的 Drafting 图

1) 插入图纸

单击菜单栏中的 File→New 命令，或单击 Standard 具栏中的 New 按钮，弹出 New 对话框。在模板列表框中选择单位为 Millimeters，并在 Name 栏中输入文件名 drafting-dwg. prt，单击 OK 按钮，进入主界面。通过单击菜单栏中的 Assemblies →Components→Add Component 命令将 drafting. prt 零件加载进来。而后，点击左上角 Start 下拉菜单中的 Drafting，如图 8-39 所示，进去 Drafting 界面。

单击 Insert→Sheet 选择 Standard Size, Size 为 A2 图纸，Scale 为 1∶1，建立名称为 Sheet1 的图纸。

2) 投影视图

单击 Insert→View→Base 进入 Base View 对话框，在 Model View 选择 Top 视图，点击 OK，得到主视图，如图 8-40

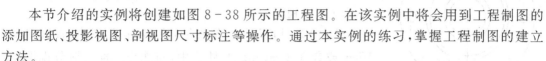

图 8-39 进入 Drafting 界面

所示。如果投影的视图有边框，可以通过点击 Preferences→Drafting →View，把 Display Borders 前面的钩号去掉。而后选中基本视图，点击右键，选择 Add Revolved Section View，进去 Revolved Section View 对话框。先将点方法工具栏中的 Mid Point 选中，选择中心原

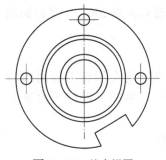

图 8 - 40 基本视图

点,再选择最左边小圆的圆心,最后选择缺口直线的中点,即可投影得到旋转剖视图。然后点击 Insert→Centerline→2D Centerline 为 Section A - A 视图添加必要的中心线。

3)细节视图

选中 SECTIONA - A 视图,点击右键,选择 Add Detail View 或者在 Drawing 工具条中,点击 🔷 插入细节视图,在 Type 中选择 ⊘ Circular,比率 Scale 设置为 2∶1,点击 OK,得到细节视图。

4)正等轴测视图

单击 Insert→View→Base 进入 Base View 对话框,在 Model View 选择 Isometric 视图,即可进行正等轴测视图的添加。

5)标注尺寸

单击 Insert→Dimension 或者点击 Drawing 工具条中 🗹,进入尺寸对话框,如图 8 - 41 所示,对各视图进行尺寸标注。

图 8 - 41 "尺寸"对话框

6)文本书写

单击 Insert→Annotation→Note 或者点击 Annotation 工具条下的 Note **A** 图标,进步 Note 对话框,Formatting 下的字体改成 Chinesef_fs 字体,字号为 4。Note 对话框下面 Setting,点击 🖊,进入 Lettering 对话框,将字体也设置为 Chinesef _ fs,点击 OK,回到 Note 对话框,在 Formatting 下面输入技术说明的要求,完成文字的输入。点击视图的边框,调整其相对位置,得到如图 8 - 38 所示的工程图纸。

8.2 NX 标准件重用库建库

8.2.1 重用库导航器

重用库导航器是一个 NX 资源工具,类似于装配导航器或部件导航器,以分层树结构显示可重用对象。单击 NX 导航器中图标 📚,弹出如图 8 - 42 所示重用库导航器。

(1)主面板。显示库容器、文件夹及其包含的子文件夹。

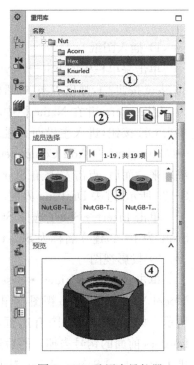

图 8 - 42 重用库导航器

（2）搜索面板。用于搜索对象、文件夹和库容器。

（3）成员选择面板。显示所选文件夹中的对象和子文件夹，并在执行搜索时显示。

（4）搜索结果。预览面板显示成员选择面板中所选的对象。

重用库导航器中内容与 NX 环境有关，图 8 - 43、图8 - 44 和图8 - 45 分别是在建模环境下、注塑模向导环境下和级进模向导环境下的重用库。

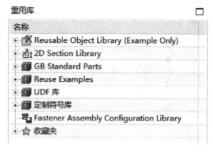

图 8 - 43　通用的重用库内容

说明：图8 - 44、图8 - 45 显示的重用库分别需要安装 Mold Wizard 和 PDW wizard 模块。

图 8 - 44　注塑模重用库

图 8 - 45　级进模重用库

使用重用库导航器访问可重用对象，并将其插入模型中。这些对象包括：

①行业标准部件和部件族；②NX 机械部件族；③Product Template Studio 模版部件；④管线布置组件；⑤用户定义特征；⑥规律曲线、形状和轮廓；⑦2D 截面；⑧制图定制符号。

重用库还支持知识型部件族和模板。将可重用对象添加到模型中时，打开的对话框取决于对象的类型。例如，如果从重用库导航器添加知识型部件或部件族，则打开添加可重用组件对话框。

机械产品的开发过程中会用到大量的通用件、标准件、相似件、借用件，如何方便地建立使用这些常用零部件的数据库，可减少产品设计时间。可以从可重用库导航器中访问 NX 机械零件库部件。机械零件库包含大量高质量的最新行业标准部件，可支持所有主要标准- ANSI 英制、ANSI 公制、DIN、UNI、JIS、GB 和 GOST；用户也可针对不同情况，自定义行业或企业标准零部件，这些部件均为知识型部件族和模板。

8.2.2　重用库对象的调用

重用库建好后，就可以调用其成员了。重用库的调用，一般要打开新的 NX 程序（不是新建文件），然后新建文件，采用缺省设置，进入建模环境，如图 8 - 46 所示。

调用重用库的方式有三种：

① 双击成员预览图标；

② 左键拖进绘图区；

③ 右键单击图标，选择"添加到装配"，如图 8 - 47 所示。

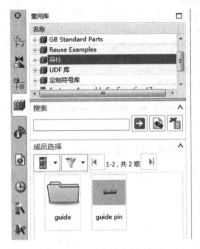

图 8-46 重用库导航器   图 8-47 调用重用库

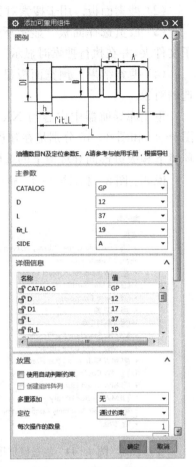

图 8-48 添加可重用组件

使用上述任何一种方法,出现如图 8-48 所示的"添加可重用组件"的对话框。通过该对话框内容的设置,可选择导柱的尺寸型号、定位方式以及引用集等。

(1)图例。显示包含描述参数标注的一般图像。

(2)主参数。显示尺寸,这些参数可选择模板的有效配置。更改主参数会导致其他参数也更改,以反映有效的配置。如导柱的直径、长度等。特定参数的值,可以从列表中选择。

(3)详细信息。显示与部件关联的数据。该表不仅显示主参数,还显示在电子表格中定义的所有参数。如果参数未锁定,则可为它输入一个新值,但是这些数值不能编辑部件族模板。部件族电子表格预定义只能引用其值的所有参数。

(4)放置。定义将组件定位到装配中的方法,可将指定装配约束来放置组件的位置,也可在添加的组件和固定组件之间建立约束关系。

8.2.3 标准件定制

NX 软件包含三个模具模块,分别是 Mold Wizard(注塑模设计向导)、Die Design(冲模设计模块)、PDW(Progressive Die Wizard,级进模设计向导),每个模具模块都有各自的标准件库,但其开发流程是相似的。

(1)注册企业的 NX 标准件开发项目。

(2)注册电子表格文件。

(3)建立参数化模板文件。

(4)建立标准件的电子表格数据库。

(5)制作标准件 Bitmap 位图文件。

(6)验证并调试标准件。

8.2.4 标准件系统工作流程

标准件 standard 系统工作流程如图 8-49 所示。

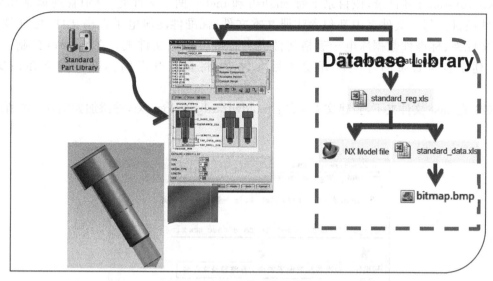

图 8 - 49 标准件系统工作流程

对于模具模架系统开发，与标准件相似，流程如图 8 - 50 所示。

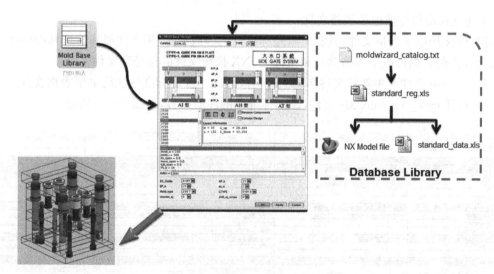

图 8 - 50 模具模架系统开发流程

8.2.5 应用案例

本例以导柱为例说明如何建立重用库。

导柱是模架中常用的标准件，与导套配合使用，用于模具的开合及顶出时的模板零件的精密导向或定位，属于模具导向类标准件。常用导柱分带肩导柱、无肩导柱两种，但作为标准件开发流程是一样的，如图 8 - 51 所示。

1) 注册标准件开发项目

（1）打 开 文 件 夹 moldwizard \ standard 或 者

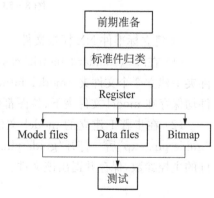

图 8 - 51 导柱标准件开发流程

pdiewizard\standard 目录,该目录下有 english 和 metric 两个文件夹,分别管理英制和公制标准件项目。每个文件夹中都包含注册文本文件、标准件注册电子表格文件、标准件 NX 模板文件夹、标准件数据库电子表格文件夹和标准件位图文件夹。在 metric(公制)文件夹下,建立名为 case 的标准件开发项目文件夹,将自己开发的标准件建立在该文件夹下。

(2) 在 case 文件夹下,新建文本文件: moldwizard_catalog.txt,并添加如图 8-52 所示的内容。

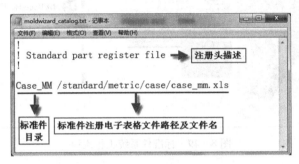

图 8-52 标准件开发项目目录注册

2) 建立标准件注册电子表格文件

标准件注册电子表格文件,其实质就是标准件的等级文件,用于注册和管理标准件所处的类别、标准件的数据库电子表格路径和文件名、NX 模板文件的路径和文件名。

(1) 在 case 文件夹中新建文件名为 case_reg_mm. xls 的标准件注册电子表格文件。

(2) 打开 case_reg_mm. xls 文件,添加标准件的注册内容,如图 8-53 所示。

	A	B	C	D	E
1	##Version: CASE 10 April 2016 Co				
2					
3	NAME	DATA_PATH	DATA	MOD_PATH	MODEL
4	---screw ---	/standard/metric/case/screw/data	shcs.xls	/standard/metric/case/screw/model	shcs.prt
5	shcs	/standard/metric/case/screw/data	shcs.xls	/standard/metric/case/screw/model	shcs.prt
6	dowel	/standard/metric/case/screw/data	dowel.xls	/standard/metric/case/screw/model	dowel.prt
7					
8					
9	---Case injection Unit---	/standard/metric/case/injection/data	locatingring.xls	/standard/metric/case/injection/model	locatingring.prt
10	locatingring	/standard/metric/case/injection/data	locatingring.xls	/standard/metric/case/injection/model	locatingring.prt
11	Locatin ring		locating ring.xls		locating ring.prt
12	sprue_bushing		sprue_bushing_assy.xls		sprue_bushing_assy.prt
13	---Case Guide Unit---	/standard/metric/case/guide/data	guide_pin.xls::sheet1	/standard/metric/case/guide/model	guide_pin.prt
14	Guide Pin		guide_pin.xls::sheet1		guide_pin.prt
15					
16	---Case Lock Unit---	/standard/metric/case/lock/data	taper_locating_block.xls	/standard/metric/case/lock/model	taper_location_block_assy.prt
17	Taper Locating Block		taper_locating_block.xls		taper_location_block_assy.prt
18					

图 8-53 标准件注册电子表格文件内容

3) 建立标准件 NX 模板文件

(1) 在...\standard\metric\case\目录下新建一个 guide 文件夹,并在新建立的 guide 文件夹下建立 3 个文件夹: model、bitmap、data。本节实例开发的导向类标准零件的 NX 模板部件均保存在 model 文件夹下、位图都保存在 bitmap 文件下。

(2) 在步骤 1 建立的 model 文件夹下新建立一个文本文档(. txt),将该文件重命名为 "guide pin. exp"后。打开"guide pin. exp",建立如图 8-54 所示的导柱标准件的 NX 模板部件的主控参数,保存并退出该文件。

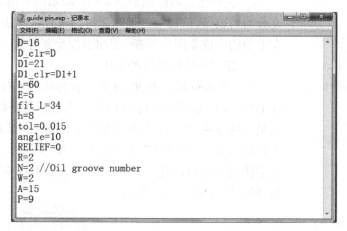

图 8 - 54　导柱主控参数

（3）运行 NX，建立公制的、文件名为"guide pin.prt"的导柱标准件 NX 模板部件到...\
standard\metric\case\guide\model 目录下，并进入建模环境。

（4）选择"工具"→"表达式"命令，弹出表达式对话框，单击"从文件导入表达式 📟"按钮，
将步骤 2 所建立的"guide pin.exp"文件中的表达式输入到 NX 文件。被输入的表达式出现在
表达式编辑器的列表窗口和部件导航器中，如图 8 - 55 所示。

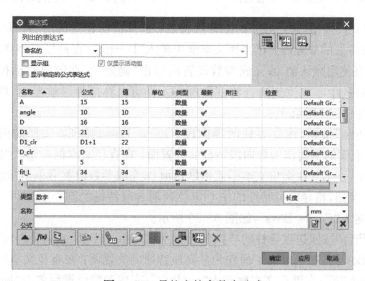

图 8 - 55　导柱主控参数表达式

（5）绘制用于建立导柱本体的肩台特征以及建腔实体的沉头孔特征的草图。

① 单击"基准 CSYS ▧"按钮，进入基准 CSYS 设置，选择类型"偏置 CSYS"，参考 CSYS
选择 WCS，CSYS 偏置 X 文本框使用默认值 0，Y 文本框使用默认值 0，Z 文本框输入
OFFSET，单击"确定"。

② 单击草图工具按钮 ▧，进入草图设置，选择偏置好的 CSYS 坐标系的 XY 平面作为草
图的放置平面，选择＋XC 方向的基准轴为草图的水平参考后，单击"确定"按钮，进入草图绘
制界面。

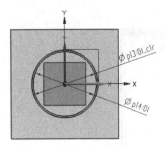

图 8-56 绘制导柱草图

③ 在草图区域绘制如图 8-56 所示的草图,并添加适当而又充分的约束条件(尺寸约束和几何约束)后,单击草图绘制对话框左上角的完成草图按钮▨,退出草图绘制界面。

4)建立导柱标准件的本体

(1)单击拉伸▥按钮,建立导柱标准件本体的肩台特征:选择 D1=21 的草图曲线(圆)作为建立拉伸特征的界面曲线;拉伸的量方向设置为"-ZC";在开始文本框输入"RELIEF",在结束文本框输入"h+RELIEF";布尔运算选择"无",单击"确定",完成导柱本体的肩台特征建立。在部件导航器中将该拉伸特征重命名为"Head",如图 8-57 所示。

图 8-57 拉伸导柱肩台特征

图 8-58 导柱配合段特征

(2)单击"凸台"按钮,建立导柱的配合段特征:选择前面建立的肩台(Head)特征底端的平面作为配合段特征的放置面;在直径文本框中输入"D+tol";在高度文本框中输入"fit_L-h";在锥角文本框使用默认值 0;完成参数设置后单击"确定"。在定位对话框中,单击☑ 按钮,将配合段特征的中心定位到肩台特征的圆心上即可。在部件导航器中,将该凸台命名为"Fit_Boss",如图 8-58 所示。

(3)单击"凸台"按钮,建立导柱的导向段(Guide_Boss)特征:选择前面建立的配合段(Fit_Boss)特征底端的平面作为导向段特征的放置面;在直径文本框中输入"D";在高度文本框中输入"L-fit_L-E";在锥角文本框使用默认值 0;完成参数设置后单击"确定"。在定位对话框中,单击☑ 按钮,将导向段特征的中心定位到配合段特征的圆心上即可。在部件导航器中,将该凸台命名为"Guide_Boss",如图 8-59 所示。

(4)单击"凸台"按钮建立导柱的导入部的锥面(Guide_TP_Boss)特征:选择前面建立的导向段(Guide_Boss)特征底端的平面作为导向段特征的放置面;在直径文本框中输入"D";在高度文本框中输入"E";在锥角文本框输入"angle/2";完成参数设置后单击"确定"。在定位对话框中,单击☑ 按钮,将锥面特征的中心定位到导向段特征的圆心上即可。在部件导航器中,将该凸台命名为"Guide_TP_Boss",如图 8-60 所示。

图 8-59 导柱导向段特征

图 8-60 导柱导入部锥面特征

（5）单击边倒圆 ▣ 按钮，建立导柱的导入部圆角特征：选择前面建立的锥面特征的低端实体边缘，设置圆角半径为"R"。

（6）单击"槽"按钮，选择"球形端槽"选项建立导柱的油槽（Oil Groove）特征：选择导向段的圆柱面为油槽特征放置面，在参数设置对话框的槽直径文本框中输入"D-2"，球直径文本框输入"W"，将油槽特征定位到距离导入段锥面特征的低端边缘为"A"的位置。在部件导航器中，将该槽特征命名为"Oil Groove"，如图 8-61 所示。

（7）单击"阵列特征"按钮 ◆，选择对象油槽（Oil Groove）特征，布局设置为线性，指定矢量 - ZC，在数量文本框中输入"N"，在节距文本框中输入"P"，然后单击"确定"，完成导柱油槽的阵列特征建立，如图 8-62 所示。

图 8-61 导柱油槽   图 8-62 阵列油槽特征

5）建立导柱的标准件的建腔实体

（1）单击"拉伸 ▣"按钮建立导柱标准件建腔实体的沉头孔（Counter Bore）特征：选择步骤 8 所绘制的 D1_clr＝22 的草图曲线（圆）作为建立拉伸特征的截面曲线；拉伸的矢量方向设置为"- ZC"；在开始拉伸起始文本框输入"0"；在结束拉伸终止文本框中输入"h＋RELIEF"；布尔运算选择"无"，单击"确定"，完成导柱建腔实体的沉头孔特征建立。在部件导航器中将该拉伸特征重命名为"Counter Bore"。

（2）单击"凸台"按钮建立导柱建腔实体的避空孔（Clearance_Hole）特征：选择前面建立的沉头孔（Counter Bore）特征底端的平面作为避空孔特征的放置面；在直径文本框中输入"D_clr"；在高度文本框中输入"L-h＋5"；在锥角文本框使用默认值 0；完成参数设置后单击"确定"。在定位对话框中，单击 ⫫ 按钮，将避空孔的中心定位到沉头孔特征的圆心上即可。在部件导航器中，将该凸台命名为"Clearance_Hole"。

（3）单击"凸台"按钮建立导柱建腔实体的锥孔（Drill _ Tip）特征：选择前面建立的避空孔（Clearance_Hole）特征底端的平面作为锥孔特征的放置面：在直径文本框中输入"D_clr"；在高度文本框中输入"(D_clr/2) * tan(80)"；在锥角文本框使用默认值 59.999；完成参数设置后单击"确定"。在定位对话框中，单击 ⫫ 按钮，将锥孔的中

图 8-63 导柱及建腔体

心定位到避空孔特征的圆心上即可。在部件导航器中，将该凸台命名为"Drill_Tip"，完成后如图 8-63 所示。

6）建立导柱的引用集。

选择"格式"→"引用集"命令，弹出引用集对话框，选择导柱的本体建立 True 引用集，选择导柱的建腔实体建立 False 引用集。

图 8-64　完成后的导柱

7）显示设置

选择"对象显示"命令，进行颜色设置，设置导柱的建腔实体，将颜色设置为蓝色（211）、线型设置为虚线、局部着色设置为 NO；选择导柱的实体，将局部着色设置为 YES。将导柱的本体放置在第 1 层，建腔实体放置在第 99 层，坐标系放置在 61 层，草图放置在第 22 层，保持图面整洁、清晰。改变视图方位，在视图工具栏中单击局部着色按钮，完成效果图如图 8-64 所示。

8）设置导柱的 NX 模板部件属性

（1）设置导柱部件的属性：选择文件→属性命令，弹出显示部件属性对话框，切换到属性选项卡，设置部件识别属性 GUIDE_PIN = 1，如图 8-65 所示。

（2）设置导柱建腔实体 NX CAM 面属性：将选择工具条的 圖 ▼ ｜仅在工作部件内 ▼ 筛选项设置为面，选择导柱相关的建腔实体面，右击，在弹出的快捷菜单中选择属性命令，弹出面属性对话框，在对话框中单击属性标签，设置相应的面属性，如图 8-66 所示。

9）建立导柱标准件的位图文件

按前面介绍的方法，在...\standard\metric\case\guide\bitmap 文件夹下建立导柱的标准件的 bitmap 位图文件"guide pin. bmp"，用于标识导柱标准件的结构和主控参数，如图 8-67 所示。

图 8-65　部件属性

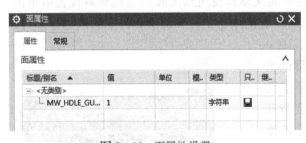

图 8-66　面属性设置

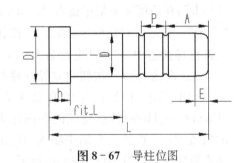

图 8-67　导柱位图

10）建立导柱标准件的数据库

（1）在...\standard\metric\case\guide\目录下的 data 文件夹中，建立如图 8-68 所示的电子表格，并将其命名为"guide_pin. xls"标准件数据库电子表格文件。

（2）在标准件注册电子表格文件中注册导柱标准件。打开...\standard\metric\case\目录下的 case_reg_mm. xls 电子表格文件，按照前面介绍的方法，在其中添加如图 8-69 所示的注册内容。注册时，建立分类"---case Guide Unit---"。

	A	B	C	D	E	F	G	H	I	J	K	L	M	N	O	P	Q	R	S
1	##CASE guide pin data																		
2	## 2016/03/28 created by cz																		
3	PARENT	<MW_MISC>																	
4																			
5	POSITION	PLANE																	
6																			
7	ATTRIBUTES																		
8	SECTION-COMPONENT=NO																		
9	MW_COMPONENT_NAME=SCREW																		
10	MATERIAL=STD																		
11	DESCRIPTION=Flat head Screw manual																		
12	MW_SIDE=<SIDE>																		
13	CATALOG=SHCS:M <SIZE> x <LENGTH>																		
14																			
15																			
16	BITMAP	/standard/metric/case/guide/bitmap/guide_pin.bmp																	
17																			
18	PARAMETERS																		
19	CATALOG	D	D1	L	fit_L	h	N	D_clr	D1_clr	E	angle	R	RELEF	W	A	P	tol	SIDE	
20	GP	12	17	37,42,47,52,57	19,29,39	5	2	D	D1+1	5	10	2	0	2	15	9	0.015	A,B	
21		16	20	37,42,47,52,57	19,24,29,34,39	6													
22		20	25	37,42,47,52,57	24,29,39,49,59	6											0.017		
23		25	30	47,52,57,62,67	29,39,49,59,69	8				6		3				12			
24		30	35	47,52,57,62,67,72	24,29,39,49,59	8											0.02		
25	EGP	12	17	37,42,47,52,57	19,29,39	5				5	5	2				9	0.015		
26		16	20	37,42,47,52,57	19,24,29,34,39	6													
27		20	25	37,42,47,52,57	24,29,39,49,59	6				6							0.017		
28		25	30	47,52,57,62,67	29,39,49,59,69	8										12			
29		30	35	47,52,57,62,67,72	24,29,39,49,59	8											0.02		
30	END																		

图 8-68　数据库电子表格

	A	B	C	D	E
1	##Version: CASE 10 April 2016 Created by cz				
2					
3	NAME	DATA_PATH	DATA	MOD_PATH	MODEL
4	----screw ----	/standard/metric/case/screw/data	shcs.xls	/standard/metric/case/screw/model	shcs.prt
5	shcs	/standard/metric/case/screw/data	shcs.xls	/standard/metric/case/screw/model	shcs.prt
6	dowel	/standard/metric/case/screw/data	dowel.xls	/standard/metric/case/screw/model	dowel.prt
7					
8	---Case injection Unit---	/standard/metric/case/injection/data	locatingring.xls	/standard/metric/case/injection/model	locatinggring.prt
9	locatingring	/standard/metric/case/injection/data	locatingring.xls	/standard/metric/case/injection/model	locatinggring.prt
10	Locatin ring		locating ring.xls		locating ring.prt
11	sprue_bushing		sprue_bushing_assy.xls		sprue_bushing_assy.prt
12	---Case Guide Unit---	/standard/metric/case/guide/data	guide_pin.xls::sheet1	/standard/metric/case/guide/model	guide pin.prt
13	Guide Pin		guide_pin.xls::sheet1		guide pin.prt
14					
15	--Case Lock Unit	/standard/metric/case/lock/data	taper_locating_block.xls	/standard/metric/case/lock/model	taper_location_block_assy.prt
16	Taper Locating Block		taper_locating_block.xls		taper_location_block_assy.prt
17					
18					

图 8-69　柱注册内容

11）验证和调试标准件

标准件开发完成后，需要验证其相关参数及属性设置，从而发现问题，并及时做出相应的修正，确保正确使用。

（1）启动 NX，新建模型文件，文件名为 test. prt，进入建模环境。

（2）插入一个特征：块，尺寸为 800＊800＊80。

（3）在"应用模块"菜单中，单击图标，进入注塑模向导环境。

（4）在导航器中，单击重用库图标，依次选择：MW_Standard Part Library→case_MM→case Guide Unit。

（5）双击"成员选择"中成员 Guide Pin，在标准件管理对话框中，选择导柱直径为 80 mm，长度为 72 mm。选择块的上表面为放置面，单击"确定"，如图 8-70 所示。

（6）在标准件位置对话框中，分别输入 X 偏置、Y 偏置为 50，50；50，250；250，50；250，250，四个导柱位置点，单击"确定"。在装配导航器中，将子组件：proj_Guide_Pin 的引用集替换为：TURE，如图 8-71、8-72 所示。完成后的实体模型如图 8-73 所示。

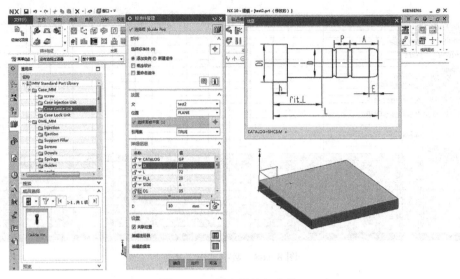

图 8-70　插入导柱标准件

图 8-71　标准件位置

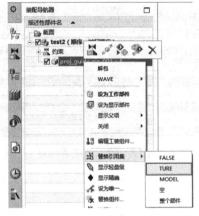

图 8-72　替换引用集

图 8-73　完成后的实体

 ## 8.3　NX 头盔凸模加工编程实例

　　本例是一个比较典型的型芯零件。通过该零件加工程序的编制,可以看到在 CAM 自动编程中,对不同特征的加工区域应该采用不同的加工方法进行加工,而不能简单地进行一个步骤或两个步骤的精加工来完成所有曲面的精加工。选择加工刀轨形式的一个主要依据是控制残余高度。控制残余高度是指在数控加工中相邻刀轨间所残留的未加工区域的高度,它的大小决定了加工表面的粗糙度并对精度造成很大的影响,是评价加工质量的一个重要指标,是造成加工误差的最大影响因素。控制残余高度,保证达到足够的精度和粗糙度标准的前提下,以最大的行间距生成数控刀轨,是高效率数控加工所追求的目标。残余高度的控制与刀具类型、刀轨形式、刀轨行间距等多种因素有关,因此其控制主要依赖于程序员的经验,具有一定的复杂性。

　　为了达到一定的加工精度,同时能保证加工效率,对于残余高度的控制,重点在于尽量使所有曲面上的残余高度相对一致,也就是使面内行距在曲面的不同区域保持基本一致。对于曲面的精加工而言,在实际编程中控制残余高度是通过改变刀轨形式和调整行距来完成的。编程人员应根据不同加工区域的不同情况采用不同的刀轨形式并对行距大小进行灵活调整。

一般来说,当加工倾斜角度较大的曲面时,采用等高方式切削,以设定切削深度方式能较有效地控制残余高度;而对倾斜角度较小的曲面或者曲面部位进行加工时,以曲面加工方式加工并设定行间距的方式能更为有效地控制残余高度。

对于同一个零件,应该按其不同部位的特征将加工表面分割成不同的区域进行加工,不同区域采用不同的刀轨形式或者采用不同的刀轨行距。

8.3.1 零件分析与工艺规划

1) 零件分析

图 8-74 所示为某款式的摩托车头盔注塑模具的型芯。头盔的沿口是有起伏的,因而型芯的分型面在沿头盔的沿口有小波浪形,而不是在一个平面上,其分型面之外为一周的楔形,用于锁模,楔形以外为平面的外分型面。模具的毛坯为六面光滑的立方形,材料为锻打45♯钢。已经完成此零件的曲面造型,文件名为 toukui. prt。

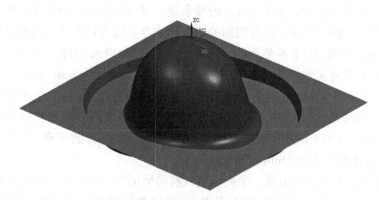

图 8-74 摩托车头盔注塑模具型芯

2) 加工坐标原点

X:模板中心;Y:模板中心;Z:模型的最高点。

坐标系设定在 G54。

3) 工件安装

将工件固定在工艺板上,再将工艺板在工作台压紧。

4) 工步安排

(1) 由于该凸模零件加工余量较大,首先要进行粗加工。根据工件的大小,粗加工选用直径为 φ63、镶有 4 个 R6 刀片的四刃可转位刀具进行加工。粗加工采用型腔铣环切的方法,每层切深为 1.5 mm,水平刀间距则取 48 mm。根据刀具供应商提供的推荐切削参数 v_c 和 f_z 计算并取整,可以得到主轴转速为 1 000 r/min,机床进给为 1 200 mm/min。

(2) 进行粗加工后,在局部区域还存在较大的加工余量,并存在应力变形等因素。为保证精加工的加工质量,对该型芯进行半精加工,以使零件的周边保留均匀的加工余量。半精加工采用等高轮廓铣的方式进行加工。选用直径为 φ32、刀角半径为 R6 的二刃可转位刀具进行加工,每层切深取 1 mm。根据刀具供应商提供的推荐切削参数 v_c 和 f_z 计算并取整,可以得到主轴转速为 1 800 r/min,机床进给为 1 200 mm/min。

（3）该模具的侧面多数属于陡峭曲面，因此选用等高外形加工方法进行侧面的精加工，精加工使用 φ25R5 的二刃可转位刀具进行加工，每层切深取 0.5 mm。根据刀具供应商提供的推荐切削参数 v_c 和 f_z 计算并取整，可以得到主轴转速为 2 500 r/min，机床进给为 1 200 mm/min。

（4）头盔模具的凸模在楔形以外为平面的外分型面，并且其内侧与型芯的成型部分还有一定的距离。使用型腔铣的方式加工，直接以该平面为加工部件几何体和毛坯几何体在该平面所在高度进行单层加工。该模具的外分型面精加工使用 φ25R5 的可转位刀具进行加工，做平面上的一层加工，由外向内环绕方式走刀。因为是做精加工，所以采取相对较高的转速和相对较低的进给，以取得较好的表面加工质量。主轴转速为 2 500 r/min，机床进给为 1 000 mm/min。

（5）由于凸模的顶部是较为平缓的曲面，所以在使用等高外形精加工后在顶部区域的残余量还是比较大，需要对凸模的顶部进行补充的精加工。使用区域铣削驱动方式进行加工，并限定陡峭角度只对倾斜角度小于 45° 的区域进行精加工。选用 φ16 mm 的球头刀，设置主轴转速为 3 000 r/min，机床进给为 1 000 mm/min。

（6）摩托车头盔凸模的分型面是一个环形的曲面，并且曲面是起伏的，并非一个平面，所以在侧面精加工后在分型面部分还有较大的残余量。对该区域进行精加工时使用放射状加工进行，以模型的中心为放射中心，以分型面的边线为边界生成刀具轨迹。该模具的内分型面是沿头盔沿口线所创建的，其面不是平的，有一定的波折，所以选用球头刀来进行加工，选择 φ16 mm 的球头刀，设置主轴转速为 3 000 r/min，机床进给为 1 000 mm/min。

（7）由于前面使用球头刀进行分型面的精加工，所以在分型面与斜楔相交部位不可避免地留有圆角，本例对斜楔的底部进行清角加工。对于这一残余部分的加工以轮廓边界线确定加工位置，并进行多刀加工以清除残料。清角加工使用 φ10 mm 的平底刀，设置主轴转速为 4 000 r/min，机床进给为 1 000 mm/min。

（8）在该摩托车头盔凸模上做一个此头盔材料的标记" > ABS < "，此标记的字为反向的阴文，深度为 1.5 mm。标记文字绘制在平面上，使用曲线驱动方式的固定轴曲面轮廓铣加工，设定加工曲面的预留量为 −1.5 mm，选择文字标记曲线进行投影加工。模具标记的刻字加工使用 φ3 的球头刀进行加工，主轴转速为 4 500 r/min，机床进给为 300 mm/min。

表 8-1 头盔注塑模凸模加工工步

序号	加工内容	加工方式	刀具	转速（r/min）	进给（mm/min）
1	整体粗加工	型腔铣	φ63R6 圆角刀	1 000	1 200
2	侧面半精加工	等高轮廓铣	φ32R6 圆角刀	1 800	1 200
3	陡峭侧面精加工	峭壁等高轮廓铣	φ25R5 圆角刀	2 500	1 200
4	外分型面精加工	型腔铣	φ25R5 圆角刀	2 500	1 000
5	顶部精加工	区域铣削驱动方式曲面铣-同心圆	φ16 球头刀	3 000	1 000
6	分型面精加工	区域铣削驱动方式曲面铣-放射	φ16 球头刀	3 000	1 000
7	清角加工	固定轴曲面轮廓铣-边界驱动	φ10 平底刀	4 000	1 000
8	标记加工	固定轴曲面轮廓铣-曲线驱动	φ3 球头刀	4 500	300

8.3.2 初始设置

1）打开图形并检视

下面以 NX8.5 为例，打开零件模型 toukui.prt。对图形进行动态旋转、平移、缩放，从不同角度和局部进行检查，确认没有明显不正常的图形，并确认工作坐标系原点在顶平面的中心。

2）进入加工模块并设置

选择"开始"→"加工"命令，进入加工模块，以进行加工程序的编制操作。

进入加工模块后，系统会弹出"加工环境"对话框，如图8-75 所示，"CAM 会话配置"选择 cam_general，"要创建的 CAM 设置"选择 mill_contour。单击确定。

3）创建刀具

（1）创建新刀具 D63R6。在进入加工模块后，工具栏中将出现加工模块的专用图标，单击工具栏上的"创建刀具"按钮，开始进行新刀具的建立。系统弹出"创建刀具"对话框，如图8-76 所示。在"类型"下拉列表中选择 mill_contour，"刀具子类型"选择 mill，在"名称"中输入 D63R6，单击"应用"按钮进入铣刀建立对话框。

系统默认新建铣刀-5 参数铣刀，如图8-77 所示设置刀具参数。

设定直径 D 为 63，下半径 R1 位 6，刀具号为 1；其余按照默认值设定。在设定完毕时，单击"确定"按钮，以结束铣刀 D63R6 的创建。

图 8-75 加工环境设置

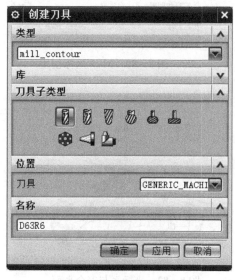

图 8-76 创建刀具组

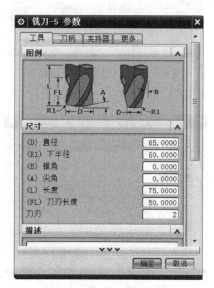

图 8-77 刀具参数设置

（2）依次创建新刀具 D32R6、D25R5、D10、B16、B3。B16、B3 为球头铣刀，类型为 BALL_MILL。

（3）检视刀具。单击屏幕右边的"工序导航器"，打开工序导航器，在窗口空白处，单击鼠

图 8-78 工序导航器-加工刀具

标右键,系统弹出快捷菜单,选择"机床刀具视图"命令。工序导航器显示为加工刀具次序,如图8-78所示,显示当前已经创建的6个刀具。

4)创建几何体

(1)单击创建工具栏中的"创建几何体"按钮,弹出"创建几何体"对话框,如图8-79所示。选择"几何体子类型"为坐标系 MCS,父本组几何体为 GEOMETRY,名称为 MCS,单击"确定"按钮进行坐标系几何体建立。

(2)系统将弹出 MCS 对话框,如图8-80所示。在"安全设置"中选择平面,单击"指定平面"对话框中的"平面"对话框,弹出平面对话框,如图8-81所示。在"类型"中选择,XC-YC平面,在"偏置和参考"中,选择 WCS,并距离设置为50。单击"确定",完成 MCS 坐标的创建。图8-82所示为坐标与安全平面。

图 8-79 "创建几何体"对话框   图 8-80 MCS 坐标创建

图 8-81 "平面"对话框

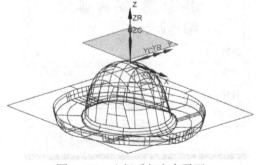

图 8-82 坐标系与安全平面

8.3.3 头盔型芯的粗加工

1)创建型腔铣操作

在工具栏上,单击"创建工序"按钮,弹出如图8-83所示"创建工序"对话框。在"类型"选择 mill_contour；"工序子类型"中选择第一个图标型腔铣，"程序"中选择 NC_PROGRAM，"刀具"选择 D63R6，"几何体"选择 MCS，"方法"选择 METHOD，"名称"输入为 D63R6C1。单击"确定"完成创建型腔铣，并弹出"型腔铣"参数设置，如图 8-84 所示。"几何体"选择 MCS，单击"指定部件"弹出"部件几何体"对话框，筛选方法设定为片体，选择所有片体，并确定。单击"指定修剪边界"弹出修剪边界对话框，如图 8-85 所示。选择忽略孔，修剪侧为外部，单击"类选择"弹出类选择对话框，筛选方法设定为平面，选择外平面，如图 8-86 所示。

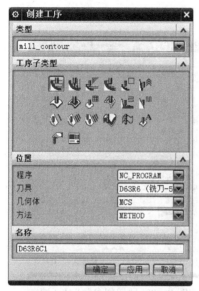

图 8-83　"创建工序"对话框

图 8-84　"型腔铣"对话框

图 8-85　"修剪边界"对话框

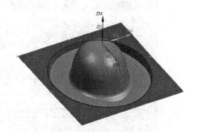

图 8-86　拾取边界

2) 设置操作参数

(1) 设置常用参数。"刀轨设置"中，"切削模式"设置为跟随周边，"步距"设置为恒定，"最大距离"设置为 48，"每刀的公共深度"设置为恒定，"最大距离"设置为 1.5。

（2）设定非切削移动。单击"非切削移动"弹出对话框，如图 8-87 所示，"进刀"中设置封闭区域，进刀类型为螺旋，直径为 90％刀具，斜坡角为 10，其余默认，开放区域中进刀类型为圆弧，高度为 3 mm，最小安全距离为 50％刀具，勾选修剪至最小安全距离和忽略修剪侧的毛坯，其余默认。单击"确认"，退出非切削移动的设置。

图 8-87 "非切削移动"对话框

图 8-88 "切削参数"对话框

（3）设置切削参数。单击"切削参数"，弹出"切削参数"对话框，如图 8-88 所示。在策略中，设置切削方向为"顺铣"，切削顺序为"深度优先"，其他默认设置；在余量中，设置部件侧面余量为 1，内公差为 0.03，外公差为 0.1，其余默认，如图 8-89 所示。

（4）设置进给率。单击"进给率和速度"弹出对话框，如图 8-90 所示，进行进给率和速度

图 8-89 余量参数设置

图 8-90 进给率和速度设置

的设置。勾选"主轴速度"复选框,并设置主轴转速为 900 rpm,"进给率"中,单位都设置为 mmpm,设置切削为 250,进刀为 300,其余为默认。单击"确定",完成设置。

3) 生成刀路轨迹并检视

完成所有参数设置后,单击"操作"下的生成,开始生成刀路轨迹。在计算完成后,将在图形区显示预铣切第一层的边界,如图 8-91 所示。在"刀轨生成"对话框中,如图 8-92 所示,取消选中"显示后暂停"和"显示前刷新"复选框,以能够连续显示刀路轨迹,单击"确定"按钮进行刀路轨迹的产生。显示程序的最后会出现警告信息,提示刀具不能到哪一层,单击"确定"按钮即可。完整的刀路轨迹显示如图 8-93 所示。确认生成的刀轨轨迹正确后,单击"确定",接受刀路轨迹,完成设置。

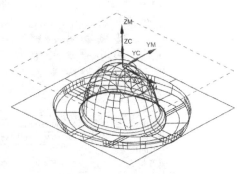

图 8-91　显示切削区域

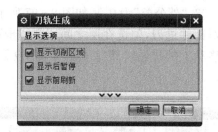

图 8-92　"刀轨生成"对话框

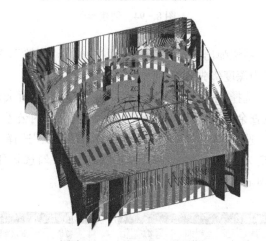

图 8-93　完整的刀路轨迹

8.3.4　头盔凸模侧面半精加工

1) 创建等高轮廓铣操作

在工具栏上,单击"创建工序"按钮,弹出如图 8-94 所示"创建工序"对话框。在"类型"中选择 mill_contour;"工序子类型"中选择第五个图标等高轮廓铣(ZLEVEL_PROFILE);"程序"中选择 NC_PROGRAM;"刀具"中选择 D32R6;"几何体"中选择 MCS;"方法"中选择 METHOD;"名称"中输入为 D32R6B。单击"确定"按钮开始等高轮廓铣操作的创建,并弹出等高轮廓铣的参数设置。"几何体"选择 MCS,单击"指定部件"弹出"部件几何体"对话框,筛选方法设定为片体,选择所有片体,并确定。

2) 设置操作参数

(1) 设置常用参数。在等高轮廓铣对话框中,如图 8-95 所示进行参数确认或设置。"陡峭空间范围"中选择仅陡峭的,"角度"设置为 0.1;"合并距离"为 3;"最小切削长度"为 1;"每刀的公共深度"为恒定,"最大距离"为 1。

(2) 设置切削参数。在等高轮廓铣对话框中,单击"切削"按钮进行切削参数设置。

图 8-94 创建操作

图 8-95 等高轮廓铣

系统弹出"切削参数"对话框,选择"策略",进行参数设置。"切削方向"为顺铣,"切削顺序"为深度优先,如图 8-96 所示。

选择"余量",进行参数设置。勾选使底面余量与侧面余量一致,"部件侧面余量"为 0.2,"检查余量"和"修剪余量"设置为 0,设定"内公差"为 0.03,"外公差"为 0.1,如图 8-97 所示。

选择"连接",进行参数设置。"层到层"选择直接对部件进刀,勾选在层之间切削,"步距"设定为恒定,"最大距离"设定为 5 mm,勾选短距离移动上的进给,"最大移刀距离"设置为 25.4 mm,如图 8-98 所示。

图 8-96 策略设置

图 8-97 余量参数设置

图 8-98 连接参数设置

(3) 设定非切削移动。在等高轮廓铣对话框中(图 8-99),单击"非切削移动",弹出对话框,选择"进刀"设置。在封闭区域中,"进刀类型"为螺旋,其余选项均按默认值。在开放区域中,"进刀类型"为圆弧,勾选修剪至最小安全距离,其余选项均按默认值,如图 8-100 所示。在"退刀"设置中,"退刀类型"选择为与进刀相同,如图 8-101 所示。

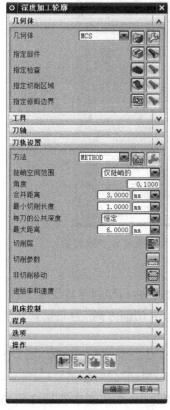

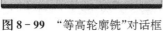

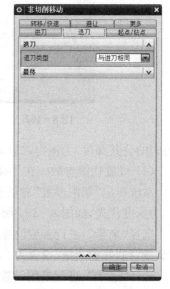

图 8-99 "等高轮廓铣"对话框	图 8-100 进刀设置	图 8-101 退刀设置

（4）设置进给率。在等高轮廓铣对话框中，单击"进给率和速度"按钮进行进给率设置。"主轴速度"设置为 1800 rpm，"进给率"中切削设置为 600 mmpm，其余均按默认设置。确定，并完成深度轮廓加工设置。

3）生成刀路轨迹并检视

完成所有参数设置后，单击"操作"下的生成，开始生成刀路轨迹。在计算完成后，将在图形区显示预铣切第一层的边界，在"刀轨生成"对话框中，取消选中"显示后暂停"和"显示前刷新"复选框，以能够连续显示刀路轨迹，单击"确定"按钮进行刀路轨迹的产生。

8.3.5 头盔凸模陡峭侧面精加工

1）创建等高轮廓铣操作

在工具栏上，单击"创建工序"按钮，弹出如图 8-102 所示"创建工序"对话框。在"类型"中选择 mill_contour；"工序子类型"中选择第五个图标等高轮廓铣（ZLEVEL_PROFILE），"程序"中选择 NC_PROGRAM，"刀具"中选择 D25R5，"几何体"中选择 MCS，"方法"中选择 METHOD，"名称"中输入为 D25R5J1。单击"确定"按钮开始等高轮廓铣操作的创建，并弹出等高轮廓铣的参数设置。"几何体"中选择 MCS，单击"指定部件"弹出"部件几何体"对话框，筛选方法设定为片体，选择所有片体，并确定。

2）设置操作参数

（1）设置常用参数。在等高轮廓铣对话框中，如图 8-103 所示进行参数确认或设置。"陡峭空间范围"中选择仅陡峭的，"角度"设置为 45；"合并距离"为 3；"最小切削长度"为 0；

图 8 - 102　创建操作

图 8 - 103　等高轮廓铣参数设置

"每刀的公共深度"为恒定,"最大距离"为 0.5。

(2)设置切削参数。在等高轮廓铣对话框中,单击"切削"按钮进行切削参数设置。

系统弹出"切削参数"对话框,选择"策略",进行参数设置。"切削方向"为顺铣,"切削顺序"为深度优先,如图 8 - 104 所示。

选择"余量",进行参数设置。勾选使底面余量与侧面余量一致,"部件侧面余量"为 0,"检查余量"和"修剪余量"设置为 0,设定"内公差"为 0.003,"外公差"为 0.003,如图 8 - 105 所示。

选择"连接",进行参数设置。"层到层"选择沿部件交叉斜进刀,取消选中在层之间切削(图 8 - 106)。

图 8 - 104　策略设置

图 8 - 105　余量参数设置

图 8 - 106　连接参数设置

(3)设置非切削移动。在等高轮廓铣对话框中,如图 8 - 107 所示,单击"非切削移动",弹出对话框,选择"进刀"设置。在封闭区域中,"进刀类型"为螺旋,其余选项均按默认值。在开放区域中,"进刀类型"为圆弧,勾选修剪至最小安全距离,其余选项均按默认值,如图 8 - 108 所示。在"退刀"设置中,"退刀类型"选择为与进刀相同,如图 8 - 109 所示。

(4)设置进给率。在等高轮廓铣对话框中,单击"进给率和速度"按钮进行进给率设置。"主轴速度"设置为 2500rpm,"进给率"中切削设置为 600 mmpm,其余均按默认设置。确定,并完成深度轮廓加工设置。

图 8 - 107 "等高轮廓铣"对话框

图 8 - 108 进刀设置

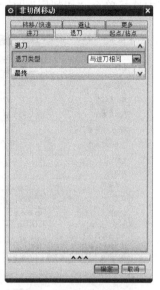

图 8 - 109 退刀设置

3）生成刀路轨迹并检视

完成所有参数设置后，单击"操作"下的生成，开始生成刀路轨迹。在计算完成后，将在图形区显示预铣切第一层的边界，在"刀轨生成"对话框中，取消选中"显示后暂停"和"显示前刷新"复选框，以能够连续显示刀路轨迹，单击"确定"按钮进行刀路轨迹的产生。

8.3.6 头盔型芯的外分型面精加工

1）创建型腔铣操作

在工具栏上，单击"创建工序"按钮，弹出如图 8 - 110 所示"创建工序"对话框。在"类型"中选择 mill_contour；"工序子类型"中选择第一个图标型腔铣（CAVITY_MILL），"程序"中选择 NC_PROGRAM，"刀具"中选择 D25R5，"几何体"中选择 MCS，"方法"中选择 METHOD，"名称"中输入为 D25R5J2。单击"确定"按钮开始型腔铣操作的创建，并弹出型腔铣的参数设置。"几何体"选择 MCS，单击"指定部件"弹出"部件几何体"对话框，筛选方法设定为片体，选择所有片体，并确定。单击"指定毛坯"弹出"毛坯几何体"对话框，筛选方法设定为平面，选择外平面，如图 8 - 111 所示，确定完成选取。

2）设置操作参数

（1）设置常用参数。在型腔铣对话框中，进行参数

图 8 - 110 创建工序

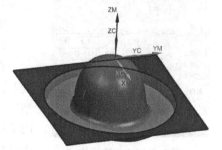

图 8 - 111 毛坯几何体

确认或设置(图 8-112)。"切削模式"中选择跟随周边,"步距"中选择刀具平直百分比,"平面直径百分比"设置为 50,"每刀的公共深度"设置为恒定,"最大距离"为 0.1,其余设置为默认。

(2) 定义切削层。在型腔铣对话框中,单击"切削层"弹出切削层的对话框。在"范围类型"中选择单个,"切削层"设定为仅在范围底部,其余按默认设置,如图 8-113 所示。

图 8-112 型腔铣参数设置

图 8-113 切削层定义

(3) 设置切削参数。在型腔铣对话框中,单击"切削参数"按钮进行切削参数设置。系统弹出"切削参数"对话框,选择"余量",进行参数设置。勾选使底面余量与侧面余量一致,"毛坯余量"为 1,"部件侧面余量""检查余量""修剪余量"设置均为 0,设定"内公差"和"外公差"为 0.01,其余"策略"和"连接"选项参数按默认设置。

(4) 设置进给率。在型腔铣对话框中,单击"进给率和速度"按钮进行进给率设置。"主轴速度"设置为 2 500 rpm,"进给率"中切削设置为 600 mmpm,其余均按默认设置。确定,并完成深度轮廓加工设置。

图 8-114 创建操作

3) 生成刀路轨迹并检视

完成所有参数设置后,单击"操作"下的生成,开始生成刀路轨迹。在计算完成后,将在图形区显示预铣切第一层的边界,在"刀轨生成"对话框中,取消选中"显示后暂停"和"显示前刷新"复选框,以能够连续显示刀路轨迹,单击"确定"按钮进行刀路轨迹的产生。

8.3.7 头盔型芯顶部精加工

1) 创建轮廓区域铣操作

在工具栏上,单击"创建工序"按钮,弹出如图 8-114 所示"创建工序"对话框。在"类型"中选择 mill_contour;"工序子类型"中选择轮廓区域(CONTOUR_AREA),"程序"中选择 NC_PROGRAM,"刀具"中选择 B16,"几何体"中选择 MCS,"方法"中选择 METHOD,"名称"输入为 B16J1。单击"确定"按钮开始轮廓区域操作的创建,并弹出轮廓区域的参数设置。"几何体"中选择 MCS,单击"指定部件"弹出"部件几何体"对话框,筛选方法设定为片体,选择凸模部分的曲面,如图 8－115 所示,确定完成选取。

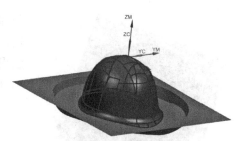

图 8－115　几何体选择

2）设置操作参数

（1）设置驱动方法。在轮廓区域对话框中,"驱动方法"下的"方法"设置为区域铣削,并单击其后的编辑按钮 ,打开区域铣削驱动方法的设置。"方法"设置为非陡峭,"陡角"设置为 45,"切削模式"设置为同心往复,"阵列中心"设置为自动,"刀路方向"设置为向内,"切削方向"设置为顺铣,"步距"设置为恒定,"最大距离"设置为 0.4,如图 8－116 所示。

（2）设置切削参数。在轮廓区域对话框中,单击"切削参数"按钮进行切削参数设置。系统弹出"切削参数"对话框,选择"余量",进行参数设置。"部件余量""检查余量""边界余量"设置均为 0,设定"内公差"和"外公差"为 0.003,"边界内公差"和"边界外公差"为 0.03,其余"策略"和"连接"选项参数按默认设置。

（3）设置非切削移动。在轮廓区域对话框中,单击"非切削移动",弹出对话框,"进刀"和"退刀"均按默认设置。

图 8－116　驱动方法设置

（4）设置进给率和速度。在轮廓区域对话框中,单击"进给率和速度"按钮进行进给率设置。"主轴速度"设置为 3 000 rpm,"进给率"中切削设置为 500 mmpm,其余均按默认设置。确定,并完成轮廓区域设置。

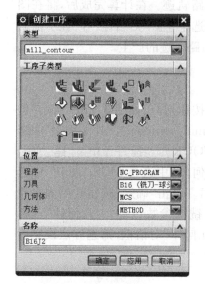

图 8－117　创建操作

3）生成刀路轨迹并检视

完成所有参数设置后,单击"操作"下的生成,开始生成刀路轨迹。在计算完成后,将在图形区显示预铣切第一层的边界,在"刀轨生成"对话框中,取消选中"显示后暂停"和"显示前刷新"复选框,以能够连续显示刀路轨迹,单击"确定"按钮进行刀路轨迹的产生。

8.3.8　头盔型芯的分型面精加工

1）创建轮廓区域操作

在工具栏上,单击"创建工序"按钮,弹出如图 8－117 所示"创建工序"对话框。在"类型"选择 mill_contour;"工序子类型"中选择轮廓区域（CONTOUR_AREA）,"程序"中选择 NC_PROGRAM,"刀具"选择 B16,"几何体"中选择 MCS,"方法"中选择 METHOD,"名称"输入为 B16J2。单击"确定"按钮开始轮廓区域操作的创建,并弹出轮廓区域的参数设置。"几何体"中选择 MCS,单击"指定部件"弹出"部件几

图 8-118 切削区域选择

何体"对话框,筛选方法设定为片体,选择所有片体,并确定。单击"指定切削区域"弹出"切削区域"对话框,筛选方法设定为面,选择凸模分型面部分的平面,如图 8-118 所示,确定完成选取。

2)设置操作参数

(1)设置驱动方法。在轮廓区域对话框中,"驱动方法"下的"方法"设置为区域铣削,并单击其后的编辑按钮，打开区域铣削驱动方法的设置。设置陡峭包含为"无"。"切削模式"设置为径向往复,"阵列中心"设置为自动,"刀路方向"设置为向内,"切削方向"设置为顺铣,"步距"设置为恒定,步进距离为 0.6(图 8-119)。

(2)设置切削参数。在轮廓区域对话框中,单击"切削参数"按钮进行切削参数设置。系统弹出"切削参数"对话框,选择"余量",进行参数设置。"部件余量""检查余量""边界余量"设置均为 0,设定"内公差"和"外公差"为 0.003,"边界内公差"和"边界外公差"为 0.03,其余"策略"和"连接"选项参数按默认设置。

(3)设置非切削移动。在轮廓区域对话框中,单击"非切削移动",弹出对话框,"进刀"和"退刀"均按默认设置。

(4)设置进给率和速度。在轮廓区域对话框中,单击"进给率和速度"按钮进行进给率设置。"主轴速度"设置为 3 000 rpm,"进给率"中切削设置为 500 mmpm,其余均按默认设置。确定,并完成轮廓区域设置。

图 8-119 驱动方法设置

3)生成刀路轨迹并检视

完成所有参数设置后,单击"操作"下的生成,开始生成刀路轨迹。在计算完成后,将在图形区显示预铣切第一层的边界,在"刀轨生成"对话框中,取消选中"显示后暂停"和"显示前刷新"复选框,以能够连续显示刀路轨迹,单击"确定"按钮进行刀路轨迹的产生。

8.3.9 清角加工

1)创建固定轮廓铣操作

在工具栏上,单击"创建工序"按钮,弹出如图 8-120 所示"创建工序"对话框。在"类型"中选择 mill_contour;"工序子类型"中选择固定轮廓铣(FIXED_CONTOUR),"程序"中选择 NC_PROGRAM,"刀具"选择 D10,"几何体"中选择 MCS,"方法"中选择 METHOD,"名称"输入为 D10J1。单击"确定"按钮开始固定轮廓铣操作的创建,并弹出固定轮廓铣的参数设置。"几何体"选择 MCS,单击"指定部件"弹出"部件几何体"对话框,筛选方法设定为片体,选择所有片体,确定完成选取。

2)设置操作参数

图 8-120 创建操作

(1)设置驱动方法。在固定轮廓铣对话框中,"驱动方法"下的

"方法"设置为边界,并单击其后的编辑按钮 ,打开边界驱动方法的设置。单击"指定驱动几何体"后的按钮,弹出边界几何体对话框,"模式"选择为"曲线/边界"方式,如图 8-121 所示,系统弹出"创建边界对话框",如图 8-122 所示,"类型"设置为封闭的,"平面"设置为自动,"材料侧"设置为外部,"刀具位置"设置为相切。

图 8-121 边界几何体

图 8-122 创建边界

在图形上依次选择分型面与斜楔面的交线,完成边界选择后,单击确定,系统以亮色的颜色显示所选取的边界曲线,如图 8-123 所示。显示的边界线以箭头表示其方向,圆圈表示起始点。如确定设定的边界无误后,确定并回到"边界驱动方法对话框"。

在"边界驱动方法对话框"中设置参数(图 8-124),"公差"中边界内外公差设置为 0.01,"空间范围"设置为最大的环,"驱动设置"中切削模式设置为轮廓加工,"切削方向"设置为顺铣,"步距"设置为恒定,"步进距离"设置为 0.5,"附加刀路"设置为 10。

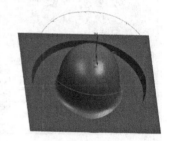

图 8-123 驱动边界

(2) 设置切削参数。在固定轮廓铣对话框中,单击"切削参数"按钮进行切削参数设置。系统弹出"切削参数"对话框,选择"余量",进行参数设置。"部件余量""检查余量""边界余量"设置均为 0,设定"内公差"和"外公差"为 0.003,"边界内公差"和"边界外公差"为 0.03,其余"策略"和"连接"选项参数按默认设置。

(3) 设置非切削移动。在固定轮廓铣对话框中,单击"非切削移动",弹出对话框,"进刀"和"退刀"均按默认设置。

(4) 设置进给率和速度。在固定轮廓铣对话框中,单击"进给率和速度"按钮进行进给率设置。"主轴速度"设置为 3 000 rpm,"进给率"中切削设置为 500 mmpm,其余均按默认设置。确定,并完成轮廓区域设置。

3) 生成刀路轨迹并检视

完成所有参数设置后,单击"操作"下的生成,开始生成刀

图 8-124 边界驱动方法设置

路轨迹。在计算完成后,将在图形区显示预铣切第一层的边界,在"刀轨生成"对话框中,取消选中"显示后暂停"和"显示前刷新"复选框,以能够连续显示刀路轨迹,单击"确定"按钮进行刀路轨迹的产生。

8.3.10 头盔注塑模具型芯标记加工

1) 创建固定轮廓铣操作

在工具栏上,单击"创建工序"按钮,弹出如图 8-125 所示"创建工序"对话框。在"类型"选择 mill_contour;"工序子类型"中选择固定轮廓铣(FIXED_CONTOUR),"程序"中选择 NC_PROGRAM,"刀具"中选择 B3,"几何体"中选择 MCS,"方法"中选择 METHOD,"名称"输入为 B3。单击"确定"按钮开始固定轮廓铣操作的创建,并弹出固定轮廓铣的参数设置。"几何体"选择 MCS,单击"指定部件"弹出"部件几何体"对话框,筛选方法设定为片体,选择顶部曲面,如图 8-126 所示。

图 8-125 创建操作

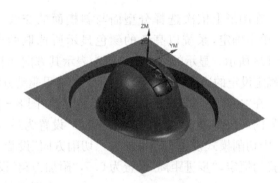

图 8-126 部件几何体

图 8-127 曲线/点驱动方法

2) 设置操作参数

(1) 设置驱动方法。在固定轮廓铣对话框中,"驱动方法"下的"方法"设置为曲线/点,并单击其后的编辑按钮，打开曲线/点驱动方法的设置。在绘图区的图形上选取欲加工的字符,逐个选择字母,按顺序选择组成字母的曲线,并使其形成连续曲线,并在每个字母的最后一笔点击增加到新集,如图 8-127 所示,并在"驱动设置"中切削步长选择为数量,数量为 10。完成所有的线条选择后单击"确定"结束曲线选择,回到固定轮廓铣对话框。

(2) 设置切削参数。在固定轮廓铣对话框中,单击"切削参数"按钮进行切削参数设置。系统弹出"切削参数"对话框,选择"余量",进行参数设置。"部件余量"设置为−1.5,"检查余量"设置为 0,设定"内公差"和"外公差"为 0.03,其余"策略"和"连接"选项参数按默认设置。

（3）设置非切削移动。在固定轮廓铣对话框中，单击"非切削移动"，弹出对话框，"进刀"和"退刀"均按默认设置。

（4）设置进给率和速度。在固定轮廓铣对话框中，单击"进给率和速度"按钮进行进给率设置。"主轴速度"设置为 4 500 rpm，"进给率"中切削设置为 100 mmpm，其余均按默认设置。确定，并完成轮廓区域设置。

3）生成刀路轨迹并检视

完成所有参数设置后，单击"操作"下的生成，开始生成刀路轨迹。在计算完成后，将在图形区显示预铣切第一层的边界，在"刀轨生成"对话框中，取消选中"显示后暂停"和"显示前刷新"复选框，以能够连续显示刀路轨迹，单击"确定"按钮进行刀路轨迹的产生。

8.3.11 动态检视刀具轨迹

完成所有刀具轨迹的编制后，在操作管理器中选择所有的程序，或者选择程序组 PROGRAM，再单击工具条上的"确认刀轨"按钮 ，进行程序的校核仿真切削。在绘图区中将显示所有的刀具轨迹，而同时还弹出"刀轨可视化"对话框，如图 8 - 128 所示，选择"2D 动态"选项卡，如图 8 - 129 所示。

图 8 - 128　刀轨可视化

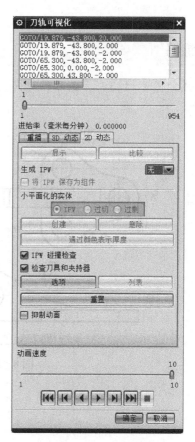

图 8 - 129　2D 动态刀轨可视化轨迹

图 8-130　没有毛坯提示

单击"播放"按钮,由于没有定义毛坯,系统将弹出如图 8-130 所示的警告窗口,单击"确定"按钮进行毛坯几何体的设置,如图 8-131 所示。在"毛坯几何体"对话框中不作偏置,直接单击"确定"按钮开始动态检视,切削模拟如图 8-132 所示。

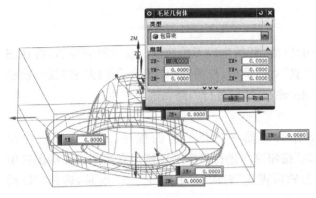

图 8-131　毛坯几何体设置

图 8-132　切削模拟结果

思考与练习

1. 完成如图 8-133 所示的零件建模。

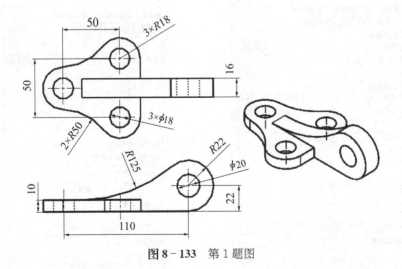

图 8-133　第 1 题图

2. 完成如图 8 - 134 所示的装配建模,模型文件 caster。

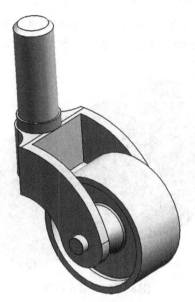

图 8 - 134　第 2 题图

3. 完成如图 8 - 135 所示的工程图的建模,模型文件为 drafting_exercise. prt。

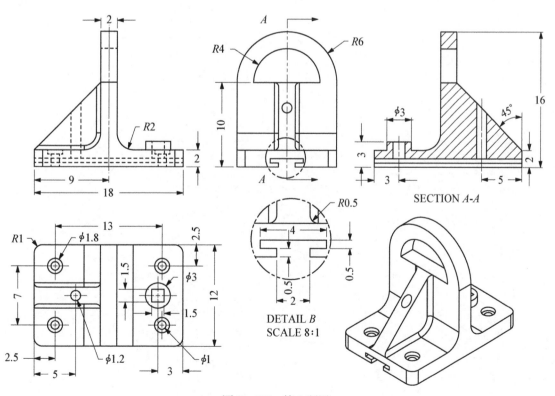

图 8 - 135　第 3 题图

4. NX 标准库的定制流程是什么？

5. NX 创建自己的部件族如何添加到重用库中？

6. 完成如图 8-136 所示零件(mouse_cavity. prt)的数控加工程序的编制,要求进行粗加工、半精加工、侧面精加工、顶面精加工、底面精加工和清角加工。

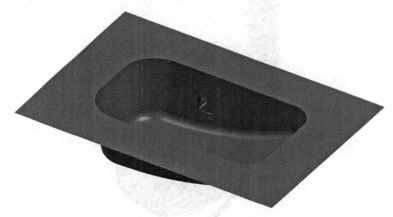

图 8-136　第 6 题图

参考文献

［1］宁汝新,赵汝嘉.CAD/CAM 技术[M].2 版.北京：机械工业出版社,2008.

［2］何雪明,吴晓光,王宗才.机械 CAD/CAM 基础[M].2 版.武汉：华中科技大学出版社,2015.

［3］金宁,周茂军.CAD/CAM 技术[M].北京：北京理工大学出版社,2013.

［4］袁清珂.CAD/CAE/CAM 技术[M].北京：电子工业出版社,2010.

［5］王宗彦,李文斌,闫献国.CAD/CAM 技术[M].北京：电子工业出版社,2014.

［6］刘军.CAD/CAM 技术基础[M].北京：北京大学出版社,2010.

［7］羊玢.汽车 CAD/CAE 技术基础与实例[M].北京：国防工业出版社,2013.

［8］殷国富,刁燕,蔡长韬.机械 CAD/CAM 技术基础[M].武汉：华中科技大学出版社,2010.

［9］张建成,方新.机械 CAD/CAM 技术[M].西安：西安电子科技大学出版社,2012.

［10］蔡长韬,胡光忠.计算机辅助设计与制造[M].重庆：重庆大学出版社,2013.

［11］杜平安,范树迁,葛森,等.CAD/CAE/CAM 方法与技术[M].北京：清华大学出版社,2010.

［12］张洪武.有限元分析与 CAE 技术基础[M].北京：清华大学出版社,1997.

［13］王勖成.有限单元法基本原理和数值方法[M].北京：清华大学出版社,1997.

［14］米俊杰.UG NX10.0 技术大全[M].北京：电子工业出版社,2016.

［15］杨挺.优化设计[M].北京：机械工业出版社,2014.

［16］宫鹏涵.ADAMS 虚拟样机从入门到精通[M].5 版.北京：机械工业出版社,2015.

［17］张朝辉.ANSYS 结构分析工程应用实例解析[M].4 版.北京：机械工业出版社,2016.

［18］赵波.UG CAD 教程[M].北京：清华大学出版社,2012.

［19］王隆太,朱灯林,戴国洪,等.机械 CAD/CAM 技术[M].3 版.北京：机械工业出版社,2010.

［20］姚英学,蔡颖.计算机辅助设计与制造[M].北京：高等教育出版社,2002.

［21］魏生民.机械 CAD/CAM[M].武汉：武汉理工大学出版社,2001.

［22］宗志坚,陈新度.CAD/CAM 技术[M].北京：机械工业出版社,2001.

［23］刘军,李永奎,陶栋材.CAD/CAE/CAM 技术及应用[M].北京：中国农业大学出版社,2005.

［24］彭明峰,李玮,李华.基于 PLM 的三维数字化协同工艺系统研究与应用[J].航天制造技术,2016(1)：56-60.

［25］田富君,陈兴玉,程五四,等.MBD 环境下的三维机加工艺设计技术[J].计算机集成技术,2014,20(11)：2690-2696.

［26］陈兴玉,张祥祥,程五四,等.复杂机电产品全三维工艺设计系统研究[J].图学学报,2015,36(6)：887-895.

［27］郑艳铭,张森堂,周金泉.基于模型的工艺设计技术研究与展望[J].CAD/CAM 与制造业信息化,2013(12)：23-25.

［28］周利平.数控技术及加工编程[M].成都：西南交通大学出版社,2007.

［29］卫兵工作室.UG NX 数控加工实例教程[M].北京：清华大学出版社,2006.

［30］北京兆迪科技有限公司.UG NX 10.0 数控加工教程[M].北京：机械工业出版社,2015.

［31］肖阳,吴爽,李健.UG NX 10.0 数控编程与加工教程[M].武汉：华中科技大学出版社,2017.

［32］李小丽,马剑雄,李萍,等.3D 打印技术及应用趋势[J].自动化仪表,2014,35(1)：1-5.

［33］卢秉恒,李涤尘.增材制造(3D 打印)技术发展[J].机械制造与自动化,2013(4)：1-4.

[34] 王菊霞.3D打印技术在汽车制造与维修领域应用研究[D].长春：吉林大学,2014.

[35] 王红军.增材制造的研究现状与发展趋势[J].北京信息科技大学学报（自然科学版）,2014,29(3)：20-24.

[36] 袁茂强,郭立杰,王永强,等.增材制造技术的应用及其发展[J].机床与液压,2016,44(5)：183-188.

[37] 周传宏,马静,陈海华.产品全生命周期管理技术——技术基础与案例分析[M].上海：上海交通大学出版社,2006.

[38] 童秉枢,李建明.产品数据管理技术[M].北京：清华大学出版社,2000.

[39] 廖文和,杨海成.产品数据管理技术[M].南京：江苏科学技术出版社,2006.

[40] 范文慧,李涛,熊光楞.产品数据管理(PDM)的原理与实施[M].北京：机械工业出版社,2004.

[41] 祁国宁,等.图解产品数据管理[M].北京：机械工业出版社,2005.

[42] 安晶,殷磊,黄曙荣.产品数据管理原理与应用——基于 Teamcenter 平台[M].北京：电子工业出版社,2015.

[43] 熊谦.PLM 在大型制造企业的研究与应用[D].成都：电子科技大学,2012.

[44] 褚忠.张东民.NX 高级应用实例教程[M].北京：电子工业出版社,2016.